国家自然科学基金重点项目“数字经济时代中国企业战略与创业的微观基础理论研究”（72232010）
国家自然科学基金重大项目“创新驱动创业的重大理论与实践问题研究”（72091310）
国家自然科学基金面上项目“人工智能时代企业人机协同决策的演进机制”（72472094）

Neuroentrepreneurship

How Neuroscience Shapes Entrepreneurial Thinking

神经创业学

脑科学塑造创业思维

于晓宇 刘 涛 等◎著

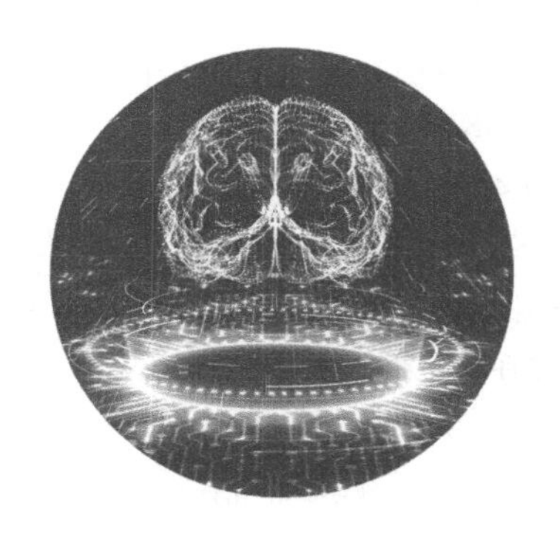

科学出版社
北 京

内 容 简 介

本书全面探讨了神经科学理论、工具和方法在创业研究中的价值及其应用，详细介绍了利用脑电图、功能磁共振成像和功能性近红外光谱技术等神经科学工具开展创业研究的研究范式与分析方法。本书基于翔实的研究案例具体介绍了神经科学工具如何助力于探究创业认知的大脑机制以及创业认知与情绪的交互过程，如何帮助我们更全面地理解创业者在识别、评估和开发创业机会以及创业行为与决策过程中的认知机制。同时关注创业失败与创业学习的认知机制，以及企业家在与外部资源和环境互动过程中创业伦理与创业融资的微观基础。

本书呼吁创业研究学者关注认知神经科学的视角，为创业研究的交叉融合与高质量发展提供了启示。本书适合创业研究学者、认知神经科学研究人员、创业者，以及对神经创业学感兴趣的管理学和心理学专业学生和从业人员阅读，通过阅读本书，读者可以加深对创业者认知、情感和行为等机制的理解，扩展创业研究以及实践视角和思维。

图书在版编目（CIP）数据

神经创业学 ：脑科学塑造创业思维 / 于晓宇等著. -- 北京 ：科学出版社, 2025. 1. -- ISBN 978-7-03-079633-2

Ⅰ. Q189；F241.4

中国国家版本馆 CIP 数据核字第 2024T8P956 号

责任编辑：魏如萍 / 责任校对：王晓茜
责任印制：张 伟 / 封面设计：有道文化

科学出版社 出版
北京东黄城根北街 16 号
邮政编码：100717
http://www.sciencep.com
北京建宏印刷有限公司印刷
科学出版社发行 各地新华书店经销

*

2025 年 1 月第 一 版 开本：720 × 1000 1/16
2025 年 1 月第一次印刷 印张：16
字数：315 000

定价：186.00 元

（如有印装质量问题，我社负责调换）

序　一

推进学科深度交叉融合，既是培养符合经济社会发展所需复合型人才的重要途径，也是以学科建设推动解决国家、社会发展命题的重要举措。习近平总书记在中央政治局第三次集体学习时指出，“推动学科交叉融合和跨学科研究，构筑全面均衡发展的高质量学科体系”[①]。这一重要论述为新时代推动学科交叉融合和跨学科研究指明了方向。在学科边界逐渐模糊，各学科知识体系交叉融合、脑科学研究被各国提高到国家战略层面的背景下，创业学与神经科学的交叉融合前途广阔、大有可为。

《神经创业学：脑科学塑造创业思维》正是对神经科学与创业学结合领域的前沿探索。该书基于对神经创业学最新研究成果的梳理评议，详细介绍神经科学的工具、方法、研究范式如何帮助我们解读心理学和生物学因素对创业决策与结果的影响。该书既是理论学习的知识导引，也是实践探索的行动指南。该书为神经创业学这一交叉领域的研究提供理论启示与方法指导，同时也能帮助创业实践者深入理解创业思维背后的神经机制。

该书的出版离不开于晓宇教授及其团队的努力工作。早在2016年，他便在上海大学创建了神经创业学实验室，开创了基于脑科学和神经科学探索创业行为与决策的神经学机制的研究道路。于晓宇教授及其团队的研究工作不仅为神经创业学的发展奠定了坚实基础，也推动了创业研究范式的变革，打破了传统创业学科的界限，开启了以神经科学为视角的创新研究路径。该书正是于晓宇教授团队在这一领域深耕多年的研究成果的集中展示，为神经创业学领域的学术界和实践者提供了全新的理论视角和实践指南。

随着多模态大模型、深度学习技术、知识图谱和脑认知技术等的快速发展，脑科学与技术的交汇为创业思维的研究提供了前所未有的机遇。未来，多模态大模型将与搜索引擎、知识图谱、博弈对抗、脑认知等技术进一步融合互促，朝着更智能、更通用的方向发展，以应对更加复杂和多样化的环境、场景和任务。脑科学和认知科学的最新成果为我们揭示大脑在复杂决策中的作用提供了新的研究视角，揭示了创业者在面对不确定性和风险时的决策过程与神经机制。

---

① 习近平主持中共中央政治局第三次集体学习并发表重要讲话，https://www.gov.cn/xinwen/2023-02/22/content_5742718.htm。

在创业研究理论和方法的拓展上，该书始终贯穿跨学科融合思想，结合神经科学、心理学与管理学的理论与前沿成果，揭示创业思维的微观基础，从跨学科视角对创业认知、创业情绪、创业行为与决策等相关理论进行有益补充。此外，该书呼吁推动创业研究范式与方法的变革，详尽梳理了利用神经科学工具开展创业研究的实验范式和数据分析方法，为神经科学与创业交叉领域的研究学者提供方法借鉴。

同时，该书在实践指导方面为创业实践者、投资者和创业教育工作者提供了有益启示。基于翔实的研究案例，书中具体介绍了创业者认知与情绪、思维与决策的大脑机制，使读者能够深入理解影响机会识别、失败与学习、投资决策等过程的神经生理因素。这对于提升创业者和投资者在复杂环境中的应对与决策能力具有重要帮助。

此外，该书帮助创业教育工作者从神经科学层面理解创业思维，基于跨学科视角为培养创业人才提供了理论支持与实践指导，对创业思维的培养具有重要参考价值。同时，该书也探索了创业过程中的伦理、道德和社会责任等微观基础议题，为培养勇于创新、诚信守法、承担社会责任、具备国际视野的企业家人才提供了重要见解。

该书的出版是对神经创业学这一新兴领域的积极推动，为未来的创业研究与实践开启了广阔的探索空间。期望该书能够激发更多学者深入理解并探究创业思维与决策的神经生理基础，也为复杂多变的创业环境中的实践决策提供科学指导。

陈晓红
中国工程院院士
2024 年 11 月 16 日

序　二

习近平总书记强调，“要营造有利于创新创业创造的良好发展环境。要向改革开放要动力，最大限度释放全社会创新创业创造动能”[①]，“要为各类人才搭建干事创业的平台”“让事业激励人才，让人才成就事业”[②]。以人才驱动科技创新，以科技创新驱动高质量发展，是我国新时代人才强国战略、科技强国战略和创新驱动发展战略的基本逻辑。优秀的创业者、企业家不仅是推动创新的核心力量，也承载着引领智能时代变革的重要使命。

在创新驱动创业理论与实践快速发展的背景下，创业不仅是科技创新和商业模式创新的外在表现，更是一种基于认知、情绪和学习等微观机制的复杂过程。创业者如何思考、如何做出决策，特别是其脑科学层面的内在机制，长期以来是一个未被充分探索的领域。《神经创业学：脑科学塑造创业思维》一书对此做出了开创性的尝试。于晓宇教授及其团队长期致力于创新驱动创业微观基础的研究，与刘涛教授等利用脑科学与神经科学的理论与方法探索创新驱动创业行为与决策的神经学机制。这不仅推动了创新驱动创业理论的发展，也开辟了神经创业学这一新兴研究领域，为创业研究方法与理论创新带来了新视野与新空间。

该书系统阐述了认知神经科学工具如何应用于创业研究，基于翔实的研究揭示了创业者在机会识别、风险评估、情绪调节等关键环节的脑神经机制。这为研究者提供了透视创业者大脑运作的窗口，也为创业者应对不确定环境中的决策挑战提供了启示。该书具有三个独特的创新之处。

一是紧扣创业行为与决策理论。该书详细介绍了神经创业学的最新研究成果，解释认知神经科学等自然科学研究如何为创业与决策理论提供底层逻辑，如何验证并补充机会识别、创业失败等相关理论。通过这些深刻的理论分析，该书为创业研究学者提供了新的视角与工具，探索创业者的认知与决策机制，展示了神经创业学如何推动“创新驱动创业”理论向更深层次发展。

二是强调应用跨学科理论与方法拓展创业研究。神经创业学结合了神经科学、心理学和管理学的前沿理论与方法，为传统创业研究提供了新的方法支撑。打破单一学科的局限，该书从神经科学等多学科交叉的视角提出了塑造创业思维的创

---

① 向改革开放要动力，https://www.gov.cn/xinwen/2019-03/11/content_5372769.htm。

② 习近平出席中央人才工作会议并发表重要讲话，https://www.gov.cn/xinwen/2021-09/28/content_5639868.htm。

新观点，详细阐述了如何将神经科学工具应用于创业研究的框架，包括在不同研究情境下适用的实验范式等。该书不仅呼吁创业研究学者关注认知神经科学视角对于创业研究的独特价值，也为神经创业学研究提供了实用的方法指导。

三是理论创新与实践指导并重。该书不仅为学术研究者提供了神经创业学研究的理论启发与方法框架，也帮助创业实践者科学理解认知、情绪、学习等如何影响其选择与决策，从神经机制层面启发创业者探究自己行为与决策的内在逻辑。同时，该书为创业者应对创业情境引发的生理与心理问题提供了新的解释和解决思路，赋能新时代创业者在不确定环境中积极应对激烈竞争，勇于拥抱创新挑战。

总体来看，该书为神经创业学研究提供了系统的知识、方法与工具，也为未来创业者在复杂多变的环境中如何做出科学决策提供了全新的视角。在创新驱动创业理论与实践不断发展的今天，该书无疑为这一领域注入了新的动力。希望该书的出版能够为创业学者与实践者带来有益启发，并期待更多的研究者和实践者关注并投身于这一充满潜力的领域。

蔡　莉
吉林大学商学与管理学院教授
国家杰出青年科学基金获得者
2024年11月16日

序　三

在当今这个快速变化的时代，创新创业已成为推动社会进步和经济发展的重要力量。党的二十大报告明确指出，要“坚持创新在我国现代化建设全局中的核心地位”[①]。创业者是创新活动的重要主体，他们的活动不仅能够激发市场活力，促进就业，还能推动科技进步和产业升级。习近平总书记指出，“市场活力来自于人，特别是来自于企业家，来自于企业家精神”[②]。因此，深入研究创业活动，理解创业者的行为模式、思维方式，对于培养更多优秀的创业者，发展新质生产力，构建创新型社会具有重要意义。

创业是实现个体自我价值、推动社会发展进步的重要途径，但创业是一个曲折漫长的发展过程。创业这一复杂的经济行为更是受到创业者内在心理机制和认知模式的影响。在这一过程中，理解创业者如何识别、评估和开发创业机会，进行创业行为决策，吸取创业失败的教训等，不仅对创业者个人的成长至关重要，也对整个创业领域的理论与实践发展具有深远影响。传统的创业研究主要集中于外部环境、市场条件以及企业家个人的性格特质等因素对创业活动的影响，而忽视了创业行为背后复杂的心理与神经机制。近些年随着脑科学的快速发展，我们得以窥视创业者在创业过程中涉及的认知和情感活动，以及大脑内部的认知加工过程。正如诺贝尔经济学奖得主丹尼尔·卡尼曼在其经典著作《思考，快与慢》中所阐述的，心理学与神经科学的深刻见解对于揭示人类行为的奥秘至关重要。神经科学工具在创业研究中的应用，为我们提供了一个研究创业者和创业过程的全新视角，通过观察大脑的工作方式，深入揭示创业者的思维、情感和行为机制。

《神经创业学：脑科学塑造创业思维》正是基于这样的背景，交叉融合了认知神经科学、心理学和管理学视角，探讨了神经科学方法在创业领域的应用和重要价值。该书分析了神经科学工具（fMRI、fNIRS、EEG 等）如何帮助研究者更直接地观察和测量创业者在面对复杂决策时的大脑活动，详细探究了大脑在处理创业决策过程中所涉及的认知与情感活动。通过丰富的研究案例分析和深入的理论探讨，该书揭示了创业者在面对机会识别、风险评估和资源整合等关键任务时的

---

① 习近平：高举中国特色社会主义伟大旗帜 为全面建设社会主义现代化国家而团结奋斗——在中国共产党第二十次全国代表大会上的报告，https://www.gov.cn/xinwen/2022-10/25/content_5721685.htm。

② 习近平在亚太经合组织工商领导人峰会开幕式上的演讲，https://www.gov.cn/xinwen/2014-11/09/content_2776634.htm。

认知加工机制，为如何提升创业决策质量等问题提供了科学依据。

该书所倡导的心理学、管理学与神经科学的跨学科融合，正契合了学术界日益关注的研究趋势。该书不仅适合开展创业管理研究的学者阅读，也适合所有对心理学和商业实践交叉领域感兴趣的读者阅读。无论是对学术研究者还是创业实践者，该书都将带来全新的视角和深刻的启示。通过阅读该书，读者可以更全面地理解创业过程中的复杂性，学会从神经科学的角度理解创业思维。希望该书能够激发更多学者和实践者对神经创业学的兴趣和探索，共同推动这一领域的不断发展与创新！

特此为序。

蒋毅

中国科学院心理研究所研究员

国家杰出青年科学基金获得者

2024 年 11 月 16 日

前　言

（一）做自己和自己大脑的观察者

2009年，我陪同吉林大学的蔡莉教授前往浙江大学马庆国教授的“神经管理学实验室”参观学习。在戴上“眼动仪”后，浙江大学王小毅教授为我播放了一则汽车广告。我猜测观看广告后会被要求回答问题，因此将注意力集中在广告中的汽车、文字和图标上。然而，当我摘下眼动仪后，“热点图”结果却表明，我的注意力实际上都被分配给了汽车旁边的车模。那一刻，我除了些许窘迫，心情也是五味杂陈。我发现，自己并没有像想象中那样了解自己，至少在心理和生理层面还远远不够。

这是我与神经科学的第一次亲密接触，也成为我日后谈及神经学时经常分享的一个“段子”。除了博得大家会心一笑，我分享这一经历的更深层次目的是希望更多人能够理解神经科学的一个重要作用，即帮助我们每个人更好地观察自己、理解自己。大脑是人类决策和行动的基本微观前提，无论是创业者还是其他个体，能够观察并理解自己的思维模式，而不被潜意识所操控，是实现改变的第一步。

（二）物质与意识的相互作用

在我读本科时，宿舍里有一位同学保持着每天上午10点起床、晚上9点睡觉的习惯，我们戏称他为“教主”。这位“教主”即便白天没课，也常常“卧床不起”，主要活动就是在床上读书。令人惊奇的是，他的学业成绩相当出色，尤其是在大一的英语四级考试中几近满分。如此作息，却能取得如此佳绩，实在让人瞠目结舌。

自任教以来，我一直鼓励我指导的研究生尽可能多地参与体育运动。这不仅因为我学生时代对足球的热爱，更是基于一个朴素的观察：那些经常运动的研究生在长期记忆、推理能力、注意力和解决问题的能力等方面往往表现得更为出色。

尽管上述两个例子截然不同，但认知神经科学表明，它们背后的逻辑却是相通的。虽然大脑只占体重的2%左右，却消耗了人体能量的20%。事实上，人的大脑在任何时候都不能同时启用超过2%的神经元，否则供应的葡萄糖会被迅速耗尽，人就会晕倒。因此，无论是“卧床不起”的室友，还是经常运动以保持思维敏捷的研究生，他们都通过自己的方式为大脑提供了足够的葡萄糖和富氧血液，从而使我们认识到物质与意识之间可能存在着某种复杂的关系。

事实上，许多人都有过类似的观察甚至实践，而神经科学和脑科学为我们的这些观察和实践提供了更为坚实的科学证据。令人欣喜的是，一些高校在创业班的招募中设置了体能测试。冥想（meditation）、正念（mindfulness）等内容也已经走进了创业学的经典教科书（如杰弗里·蒂蒙斯和小斯蒂芬·斯皮内利的《创业学：21 世纪的创业精神》以及我和王斌副教授编著的《创业管理：数字时代的商机》），以帮助那些处于快速变化、高压力、快节奏工作环境中的创业者缓解压力。这些都是创业教育领域对神经科学和脑科学发现的初步尝试。神经创业学的研究将进一步揭示物质与意识之间的相互影响机制，为我们理解创业认知、情绪和决策等方面带来新的视角。

（三）神经学与创业学交叉融合的方向

本书不仅是一本操作手册，同时还指明了神经学与创业学交叉融合的主要方向。以创业过程中的情绪研究为例，fMRI 的一个应用是辨别个体决策是感性的还是理性的。虽然任何决策都离不开感性的情绪与理性的推理，但 fMRI 能够直观地显示创业决策过程中的脑区活动，如企业创建决策、机会评估决策、创业退出决策等，从而判断这些决策更多是出于感性还是理性。这类研究可以用来补充或挑战现有的研究，例如，有研究认为创业者的决策更多受情感影响而非理智。其理论依据是，在不确定的环境中，情绪是唯一可靠的线索。fMRI 可以验证或反驳这一结论。此外，这样的研究对创业者也有极大启发：如果大部分决策确实来源于感性情绪而非理性推理，创业者就更需要掌握观察自己，特别是观察自己大脑的“技巧”，以避免成为情绪的“奴隶”。

再以风险投资或连环创业（serial entrepreneurship）为例。有研究指出，可以利用 EMG 探索风险投资者或创业者对某类创业活动偏好的原因。EMG 能够连续检测肌肉收缩活动，并绕过对情绪的自主控制，检测非自主活动。剑桥大学研究者曾研究“近赢”（near-wins）或“近输”（near-losses）对自我感知运气、投注行为和面部肌肉活动的影响。他们发现，输和赢激活了不同的面部肌肉。例如，尽管“近赢”常被视为“霉运”，但在“近赢”时，参与者激活了与胜利时相同的肌肉。这表明，尽管结果不利，“近赢”事件仍能激发欲望。因此，未来可以利用 EMG 研究一次“近赢”的风险投资或创业活动是否会激励风险投资者对类似创业企业进行投资，或激励连环创业者继续创业。如果发现他们确实受到“近赢”的刺激，那么风险投资者和创业者就可以理解自己对某类创业活动上瘾的原因。

诸如此类的研究不胜枚举。神经创业学的目标是揭示创业各类行为和结果的生物学、脑科学与神经学机制。本书的每一章都将展望未来的研究方向，这些方向不仅为创业研究者提供了宝贵的研究机会，也为创业者、风险投资者、创业教育工作者和创业政策制定者带来新的理论见解。

（四）学科融合既是趋势，也是责任

无论是在国外还是国内，与市场营销、经济学、会计学、信息系统等学科相比，创业研究采用神经科学工具的时间较晚，主要有四个方面的原因。第一，技术壁垒。创业研究者在设计研究问题时必须考虑创业者在生理上的异质性，但大多数研究者在知识和工具上尚未做好充分准备。第二，对跨学科团队的需求。神经创业学的研究设计和实施需要建立一个跨学科的团队，包括创业学、神经学、心理学、统计学的学者以及擅长操作相关设备的实验员。对于流行"个体户"文化和"师门"文化的管理学研究，组建和管理跨学科团队是一个不小的挑战。第三，成本问题。除了 EEG、fMRI 等设备及实验室建设费用外，即便购买了这些设备，使用过程中仍有许多包括耗材和被试在内的费用支出。第四，思维和行为的惯性，以及这一惯性在论文发表市场上的延续，可能是最大的障碍。

然而，从单一学科视角探索创业现象无疑存在风险。无论是创业还是其他学科，学科边界逐渐模糊，学科融合是大势所趋。对于创业研究者而言，促进创业学与神经学、心理学、行为遗传学、神经内分泌学等学科在研究设计、方法和工具方面的融合，也是一份责任。本书也是对创业学与其他学科融合的一次大胆尝试。

需要注意的是，在创业学与神经学或其他学科的融合过程中存在移植失败的风险。正如维克多·佩雷斯-黑麦所提醒的，"当借用其他学科的理论时，我们需要对使用的理论进行情境化处理。其他学科的理论是为了理解与创业不同的现象而开发的，理论和情境的不匹配会导致不完整甚至错误的结论。因此，神经科学的理论和概念必须根据创业研究做出情境化的调整"。此外，尽管神经科学具有潜力，但它并不是灵丹妙药，也无法解决我们想要探索的所有问题。然而，考虑到创业过程的复杂性，神经科学是对现有研究设计和方法的有益补充，因为"复杂的心理和社会过程必须采用正确的程序和谨慎的多学科方法仔细研究"。

尽管学科融合存在许多壁垒和风险，但我们也欣喜地看到黎明前的"曙光"。在神经创业学领域，美国管理学会（Academy of Management）自 2014 年起设置了"神经创业学"专题研讨会，并着手准备有关脑研究方法驱动的创业研究的慕课（MOOC）。此外，2018 年底，华威大学（University of Warwick）的 Nicos Nicolaou（尼科斯·尼古拉乌）教授、约翰斯·霍普金斯大学（Johns Hopkins University）的 Phil Phan（菲尔·潘）教授和阿斯顿大学（Aston University）的 Ute Stephan（乌特·斯蒂芬）教授在创业领域知名期刊 *Entrepreneurship Theory and Practice*（《创业理论与实践》）上做了特刊 *Entrepreneurship and Biology*（《创业与生物学》），征集的论文方向之一就是神经科学与创业学交叉领域的研究成果。相信未来会有更多的研究者加入这一领域，将我们的认知边界从"谁是创业者""创业者做了什么"

拓展到“创业者思考什么”“创业者如何思考”“创业者为何思考”等。

（五）培养优秀企业家，我们要知道哪些需要甄别，哪些可以习得

2017年9月8日，中共中央、国务院发布了《关于营造企业家健康成长环境弘扬优秀企业家精神更好发挥企业家作用的意见》。该意见强调了三个方面的企业家精神：一是“弘扬企业家爱国敬业遵纪守法艰苦奋斗的精神”；二是“弘扬企业家创新发展专注品质追求卓越的精神”；三是“弘扬企业家履行责任敢于担当服务社会的精神”[①]。2020年7月21日，习近平在企业家座谈会上指出：“改革开放以来，一大批有胆识、勇创新的企业家茁壮成长，形成了具有鲜明时代特征、民族特色、世界水准的中国企业家队伍。企业家要带领企业战胜当前的困难，走向更辉煌的未来，就要在爱国、创新、诚信、社会责任和国际视野等方面不断提升自己，努力成为新时代构建新发展格局、建设现代化经济体系、推动高质量发展的生力军。”[②]

要帮助企业家在爱国、创新、诚信、社会责任和国际视野等方面不断提升自己，了解大脑如何处理这些复杂的情感和认知过程至关重要。例如，研究发现爱国主义的神经基础与前扣带皮层的活动密切相关，这一脑区的功能影响个体在面对社会秩序和权威时的情感反应。创新思维涉及大脑多个网络的动态交互，特别是默认模式网络和执行控制网络之间的互动，这为激发创造力提供了科学依据。在诚信方面，前额叶皮质在道德决策中扮演了关键角色，特别是在做出诚实或不诚实的选择时。社会责任感的培养也可以得益于脑科学研究，例如，前扣带皮层和腹内侧前额叶皮质在调节利他行为和社会责任感时发挥了核心作用。国际视野的形成与大脑的文化敏感性密不可分，跨文化背景下的神经活动差异可以影响个体的全球思维和跨文化理解。

脑科学和神经科学的研究为理解并提升这些关键的企业家素质提供了科学的基础和实际的应用指导。关键在于，我们在培育优秀企业家时，需明确哪些企业家素质难以习得，需要甄别；哪些企业家素质是神经可塑的，从而可以通过训练和学习来习得。

（六）本书就是一次创业过程

为推进一流大学和一流学科建设，2017年，上海市遴选了“上海高水平地方

---

① 中共中央、国务院关于营造企业家健康成长环境弘扬优秀企业家精神更好发挥企业家作用的意见，https://www.gov.cn/gongbao/content/2017/content_5230263.htm。

② 习近平：在企业家座谈会上的讲话，https://www.gov.cn/xinwen/2020-07/21/content_5528791.htm。

高校创新团队”。我作为负责人带领的“创新创业与战略管理”团队（后更名为“数字创新管理与治理”）在几轮答辩中脱颖而出。与团队成员和外校专家协商后，我决定将“神经创业学”作为突破口，期望在未来几年内成为上海大学商科建设的特色之一。我们于2018年初步建设了“上海大学神经创业学实验室”（SHU Neurentrepreneurship Lab）。在这一过程中，厉杰副教授（现任西交利物浦大学西浦国际商学院副教授）、李远勤教授、金晓玲教授以及我的博士生李雅洁等尽管对该领域知之甚少，仍为实验室的筹建付出了大量努力。浙江大学“百人计划”研究员刘涛（现任上海大学管理学院教授）、上海外国语大学国际工商管理学院的孟亮教授、西安建筑科技大学管理学院的付汉良副教授等给予了我们宝贵的指导。

2018年，我与浙江大学管理学院的杨俊教授和中山大学管理学院的李炜文教授一拍即合，共同翻译了《神经创业学：研究方法与实验设计》一书。杨俊教授和李炜文教授不仅在创业、创新和战略领域拥有丰富的著作积累，更重要的是，他们做事非常认真。当我邀请他们一同翻译该书时，他们立刻就同意了，并对部分内容进行了重新翻译，对初稿进行了大量修订，对重点内容进行了反复推敲和斟酌。出版后，该书也得到了浙江大学马庆国教授、吉林大学蔡莉教授、南开大学张玉利教授、中山大学李新春教授的序言推荐。

2023年6月30日至7月2日，由上海大学管理学院承办的“第五届中国技术经济学会神经经济管理专业委员会暨第七届管理科学与工程学会神经管理与神经工程分会学术年会”在上海大学成功举行。会议期间，许多学者莅临上海大学神经创业学实验室给予指导，包括中国工程院院士金智新教授、国际欧亚科学院院士马庆国教授、国际欧亚科学院院士牛东晓教授、管理科学与工程学会神经管理与神经工程分会理事长戴伟辉教授、清华大学饶培伦教授、福州大学王益文教授（现任浙江省北大信息技术高等研究院教授）、山东大学李建标教授、浙江大学汪蕾教授、东南大学薛澄岐教授、北京师范大学崔学刚教授、西北工业大学贾明教授、厦门大学陈亚盛教授、中山大学李炜文教授等。

在随后的实验室建设过程中，上海大学管理学院的王斌副教授、崇丹副教授、刘耀淞讲师，以及上海大学悉尼工商学院何黎胜副教授等加入了团队，从工作设计、工程管理、投资决策、行为科学等多个视角对实验室研究领域进行了拓展。同时，上海大学其他学科的同事也提供了诸多帮助，包括机电工程与自动化学院/医学院双聘教授杨帮华教授、国际教育学院的李颖洁教授、机电工程与自动化学院博士生导师李恒宇研究员等。此外，我们还有幸参与了脑机接口相关标准、上海市重点实验室的申报和建设工作，并在发明专利等各个方面取得了一些成果。

截至2024年，上海大学神经创业学实验室的师生在管理学［如 *Management Science*（《管理科学》）、*Long Range Planning*（《长远规划》）等］、心理学［*Psychological Review*（《心理学评论》）、《心理学报》）、神经科学（如 *NeuroImage*

(《神经影像》)〕等领域权威期刊发表了多篇论文。刘涛教授成功申报国家自然科学基金面上项目（编号：72472094），孟晓彤博士（编号：72402125）、刘耀淞博士（编号：72402124）等获得国家自然科学基金青年项目。博士后何琳入选“2024年度国家资助博士后研究人员计划”和上海市“超级博士后”激励计划，获批中国博士后科学基金面上项目，其博士学位论文入选“2024年管理科学与工程学会‘优秀博士学位论文支撑计划’”。由中山大学李炜文教授牵头、上海大学作为合作单位的国家自然科学基金重点项目“数字经济时代中国企业战略与创业的微观基础理论研究”（编号：72232010）和由吉林大学蔡莉教授牵头、上海大学参与的国家自然科学基金重大项目“创新驱动创业的重大理论与实践问题研究”（编号：72091310）均成功立项。

“双一流”建设的大背景、团队和实验室的建设为本书的完成提供了坚实的基础。因此，我首先要感谢这个时代给予我们进入新领域的机会。

随着对神经创业学领域理解的逐步深入，我决定撰写这本书，尝试将该领域的知识系统化，尽最大努力引起更多学者和研究者的关注，并希望有更多人愿意投身于神经创业学的发展之中。我与博士生李雅洁等搭建了整本书的框架，并组织了团队中的博士后（贾迎亚，现任上海大学管理学院副教授）、部分博士生和硕士生（按照姓氏拼音排序包括陈玮玮、陈颖颖、李雅洁、刘小敏、吕泽远、马月异、孟晓彤、渠娴娴、陶奕达、王洋凯、闻雯、吴祝欣、徐平磊、张铖、张益铭等）撰写初稿。初稿完成后，我仍感在学理和研究设计方面存在不足，随即邀请刘涛教授进行详尽的修订和完善。在此，我衷心感谢每一位参与本书的上海大学师生。

此外，我特别感谢科学出版社对这本相对“小众”和“新兴”科学著作的投入、指导和认可。

回顾往昔，本书的第一稿完成于2019年10月，而现在是2024年10月，整整五年的磨砺，方才成书。详述本书的来龙去脉，是希望说明本书的撰写本身就是一个创业的过程。从机会识别、评估、开发，到资源整合、利用，再到与外部环境的互动，都有充分的体现。然而，就像创业过程需要不断迭代和调整，这个过程必须有读者和同行的反馈与检验才能更为完善。我们期待通过这本专著，吸引更多创业学、神经科学和脑科学的学者与同行关注神经创业学这一新兴领域，并使创业者、创业教育工作者和创业政策制定者从这些研究中真正受益，推动中国涌现更多备创新创业思维的优秀企业家。

于晓宇
2024年10月1日

目　　录

第1章 绪　　论

1.1　创业者的大脑＝蓝海？

在开始之前，我们先做个一分钟的小测试吧。假如你有一位可爱的女儿，请认真想象一下，你作为父亲/母亲送女儿上幼儿园的场景：

此时，如果你需要在走读制幼儿园（每天都可以见到女儿）和寄宿制幼儿园（每半年见女儿一次）之间做出选择，你会：①把女儿送去走读制幼儿园；②把女儿送去寄宿制幼儿园。

让我们再换一个场景。假如你是一位创业者，以独特的眼光发现了创业机会并创办了一家公司，图 1-1 是你公司的 logo，请仔细观察下图 30 秒，想象你作为公司创始人付出诸多努力并首次做出创新产品的场景：

图 1-1　公司 logo

资料来源：作者整理

此时，如果投资者提出愿意支付较高的金额收购你的公司，你会：①拒绝收购提议，继续创业；②同意收购提议，放弃创业。

现在，请你回顾自己分别作为父亲（母亲）或创业者决策时的体验。两次体验存在相似性吗？你是否意识到大脑产生了相似的反应？

可能连我们自己都不知道，我们对子女的情感很有可能与对企业的情感是一致的。当我们为人父母，通过投入时间、精力和资源培养子女，与子女建立情感纽带；而当我们作为创业者，亲手创建、培育和发展自己的企业，也可能与企业建立情感纽带。创业研究学者Lahti（拉赫蒂）与其合作者通过一项有趣的研究证明了这一点。他们在实验中通过一项认知神经科学测量技术——功能磁共振成像（functional magnetic resonance imaging，fMRI）记录了创业者看到自己企业照片的大脑反应，以及父亲看到子女照片的大脑反应。令人惊奇的是，他们发现创业者与父亲的大脑反应没有显著差异，证明创业者与自己企业之间确实存在类似于亲子之间的情感纽带（Lahti et al.，2019）。

实际上，创业研究的发展已经越来越离不开对创业者大脑的探索（de Holan，2014）。创业者在高不确定性、高时间压力的情境下，常常依靠直觉做出快速决策（Nicolaou et al.，2019）。在这样的情况下，创业者可能自己也不知道某些决策是如何产生的，更难以通过自我报告的方式解读自己的创业思维与认知过程（He et al.，2021；Krueger and Day，2010）。因此，创业者的大脑是深入解释创业活动的重要视角（Yu et al.，2023）。

通过梳理，我们发现创业研究至少可以通过探索创业者的大脑突破以下三个方面的局限。第一，创业研究未能充分解释创业者的非理性决策。创业是理性与非理性交替的过程，创业者既离不开理性决策以实现机会的有效评估与开发，也需要通过非理性提高决策速度以应对高不确定性、高模糊性的环境。然而，既有创业研究大多忽略了非理性决策过程，而少部分关注非理性决策的研究又受限于传统研究方法，难以在创业者无意识的情况下获取他们做出非理性决策的相关信息。第二，创业研究对创业认知与思维的解释仍处于行为观察的表层阶段。大脑是创业者思考、感受和行动的基础，创业者的认知、情感、决策逻辑、对机会的识别与评估以及对伦理困境的判断与决策等过程都发生在他们的大脑中。既有研究较多关注创业者对信息的有意识感知以及其后的行为表现，缺乏对创业者大脑如何处理信息的关注，导致创业研究对于“创业者如何思考”“如何发现与评估机会”“如何做出决策”等问题的探讨始终处于表层（Krueger and Day，2010）。第三，创业研究对重要构念的测量常常受到挑战。既有研究大多采用自我报告的方法测量构念，容易受到回忆偏差、社会称许性（social desirability）、同源偏差等问题干扰（Podsakoff et al.，2003）。在这样的情况下，创业者在失败后的情绪体验、对机会的识别与评价、对伦理问题的思考与决策等问题相关的重要构念难以得到准确测量。

神经创业学（neuroentrepreneurship）为创业研究开辟了新的方向。神经创业学是指将认知神经科学的理论、方法和工具应用在创业研究领域，从认知神经科学视角研究和解决创业研究中的相关问题（Krueger and Welpe，2014；Day et al.，2017；Nicolaou et al.，2019）。认知神经科学有利于检测和记录创业者大脑的认知加工过程，客观揭示发生在创业者大脑中的诸多现象，使创业研究深入解读创业者的认知决策过程成为可能（Yu et al.，2023）。

神经创业学的起源可追溯至2006年，国内知名研究学者马庆国教授等在国内知名管理学期刊《管理世界》上发表论文，首次提出了神经创新创业管理学作为神经管理学的分支之一（马庆国和王小毅，2006）。回忆偏差更侧重于记忆的错误或扭曲，而回忆偏见更侧重于记忆中的偏好或倾向性。随后的十年中，神经创业学逐渐获得管理研究的重视，美国管理学会（Academy of Management，AOM）于2014年[①]、2015年[②]和2018年[③]接连举办了神经创业学专题研讨会；巴布森学院创业研究会议（Babson College Entrepreneurship Research Conference，BCERC）上也陆续出现了利用认知神经科学探索创业问题的前沿研究。更令人欢欣鼓舞的是，创业期刊 *Entrepreneurship Theory and Practice* 于2018年开设"Entrepreneurship and Biology"特刊征召认知神经科学与创业学交叉领域论文；*Journal of Business Venturing* 更是在2019年接连发表了两篇应用fMRI探讨创业情感、创业激情的里程碑式成果（Lahti et al.，2019；Shane et al.，2020）。然而，受技术与既有知识所限，将复杂的创业情境融入认知神经科学实验中具有较大难度，总体而言，创业学的发展在这十几年中进展缓慢，但同时也意味着当前仍存在广阔的蓝海有待创业研究学者深入探索。

认知神经科学交叉学科的发展已为神经创业学做好铺垫。认知神经科学与社会、经济、管理等诸多领域的融合产生了众多聚焦于不同情境下的新兴学科，包括神经社会学（neurosociology）、神经经济学（neuroeconomics）、神经管理学（neuromanagement）等，其中神经管理学又包括神经营销学（neuromarketing）、神经信息系统（neuro information system）等，而神经创业学也属于神经管理学的范畴（马庆国和王小毅，2006）。已有研究为创业研究如何将已有理论与认知神经科学融合、如何设计基于创业情境的实验提供了启示，也为未来基于认知神经科学发展新的创业理论开辟了新路。在技术层面上，21世纪以来，脑活动测量技术得到迅速发展，产生了多种多样的无损伤、非侵入式设备，包括记录大脑认知活动所产生的磁感应、血氧蛋白变化或电压变化的测量设备［如fMRI、fNIRS（functional near-infrared spectroscopy，功能性近红外光谱技术）、EEG（electroencephalogram，脑电图）等］，以及通过电流、电磁刺激某一大脑部位以探讨认知功能脑区与行为之间因果关系的脑刺激设备［如TMS（transcranial magnetic stimulation，经颅磁刺激）、tDCS（transcranial direct current stimulation，

---

① 2014年的AOM神经创业学专题研讨会以"In Search of the 'Entrepreneurial Mindset': Insights from Neuroscience"（寻找"创业者思维模式"：来自神经科学的洞见）为主题。

② 2015年的AOM神经创业学专题研讨会以"Is 'Neuroentrepreneurship' Worth Pursuing？"（值得追求"神经创业学"吗？）为主题。

③ 2018年的AOM神经创业学专题研讨会以"How Can We Successfully Adopt Biological and Clinical Approaches in Entrepreneurship Research？"（我们如何成功采用生物学和临床方法进行创业研究？）为主题。

经颅直流电刺激）等]。无侵入大脑监测或刺激技术的发展为创业学者应用认知神经科学工具揭示创业者大脑的黑箱提供了机会。

1.2 神经创业学的价值

1.2.1 方法上赋能：深度解释创业者到底如何思考

认知神经科学的工具、技术为创业研究学者探索创业者如何思考提供了更为便利的条件。首先，认知神经科学有助于减少因创业者主观因素所带来的结果偏差，更真实地记录创业者的所思所想。自我报告法、行为观察法和相关性研究法等受到创业者主观因素的影响，导致结果偏差不可避免。创业者既可能出于社会称许性、成功偏见（success bias）等原因刻意地回避相关内容，也可能因为回忆偏见或者回忆扭曲（recall distortion）的干扰而无意给予了违背现实的回答（Podsakoff et al.，2003）。这些因素在一些特定的创业研究主题中尤其明显，如创业失败、创业伦理、创业认知等。认知神经科学技术可以测量创业者的大脑及生理反应，更为客观地勾勒出创业者的思考和决策过程，能够与传统研究方法相互补充与印证，获得更真实的研究结论。

其次，认知神经科学有助于延伸传统研究方法所能调查的范围，深入解释创业者的认知加工过程。过往创业研究较多关注创业者感知信息之后的阶段，缺乏对他们无意识过程的探究。实际上，在创业者感知信息之前，大脑已经在他们有意识甚至无意识的状态下对信息进行了一系列处理（Krueger and Day，2010）。创业者大脑中的信息感知、信息储存与信息输出的迭代过程时刻受到内部因素（情绪、经验等）与外部因素（行业状况、企业发展、他人评价等）的影响，导致信息在输出时已经发生了改变。显然，如果我们忽视了环境刺激与信息感知之间的交互过程，将难以充分解释创业者“如何产生创业动机”“如何形成先验知识”“如何识别机会”等问题。认知神经科学通过对大脑及生理反应的记录，将研究的分析阶段提前至创业者的无意识认知加工过程，为深入理解创业者的思考提供了一个更完整的视图。认知神经科学的方法有助于研究学者深入了解创业者的大脑在特定的环境刺激与感知信息交互作用的过程中实际发生了什么。

1.2.2 理论上赋能：推动创业研究的理论建构

认知神经科学技术能够为创业研究带来新机会，既有助于推动既有创业研究理论的发展，也能够通过引入认知神经科学的理论，推动创业研究从认知的角度建立新的创业理论和构念。

一方面，认知神经科学是推动创业研究向主流管理理论发起挑战的动力源泉。创业研究的核心是机会的识别、评估与开发，而机会与个体/团队、组织模式、环境之间的交互是创业研究区别于一般管理研究的关键。机会是创业的核心所在，与环境、个体/团队、组织模式的交互也产生了诸多独具创业特色的观点，如创业警觉、偶然发现、直观判断等。创业者对机会的感知、评估过程发生于他们大脑内部，认知神经科学有助于以机会作为切入点，探讨创业者/创业团队如何在不确定的情境下完成机会识别、评估和开发的相关决策，为提高创业研究的合法性甚至向主流管理理论发起挑战提供动力。

另一方面，通过生理学、生物学、认知神经科学等自然科学理论为创业理论提供底层逻辑，也有助于拓宽创业理论的边界，促进创业研究的发展。已有神经管理学的研究通过引入认知神经科学的理论而推动了既有理论的发展，例如，研究学者 de Guinea 等（2014）将认知神经科学研究中的内隐性因素（分心和工作记忆）引入信息系统领域中的技术接受模型[①]，通过内隐性因素与外显性因素（投入和挫败）的结合更全面地解释了用户行为意向的产生前因，进一步丰富了技术接受模型的解释范畴。通过类似的思路，创业研究也能够从认知神经科学获得一种不同的思考和提问的方式，使我们更好地理解创业者的决策过程、创业认知和情绪等因素在大脑中如何产生和表现。

1.2.3 实践上赋能：为创业研究提供可能的应用方向

认知神经科学的融合为创业研究成果转化为实践应用提供方向与启示。绝大部分创业研究成果难以在实践中应用，是创业研究难以突破的难点之一，而认知神经科学能够推动创业研究的实践性转化。

一方面，我们能够探索已有认知神经科学成果如何应用于创业场景，帮助创业者提高创业效率，解决创业过程的诸多问题。以身心健康为例，加州大学的 Michael Freeman（迈克尔·弗里曼）教授调查发现，242 名企业家中有 49%的人患有一种或多种伴随终身的身心疾病，并且创业者更有可能终身患有抑郁症（30%）、注意力缺陷多动障碍[②]（29%）、双相谱系障碍[③]（12%）和药物滥用（11%）。这些数据表明，在高不确定性与高风险的创业情境中，身心疾病是创业者面对的

① 信息系统研究中常用技术接受模型（technology acceptance model）来解释用户的行为信念如何影响他们对信息技术的接受度与使用意愿。

② 注意力缺陷多动障碍（hyperactivity deficit disorder）指的是难以专注、过分活跃和冲动的一类精神疾病，这些症状多会造成患者很难遵守规则或者维持固定的表现。

③ 双相谱系障碍（bipolar spectrum disorder）指的是既有躁狂发作又有抑郁发作的一类精神疾病，包括伴有躁狂或轻躁狂交替发作的重度抑郁发作，或伴有狂躁和抑郁情绪状态症状的混合性发作。

普遍问题，也是值得创业研究学者关注的重要方向。认知神经科学为解决身心疾病提供了诸多方案，如瑞典公司 Flow Neuroscience 开发了通过大脑电刺激治疗抑郁症的头戴式产品，美国公司 Thync 也曾推出利用电刺激来对抗压力的小型穿戴设备等，这些设备都有着副作用小、便携、高效等优点，为创业者如何应对创业情境引发的生理与心理问题提供了新的解决思路。认知神经科学的实践应用如何更为贴切地应用于创业过程是值得探讨的问题，如帮助创业者减少不确定情境下感受到的压力，增加创业者在高频率失败后的恢复能力等。

另一方面，通过创业理论与认知神经科学的融合，我们还可能进一步探索智能时代下的创业模式。例如，基于创业认知、创业思维的研究成果，通过认知神经科学的技术记录创业老手（habitual entrepreneurs）在机会识别、决策等创业过程中的大脑活动，进一步将所得数据通过机器学习的方式构建模拟创业者大脑，赋予人工智能以创业者的思维。或许在不久的将来，我们将能通过模拟的智能创业者识别机会。

1.3 本书框架

本书旨在探讨认知神经科学的理论、工具和方法如何为创业研究带来新的视角与研究方向。本书关注创业者在独特的创业情境下所形成的认知特质，产生的情绪、情感和行为，开发机会的过程，在此过程中遭遇的创业失败并由此引发退出与否的问题，在创业过程中通过学习对认知的重新塑造，以及不可避免的伦理困境。通过引入神经科学研究范式，可以更好地解决创业研究的核心问题，增强创业研究的科学性，并进一步发展创业学理论。因此，本书呼吁创业研究学者关注认知神经科学的视角，为未来创业研究提供启示。

创业以创业者为核心，并受到外部环境和资源的影响。著名的战略与创业领域学者 de Holan（2014，p95）曾指出："我们不能忽略人类一切决策和行为的微观基础：我们的大脑。"因此，创业以创业者的认知为基础和开端。创业认知影响了创业者对创业机会的识别、评估和开发，也决定着创业者的创业行为和决策。与此同时，创业者的情绪会对其认知和决策过程产生巨大影响。创业可能成功，也可能失败，创业者需要从创业经验中进行学习，进而不断提升其创业认知。除了创业者，创业的结果也受外部资源和环境的影响，其中创业融资和创业伦理是两个至关重要的因素。为此，本书按照如图 1-2 所示的逻辑框架逐步展开。

本书首先从研究方法的角度介绍常用的认知神经科学工具以及新的研究范式，然后从创业研究中的七大重要主题探讨认知神经科学与创业研究的融合方向。我们首先回顾对应主题下的研究脉络，选择并介绍 3～5 个与既有创业研究主题紧密相关的认知神经科学实验，并在此基础上在章节的最后探讨未来可能的结合方向。

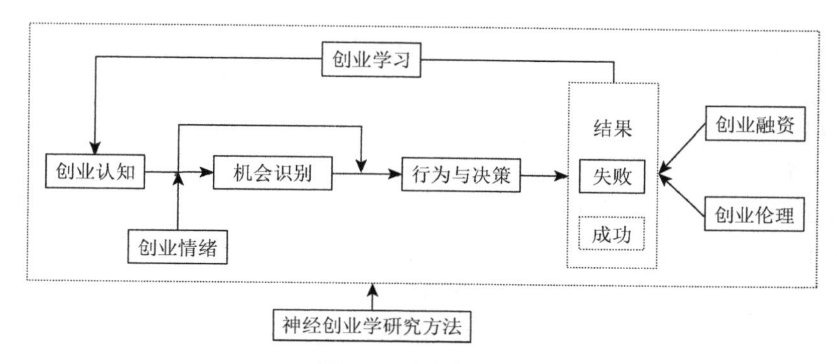

图 1-2　本书框架图

第 1 章主要介绍了神经创业学的基础概念、起源和发展，指出对创业者大脑活动的探究仍是一片蓝海，无侵入式大脑监测或刺激技术的发展为创业学者应用认知神经科学工具揭示创业者大脑的黑箱提供了机会。本章也强调了神经创业学在方法上、理论上和实践上对创业研究的赋能作用，为创业研究提供了新的视角和研究方向。

第 2 章主要包括了研究工具和研究范式两部分内容。在研究工具部分，本章着重介绍了神经创业学研究中三种常用的脑成像技术，包括脑电图、fMRI、fNIRS，以及其他三种相关技术，包括眼动测量技术、生理测量技术和脑刺激技术。了解研究工具的原理和技术特点可以帮助读者更好地理解后续八章中具体研究的内容和结果。在研究范式部分，本章重点强调了神经创业学领域既有研究范式的局限性，并引入了新的研究范式。变革新范式有助于凝练高水平、高质量的科学问题，可以进一步增强创新创业研究的科学属性。读者在阅读学习后续八章具体研究的同时，可以深入思考如何利用新的研究范式完善和拓展既有的神经创业学研究，以及设计开展自己的相关研究。

第 3 章聚焦创业者的认知特质，关注创业者思考与行动的知识结构。本章首先回顾了创业认知的起源与发展脉络，总结了包括过度自信、自我效能、控制错觉等在内的认知特质，并梳理了创业认知关注的主要问题。本章进一步介绍了三项与典型的创业认知相关的认知神经科学实验，提出神经创业学的研究可以从控制错觉、赌徒谬误、风险承担、风险决策、奖赏与控制几个主题深化创业认知的研究，并在此基础上提出了未来基于认知神经科学视角的创业认知研究方向。

第 4 章关注创业者的情绪与情感体验。本章首先介绍了创业情绪与情感的发展脉络，总结其定义、分类，梳理了情绪影响创业活动的原因，从情绪事件理论的角度全面描述创业者的情绪体验历程，并分别从创业的动力（创业激情）和阴暗面（恐惧感和悲痛）两个角度回顾创业情绪与情感的研究成果。本章重点关注创业者与创业企业的情感联系、创业激情、决策引发的负面情绪、失败引发的内疚、悲痛调节五个方向，介绍了与之紧密相关的认知神经科学实验，进一步总结出与情绪相关的主要脑区及其功能。在此基础上，本章提出了创业情绪与情感的神经学机制、创业过程如何影响情绪与情感、创业团队或利益相关者之间的情绪交流三大研究方向。

第 5 章以创业机会的识别、评估与开发为核心。本章首先从“机会从哪来”的问题出发，梳理了创业机会的发展现状，进一步讨论了机会识别、评估与开发的内涵及核心问题，在此基础上总结出现有研究存在的局限：缺乏对创业警觉性机制的探索、未关注个体因素与机会特征因素的匹配、较少以团队作为分析单元等。本章进一步以四个代表性认知神经科学实验的解析讨论了警觉性、商业想法与可行的商业计划、信息处理速度、探索与利用四个重要的创业机会研究主题，并以此提出未来研究方向。

第 6 章聚焦于创业者的行为与决策，即创业者进行决策的过程中所遵循的逻辑特点，以及他们创建和发展新组织等相关创业活动的具体实施。本章系统回顾了创业行为与决策的研究现状，重点关注以效果推理为代表的决策逻辑以及以即兴行为和创业拼凑为典型的创业行为。本章提出，即兴行为和创业拼凑、效果推理是认知神经科学为创业决策与行为赋能的重要角度，并在介绍三个相关的认知神经科学实验的基础上提出了未来研究方向。

第 7 章聚焦于创业失败及其后的恢复与后续决策。本章从实物期权理论、悲痛恢复理论、学习相关理论、制度理论、前景理论、自我验证理论梳理了创业失败研究的主要观点，总结了负面情绪及恢复、创业失败后的学习机制及后续创业意向或决策三个方面的研究主题，并提出现有研究有待进一步探讨创业失败的情绪应对措施、失败学习的研究层次以及后续创业意向的形成机理。本章选取了近赢与近输、自我匹配与自我安慰、挫折如何影响随后获胜动机相关的三个认知神经科学实验，探讨了既有认知神经科学研究如何为创业失败带来新的视角与启示，并结合既有创业失败研究局限提出未来与神经科学结合的主要方向。

第 8 章关注创业学习的过程，主要介绍创业学习研究的起源与核心问题以及相关的研究视角，包括经验视角、认知视角、网络视角、能力视角。然而，既有创业学习的研究仍存在对网络视角的关注不足、量化研究过少的局限。本章在系统梳理创业学习研究的基础上介绍了三个代表性的认知神经科学实验，关注集体学习与个体学习、老手与新手的经验学习以及注意力与认知控制三个主题。本章进一步提出，认知神经科学能够基于大脑的可塑性前提为创业学习提供新的研究视角，探讨网络视角下的集体学习、创业学习的动态性、创业学习与认知能力的提升以及智能时代下的创业学习模式。

第 9 章关注创业过程中由伦理带来的问题与挑战。本章首先梳理了创业伦理的发展脉络，并从创业主体的伦理问题、创业与社会的关系两个方向总结既有研究的关注重点，提出未来可以从紧扣创业过程要素、拓展创业伦理研究情境、运用实验法开展创业伦理研究三个方面深化创业伦理的研究。本章选取了四篇代表性的认知神经科学研究论文，重点讨论了认知神经科学如何从不诚实、利他、性别与公平、道德判断这四个主题为创业伦理的研究带来新的视角与启示，并借鉴已有文献阐明了伦理问题涉及的神经基础。最后，本章从“创业主体如何抑制非伦理行为”“创业主体如何增加利他行为”“创业主体如何化解伦理困境”三个问题提出了未来应用认知神经科学解决创业伦理问题的研究方向。

第10章聚焦于创业融资相关的问题。本章回顾了创业融资的发展历程，通过比较创业企业与成熟企业在融资上的差异突出了创业融资的独特性，进一步从信息不对称问题、如何进行信息披露、创业融资如何影响创业企业成长和创新三个方面梳理了创业融资研究的主要内容，并提出未来研究展望。本章选取了三篇分别与众筹、沉没成本、路演相关的认知神经科学研究论文，通过解析论文内容的方式探讨了认知神经科学如何为创业融资研究做出贡献，并进一步总结了未来可借助认知神经科学视角拓展创业融资研究的具体方向。

创业是价值创造的过程，而我们发现对于创业研究而言，创业者的大脑是一片有待价值开发的研究蓝海。本书希望通过围绕上述框架呼吁创业研究关注并开发这一片充满奇思妙想的蓝海。

中英术语对照表

中文	英文
脑电图	Electroencephalogram，EEG
功能磁共振成像	Functional magnetic resonance imaging，fMRI
功能性近红外光谱技术	Functional near-infrared spectroscopy，fNIRS

参 考 文 献

马庆国，王小毅. 2006. 认知神经科学、神经经济学与神经管理学[J]. 管理世界，(10)：139-149.

Day M，Boardman，M C，et al. 2017. Handbook of Research Methodologies and Design in Neuroentrepreneurship[M]. Cheltenham：Edward Elgar Publishing.

de Guinea A O，Titah R，Léger P M. 2014. Explicit and implicit antecedents of users' behavioral beliefs in information systems：a neuropsychological investigation[J]. Journal of Management Information Systems，30（4）：179-210.

de Holan P M. 2014. It's all in your head：why we need neuroentrepreneurship[J]. Journal of Management Inquiry，23（1）：93-97.

He L，Freudenreich T，Yu W H，et al. 2021. Methodological structure for future consumer neuroscience research[J].

Psychology & Marketing，38（8）：1161-1181.

Krueger N，Welpe I. 2014. Neuroentrepreneurship：what can entrepreneurship learn from neuroscience？[C]//Morris M H. Annals of Entrepreneurship Education and Pedagogy. Cheltenham：Edward Elgar Publishing：60-90.

Krueger N F，Day M. 2010. Looking forward，looking backward：from entrepreneurial cognition to neuroentrepreneurship[C]//Acs Z J，Audretsch D B. Handbook of Entrepreneurship Research. 2th ed. New York：Springer：321-357.

Lahti T，Halko M L，Karagozoglu N，et al. 2019. Why and how do founding entrepreneurs bond with their ventures？Neural correlates of entrepreneurial and parental bonding[J]. Journal of Business Venturing，34（2）：368-388.

Nicolaou N，Lockett A，Ucbasaran D，et al. 2019. Exploring the potential and limits of a neuroscientific approach to entrepreneurship[J]. International Small Business Journal：Researching Entrepreneurship，37（6）：557-580.

Podsakoff P M，MacKenzie S B，Lee J Y，et al. 2003. Common method biases in behavioral research：a critical review of the literature and recommended remedies[J]. The Journal of Applied Psychology，88（5）：879-903.

Shane S，Drover W，Clingingsmith D，et al. 2020. Founder passion，neural engagement and informal investor interest in startup pitches：an fMRI study[J]. Journal of Business Venturing，35（4）：105949.1-105949.19.

Yu X Y，Liu T，He L，et al. 2023. Micro-foundations of strategic decision-making in family business organisations：a cognitive neuroscience perspective[J]. Long Range Planning，56（5）：102198.

第 2 章　神经创业学研究方法

正如第 1 章所述，传统的以主观汇报为基础的研究方法存在一定的局限性，容易受到“不愿说”“不能说”“说不清楚”“以偏概全”等因素的影响（He et al.，2021a）。基于脑成像技术的认知神经科学研究方法能够对复杂创业情境中多利益相关主体的决策及互动的认知加工过程进行“客观的”“实时的”测量，从而为创业理论的发展提供更为丰富的视角和证据（Yu et al.，2023）。因此，从交叉学科视角，利用多模态研究方法深入探究新情境下创业的微观基础必将受到越来越多的关注（李炜文等，2021）。

在围绕神经创业的各个主题展开讨论之前，本章先从研究方法的角度对神经创业学常用的脑成像技术及其他相关技术，如眼动测量技术、生理测量技术、脑刺激技术进行介绍。在后续几章中，既有研究主要利用的是以 EEG 和 fMRI 为主的脑成像技术，但是，在未来的研究中，其他技术也可以为解决特定情境下的特定研究问题提供更为有效的解决方案。

2.1　脑成像技术基本原理

如图 2-1 所示，当个体接触到外源性或内源性刺激时，例如，当创业者发现外部创业机会时，相关认知功能脑区会被激活，并通过神经元放电活动对相关刺激进行认知加工。认知加工过程会消耗氧，因此，在神经血管耦合机制的作用下，会有大量的氧被输送到激活脑区，以支持对刺激的持续深入加工。

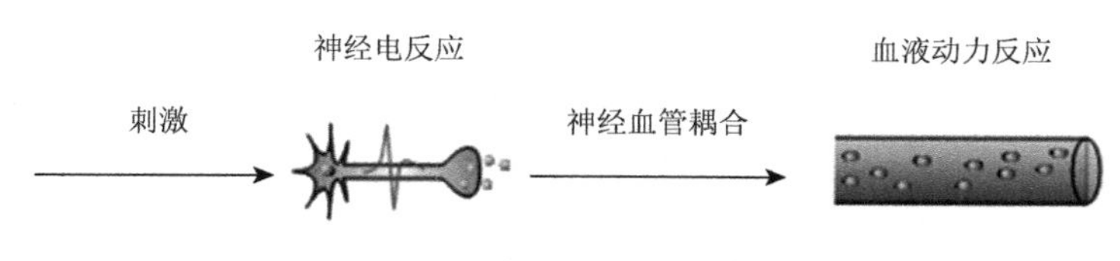

图 2-1　脑成像基本原理示意图

资料来源：作者整理

在整个过程中，有两个“机会窗口”可以检测到大脑对刺激的认知加工过程：一个是神经电反应窗口；另一个是血液动力反应窗口。EEG 检测的是神经元放电活动，而 fMRI 以及 fNIRS 检测的是血液动力反应。简单来说，EEG 是“看”哪里在放电；fMRI 和 fNIRS 则是“看”氧在往哪里输送。如果把大脑对于刺激的认知加工过程看作一场神经层面的“战役”，那么 EEG 直接观测哪里在“打仗”，而 fMRI 和 fNIRS 则是观察“粮草”在源源不断地送往哪里。

由于基本成像原理不同，EEG 和 fMRI/fNIRS 的技术特征也存在较大差异。首先，EEG 直接检测神经元的放电活动，其时间分辨率很高（通常在毫秒级）。例如，当创业者无意识地关注到某个刺激时，EEG 就可以在 100 毫秒左右检测到神经电信号的变化（Massaro et al.，2020）。但是，由于大脑具有较强的导电性，EEG 难以准确计算出神经电的“来源”，无法精准定位参与认知加工的功能脑区，因此，其空间分辨率较差（Grech et al.，2008；Luck and Kappenman，2011）。

与之相反，fMRI 和 fNIRS 检测的是血氧变化。如图 2-2 所示，刺激出现后，在神经血管耦合机制的作用下，遍布大脑的血管把氧输送到激活脑区需要一定的时间，因此，fMRI 和 fNIRS 无法对刺激做出快速的实时响应，其时间分辨率有限（通常在秒级），仅能测量个体有意识的认知加工过程。但是，fMRI 和 fNIRS，尤其是 fMRI，可以较好地定位血氧变化的功能脑区，其空间分辨率较好。

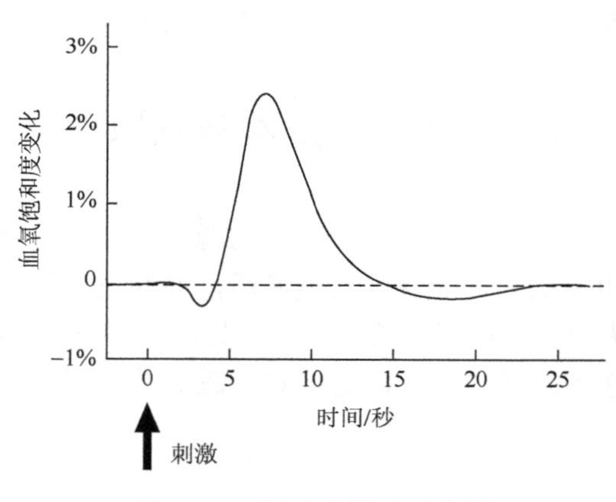

图 2-2　血氧响应模式示意图

资料来源：作者整理

2.2　常用脑成像技术简介

目前，神经创业学领域应用较多的脑成像技术为 EEG 和 fMRI。除此之外，也有学者利用 fNIRS 在较高社会生态效度的创业融资等社会环境中，探究企业家战略决策以及企业家与外部环境互动的微观机制（Yu et al.，2023）。

2.2.1　脑电图（EEG）

脑电图在认知神经科学领域已经有几十年的应用历史（Tivadar and Murray，2019）。EEG 是一种非侵入式脑成像技术，通过放置在被试头皮表面的电极直接记录神经活动所产生的电信号（Biasiucci et al.，2019）。这些电信号提供了神经元如何沟通和相互作用的信息，可以帮助研究人员探索一系列的认知加工过程，如接近和回避、情绪和决策等（Roy et al.，2019）。

脑电图电极通常依据标准化的国际 10-10 系统（international 10-10 system）或 10-5 系统进行排布，在不同的空间和时间维度上检测不同频率（如 α、β、γ 等）的神经振荡信号。由于肌肉运动等产生的肌电会对 EEG 信号造成影响，因此，需要借助数学算法对运动伪影和电磁噪声进行后续处理（Ayaz et al.，2012）。随着便携式干电极技术的快速发展，脑电图也越来越多地被用于自然场景的研究中（Zhang et al.，2023）。但是，空间分辨率较低的问题仍然制约着 EEG 技术在深入探索认知机制方面的能力（Genco et al.，2013）。

由于大脑在自发状态下也会无时无刻不在进行神经元的放电活动，因此，EEG 信号中包含各种随机噪声，其信噪比往往较低。为了准确捕捉大脑对特定事件或刺激的反应，研究人员开发了事件相关电位（event-related potential，ERP）技术来分离与特定事件或刺激相关的神经电信号（Genco et al.，2013）。具体来讲，被试需接受多次重复的刺激（同一类型刺激通常需要重复 25 次以上），并对重复刺激所产生的 EEG 信号进行叠加平均，以去除随机噪声，最终得到由刺激所引起的稳定电信号，即 ERP 信号（Luck，2014）。

在实践中，既有研究已经建立了多种 ERP 成分与特定认知加工过程之间的关系。例如，P300 是在暴露于刺激后约 300 毫秒时所产生的正波，与注意力转移和新鲜感的产生密切相关；N400 是非常稳定的表征认知冲突的 ERP 成分，例如，当被试认为媒体报道与创业者形象不匹配时，便会产生较大的 N400 成分；另一个常用的 ERP 成分是晚期正电位（late positive potential，LPP），与情绪判断和效价有关（Genco et al.，2013）。

2.2.2　fMRI

fMRI 是一种根据血氧水平依赖（blood oxygen level dependent，BOLD）来测量大脑活动的脑成像技术。当特定功能脑区参与认知加工时，在神经血管耦合机制的作用下，会有大量的血被输送到该区域，并造成激活脑区的氧合血红蛋白（oxygenated hemoglobin，HbO）浓度增加，而脱氧血红蛋白（deoxygenated hemoglobin，Hbb）浓度下降。Hbb 具有顺磁性，而 HbO 具有反磁性，激活脑区局部 Hbb 浓度的改变会导致磁共振成像（magnetic resonance imaging，MRI）图像强度的变化，表现为 BOLD 信号显著增强（Ogawa et al.，1990）。

如图 2-3 所示，在 fMRI 实验中，被试通常被要求平躺在磁共振扫描仪的腔体中，通过镜子反射观看屏幕上播放的图片或视频刺激（和/或通过耳机聆听声音刺激），并借助固定在手边的按键进行反应。整个过程中，磁共振扫描仪会向被试的大脑施加强大的磁场，以测量大脑各区域的 BOLD 信号，并最终构建基于体素的 fMRI 图像。体素是携带大脑体积信息的 3D 空间像素，通常情况下 1 个体素约为 1mm×1mm×1mm（即 $1mm^3$）。因此，fMRI 具有极高的空间分辨率（Massaro et al.，2020）。

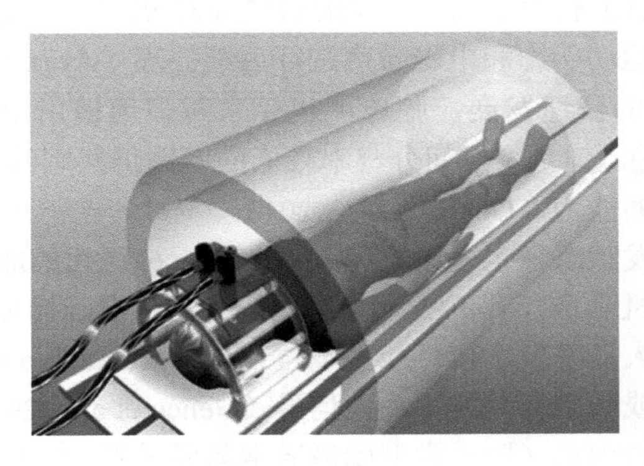

图 2-3　fMRI 实验设置示意图

资料来源：图像提供 Duff Hendrickson（达夫·亨德里克森），版权所有 Hunter Hoffman（亨特·霍夫曼），www.hitl.washington.edu 许可使用

极高的空间分辨率，一方面使 fMRI 能够探索整个大脑在面对刺激时的认知反应；另一方面，也极大地限制了被试的身体活动。在 fMRI 实验中，被试往往需要保持相对的静止状态，头部运动幅度不能超过 3mm 或 3°（Mier W and Mier D，2015），这使得 fMRI 无法在真实的场景中研究创业行为和多利益主体间互动的微观机制。同时，由于磁共振扫描仪会在实验过程中施加强大的磁场，因此，fMRI 实验对安全性要求较高，且不适用于某些特殊人群，如体内有金属植入物的患者、无法长时间保持静止状态的人群（多动症患者）等。最后，fMRI 的成本高昂，其购置设备和后期维护所需花费的金额较其他方法处于较高的水平。

2.2.3　功能性近红外光谱技术（fNIRS）

fNIRS 利用 650～950nm 波长的近红外光来检测特定功能脑区的血氧浓度改

变量。如图 2-4 所示，近红外光对生物活体组织具有良好的穿透性，在头皮表面放置光源发射器，近红外光可以穿过头皮、颅骨进入脑皮层组织，然后沿“香蕉型”路径进行传播。经过皮层组织中氧合和脱氧血红蛋白的吸收和散射，一部分近红外光会从头皮表面重新射出，并被光源接收器检测到（Gratton et al.，2001）。通过测量入射和射出的近红外光光强，利用修正的郎伯-比尔定律（modified Lambert-Beer Law）可以计算出特定功能脑区（即“香蕉型”光路区域）的血红蛋白浓度变化量（Obrig and Villringer，2003；Scholkmann et al.，2014）。

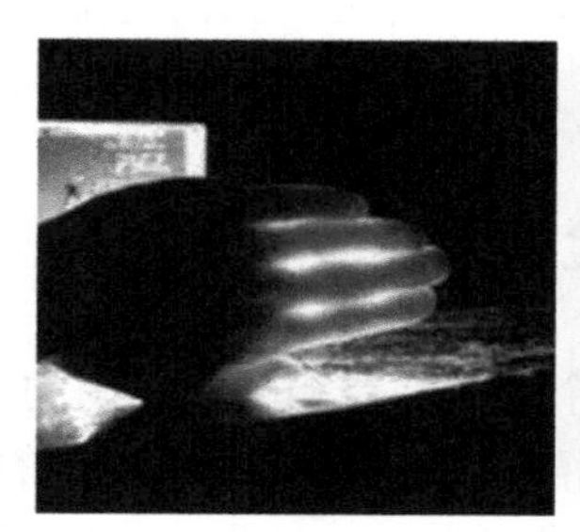

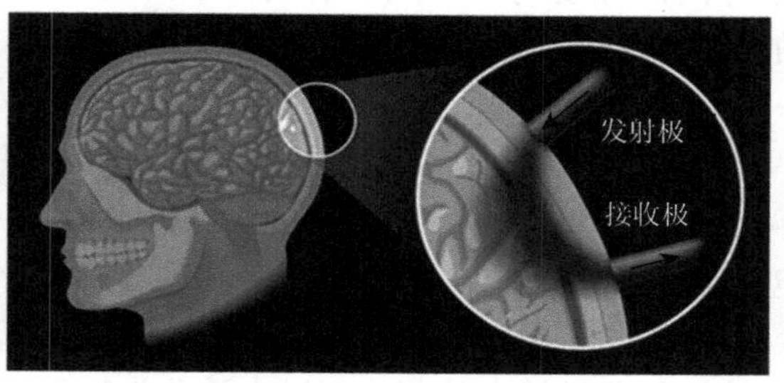

图 2-4　fNIRS 原理示意图

资料来源：作者整理

与 EEG 类似，fNIRS 的探测光极通常依据标准化的 10-10 系统进行放置，然后借助 3D 空间定位仪评估 fNIRS 通道所覆盖的具体功能脑区。便携式 fNIRS 和台式 fNIRS 设备多在光源类型（LED vs. 激光）和探测光极数量（2～128 个）方面有所不同。探测光极越多，覆盖的脑区越大。即便如此，fNIRS 也无法像 fMRI 一样做到全脑扫描，因此，需要根据理论进行推导，选择特定的兴趣脑区进行测量。

fNIRS 具有较好的运动和电磁噪声抗噪性能，因此，能够在日常环境中对个体和群体的决策和行为进行研究。但是，fNIRS 的光源探测深度只有 2～3cm，仅能检测浅皮层的血氧浓度变化信号（Leff et al.，2011）。高阶认知功能脑区多分布于浅皮层，因此，fNIRS 基本可以满足对决策（decision-making）、行为控制（behavior control）、语言加工（language processing）、社会认知（social cognition）等认知功能网络的研究需要。

2.2.4　常用脑成像技术对比

综上所述，EEG、fMRI 以及 fNIRS 具有不同的技术特点，适用于不同的研究情境和研究问题（Liu et al.，2016）。EEG 具有极高的时间分辨率和较低的成本，且对被试身体活动限制较少，但是，其空间分辨率较差，容易受运动噪声和电磁干扰的影响。因此，EEG 适合探究感知和决策的认知加工过程。fMRI 具有极高的空间分辨率，但是，其时间分辨率较低，成本高昂，且严格限制被试身体活动。因此，fMRI 更适合研究感知背后的认知神经机制。相比之下，fNIRS 具有一定的空间分辨率和时间分辨率，成本较低，抗噪能力强，且对被试身体活动限制很少。因此，fNIRS 更适合在较为真实的情境中研究具体行为和群体互动的微观机制。创新创业情境复杂，对创业者的个体认知和决策以及多利益相关主体间的互动均有深入的研究需求，因此，针对不同的研究问题需要选择合适的脑成像技术。

2.3 脑成像研究实验范式

创新创业情境具有高度的复杂性，往往涉及多个层面利益相关主体间的互动。因此，神经创业学研究需要灵活的实验范式与之匹配。借鉴社会神经科学的前沿研究，神经创业学的实验范式可以大致分为三类，即“单脑认知”、“多脑交互”以及“群脑协同”（He et al.，2021a；Yu et al.，2023）。

2.3.1 “单脑认知”实验范式

神经创业学，甚至是神经管理学的既往研究大多聚焦于单个被试对实验刺激的神经反应（通常称为“单脑认知”）。具体来讲，被试独自坐在屏幕前或躺在 fMRI 仪器腔体中，对屏幕上的刺激做出反应。在整个过程中，通过脑成像设备测量被试感知和决策的认知加工过程。“单脑认知”研究范式可以较好地探索无外界环境干扰情境下的创业者感知和决策的微观基础。

需要注意的是，在“单脑认知”实验范式中，多数研究关注的是哪些功能脑区被激活，进而推断出实验任务或实验刺激的认知加工过程。然而，复杂创新创业情境中的感知和决策并非是由某些孤立的功能脑区来完成的。正如 Lachaux 等（1999）指出的，认知行为需要广泛分布在大脑中的许多功能区域的协调整合以及相互作用来完成。例如，“首选品牌”效应（the “first-choice-brand” effect，Deppe et al.，2005；Koenigs and Tranel，2008）就涉及一个大脑功能网络，包括奖赏和自我加工脑区的激活，以及认知冲突脑区的抑制。

因此，除了检测各功能脑区的激活水平之外，还可以使用相关（cross-correlation）、相干或锁相（phase locking）等分析方法评估多个脑区之间的相互作用关系，从网络的视角构建感知和决策的微观基础[参见 Bastos 和 Schoffelen（2016）的综述]。例如，Brown 等（2020）使用 fMRI 探究了有自杀倾向的抑郁症患者在面对基于价值的决策时的神经功能障碍。与既有研究结果一致，Brown等发现，相较于健康对照组，抑郁症患者的腹内侧前额叶（ventral medial prefrontal cortex，vmPFC）的激活水平更低，表明其奖励加工存在异常。此外，他们还进一步发现，健康对照组的冲动性特质与其“腹内侧前额叶-额顶叶”的功能连接呈负相关，并进而负向预测其选择质量。这些结果表明，表征奖赏选择回路的“腹内侧前额叶-额顶叶”网络可能是基于价值的决策的微观基础。

“单脑认知”实验范式的另一个问题是，基于单一脑区的激活指标推导实验任务的认知加工机制可能会涉及“逆向推导”问题（Karmarkar et al.，2015）。认知神经科学研究的基本逻辑是“认知减法”，即探究不同实验任务下的功能脑区激活差异。例如，实验任务1涉及认知加工过程A和B，而实验任务2涉及认知加工过程B，因此，可以推断与实验任务2相比，实验任务1中激活更高的功能脑区“X”与认知加工过程A相关。但是，反过来，如果发现实验任务3同样激活了功能脑区“X”，因此得出实验任务3涉及了认知加工过程A的结论可能是有风险的。尤其是，当功能脑区“X”涉及多个认知加工过程时，“逆向推导”的问题可能更加严重。因此，在探究神经创新创业的微观基础时，需要重视“逆向推导”问题。

2.3.2 “多脑交互”实验范式

虽然“单脑认知”实验范式可以较好地揭示创业者个体感知和决策的微观基础，但是，“单脑认知”实验范式忽略了来自外界环境和其他利益相关主体的影响，无法探究多主体间的互动过程，也难以描述群体状态，具有较大的局限性。创业是一种复杂的社会活动，涉及跨层面的多利益相关主体间的互动及其迭代过程，且容易受客观环境、要素等因素的影响。例如，在神经营销领域，Pozharliev等（2015）发现，当浏览奢侈品时，是否有其他人的存在显著影响个体的大脑激活状态。因此，除了“单脑认知”实验范式，复杂情境下的神经创业学研究同样需要可以探究多主体互动的“多脑交互”实验范式。

近年来，在社会神经科学领域，越来越多的学者开始使用超扫描（hyperscanning）技术（即同时测量两个或两个以上个体的大脑活动，也称为群体脑成像技术）来研究人际互动的认知神经机制（Liu and Pelowski，2014）。“多脑交互”实验范式要求在较为真实的互动过程中，将交互主体视为一个“作用单元”，研究多主体的脑内功能激活以及脑间功能连接。结果发现，交互双方会在某些功能脑区表现出脑活动同步的现象（inter-brain neural synchronization，INS，称为脑间神经耦合或脑间功能连接；综述见Babiloni and Astolfi，2014；Hasson et al.，2012）。INS表征了交互主体间的信息交换状态及认知层面的共享心智水平，往往与其交互质量或绩效显著相关（Ahn et al.，2018；Hu et al.，2017）。例如，在基于 fMRI 的超扫描实验中，Tang 等（2016）发现，相比于被彼此遮挡的情境，当被试面对面玩最后通牒游戏时，其右侧颞顶联合区（temporo-parietal junction，TPJ）的脑间功能连接更强；而且，INS 的强度与决策双方的共同意愿、合作的积极信念以及实际绩效显著正相关。Shane 等（2020）发现，富有激情的创业演讲可以在非正式投资者中间激起更强的脑间功能连接和更强烈的投资兴趣。

同样地，Jiang 等（2015）在使用基于 fNIRS 的超扫描技术进行无领导小组讨论研究时，同时测量了每组三名被试的脑活动。研究结果表明，相比于追随者之间，领导者与追随者在进行交流时，其左侧颞顶联合区之间具有更强的脑间功能连接，且 INS 强度与其交流质量显著相关。在群体行为研究中，Dikker 等（2017）利用基于 EEG 的超扫描技术，测量了 12 名高中生在课堂上的神经激活状态。研究发现，学生群体在额顶区域的功能连接强度既能预测学生的课堂参与度，也能预测课堂上的互动表现。最近，Barnett 和 Cerf（2017）利用基于 EEG 的超扫描技术测量了一群观众在电影院观看电影预告片时的大脑活动。结果发现，观众群体的脑间功能连接强度可以预测他们之后对电影预告片的记忆程度以及电影上映后的票房表现。这些研究表明，“多脑交互”实验范式可以更好地探究多主体交互和决策的微观机制。

2.3.3 “群脑协同”实验范式

“多脑交互”实验范式聚焦有限的主体间互动及决策制定过程，强调外部环境，包括物理环境和社会环境，以及生产要素等对创业者决策和行为的动态影响。除此之外，战略决策的执行在创业活动中同样至关重要，需要多利益相关主体之间的协同配合。“群脑协同”实验范式利用脑成像技术和网络分析方法，探究某一群体的认知和情感共鸣状态及其协同绩效的微观基础。

例如，当企业制定了新的战略规划，在逐步推进的过程中，需要企业各个部门的管理者和员工形成共识，并有效地执行战略。在这个过程中，“单脑认知”和“多脑交互”实验范式均无法研究企业管理者和员工对企业战略的共性认知。类似地，企业发布营销广告或融资视频，希望可以在目标对象群体中形成共鸣并激起相应的行为，这也是当下内容营销或数字营销的核心。“群脑协同”实验范式可以解决类似的问题。“群脑协同”实验范式聚焦某一真实群体（如同一部门协同合作的员工）或虚拟群体（如独立消费者或非正式投资者），并将其视为一个“社交网络”，利用网络理论和图论（graph theory）算法，探究该群体成员大脑所构成的群体脑网络的拓扑属性，及其与该群体共鸣状态和协同绩效之间的关系（Liu et al.，2021；Yu et al.，2023）。

网络理论已经被应用于研究多种社会现象，如亲属关系、社会流动性、阶级结构和社交网络等（综述参见 Farahani et al.，2019；Sporns，2018）。在神经层面，图论为群体脑网络建模研究提供了新的可能性（Bassett and Sporns，2017；Duan et al.，2015）。如图2-5所示，如果将群体成员大脑的某一功能脑区（或功能网络）视为群体脑网络中的一个节点，将该网络中的任意两个节点进行配对，计算其神经耦合指数，并以此构建网络的边（Liu et al.，2021）。通过计算整个群体脑网络的网络强度、密度、路径长度、聚类、全局或是局部效率、小世界属性等（Keown et al.，2017；van Wijk et al.，2010），便可在神经层面描述该群体的认知/情感共鸣状态、信息交换模式和协同配合过程，进而为探究群体认知和协同绩效的微观机制提供方法支撑。

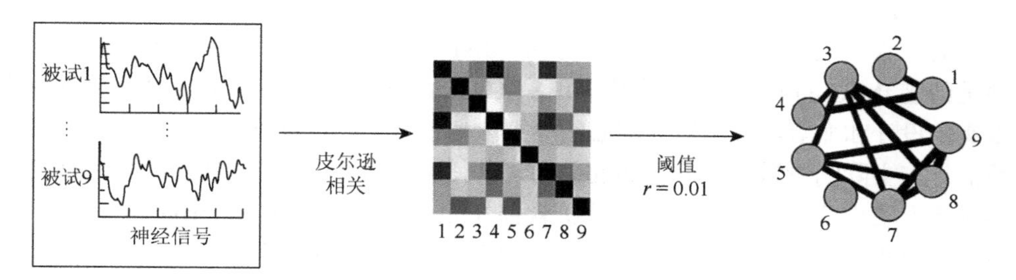

图2-5　群体脑网络构建方法示意图

资料来源：Liu等（2021）

在认知神经科学领域，Stone等（2019）发现，水平较差的杂技演员表演多人协同杂技时，其大脑网络的全局效率更低；相反，高水平杂技演员大脑的全局效率更高。结果表明，高水平杂技演员在与其他人合作时，大脑中不同功能脑区之间的信息交换和整合更为高效，而水平欠佳的杂技演员则缺乏这种能力，这也有效地阐释了运动学习的认知过程。Minati等（2012）研究了风险决策的神经机制，发现以内侧和前外侧前额叶脑区（medial and anterior-lateral prefrontal areas）为枢纽的小世界网络在基于价值的决策中起着核心作用。在神经营销领域，He等（2021a）利用“群脑协同”实验范式发现，在观看视频广告时，消费者群体的右侧额下回（inferior frontal gyrus，IFG）所构成的群体脑网络的密度可以表征该群体的神经共鸣状态，进而可以正向预测该广告的真实市场反应。

2.4　脑成像研究分析方法

2.4.1　功能激活和脑网络分析

EEG和fMRI均为成熟的脑成像技术，拥有标准的分析流程和数据处理软件；

相比之下，fNIRS 为较新的脑成像技术。因此，本章对 EEG 和 fMRI 的数据分析方法不再赘述，仅简单介绍 fNIRS 的数据预处理一般流程。

fNIRS 数据中主要包含认知加工过程引起的血氧浓度变化数据，呼吸心跳等引起的系统性噪声，大幅度的头部运动和姿态改变引起的运动伪迹，以及光学测量元器件所引起的非系统性噪声。因此，fNIRS 数据的预处理通常包括以下两个步骤：①通过 NIRS_KIT、Homer2 等分析软件或者主成分分析（principal component analysis）等算法去除或校正运动伪迹和非系统性噪声（Scholkmann et al.，2014）；②通过带通滤波（通常取 0.01～0.1Hz 或者 0.01～0.08Hz）去除系统性噪声（Hou et al.，2021；Liu et al.，2021）。

对于大脑功能脑区的激活状态分析，fNIRS 常用的分析方法主要有两种。一种是借鉴 fMRI 的分析方法，利用 NIRS_KIT、NIRS_SPM 或者 Homer2 等软件构建以实验设计和血氧响应函数为核心的模拟激活信号，然后利用回归分析构建模拟激活信号与实际测量激活信号之间的关系，并使用 beta 值作为功能脑区的激活指标。该分析方法推荐使用 NIRS_KIT 分析软件（https://www.nitrc.org/projects/nirskit）。另一种分析方法则是直接对比不同条件之间的血氧浓度激活差异。由于 fNIRS 测量的是血氧浓度的变化量，首先需要以实验开始前休息状态（即静息态）时的数据作为基线进行基线校正，得到相对于静息态的激活数据。然后，对激活数据进行 z-score 标准化处理，并利用 t 检验或 F 检验比较不同实验条件之间的激活差异（Liu et al.，2015；Liu et al.，2019）。

对于脑间功能连接分析，通常利用相关、小波相干（wavelet transform coherence，WTC）或锁相来计算交互主体间的脑活动同步性。其中，小波相干采用连续小波变换将时间序列信号扩展到时频空间，然后检验时频空间中的两个信号是否具有显著的相干性（Grinsted et al.，2004）。小波相干可以使用开源 Matlab 工具包进行分析（http://noc.ac.uk/marine-data-products/cross-wavelet-wavelet-coherence-toolbox-Matlab）。锁相将相位和振幅分开，在特定的频率范围内测量两个信号随时间变化的相位差（锁相）的一致性（Lachaux et al.，1999）。锁相同样可以使用开源的 Matlab 工具包进行分析（https://www.mathworks.com/matlabcentral/fileexchange/31600-phase-locking-value）。

脑网络分析分为个体脑网络和群体脑网络。但是，无论个体还是群体层面，均需要首先计算个体脑内各区域之间的功能连接状态或者群体成员大脑之间的功能连接状态。脑内功能连接（functional connectivity，FC）通常采用相关算法来计算各功能脑区之间是否存在显著关联（图 2-6）；而脑间功能连接则采用偏相关、小波相干或者锁相进行计算。然后，根据功能连接状态构建个体或群体脑网络，并使用 Matlab 工具箱 GRETNA（https://www.nitrc. org/projects/GRETNA）来分析该网络的拓扑特征。

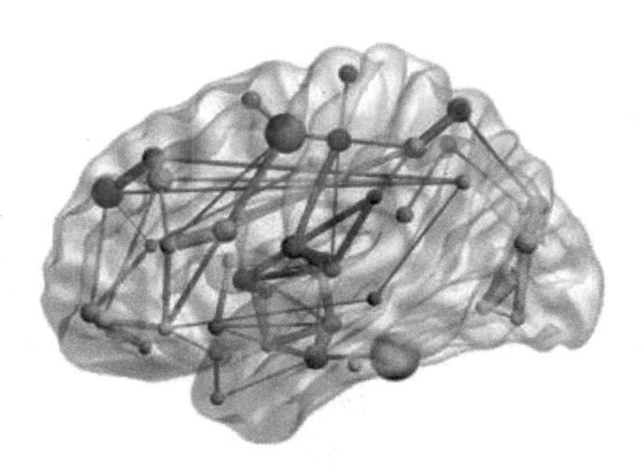

图 2-6　脑网络示意图
资料来源：作者整理

2.4.2　有向网络分析

上述的功能激活和脑网络分析属于“状态性”分析方法，不考虑信息交换的时间因素，即缺乏对不同功能脑区间或交互主体间因果关系的探讨。有向网络分析可以在“状态分析”的基础上，进一步评估个体脑网络或群体脑网络的信息传递模式。例如，一项有趣的群体脑成像研究发现，在协同合作时，情侣比陌生的异性组合表现出更高的脑间功能连接与合作绩效。同时，有向网络分析结果显示，情侣中女生的神经活动领先于男生的神经活动，揭示了情侣间女生的主导地位（Pan et al.，2017）。在进行“因果分析”时，通常使用时域的格兰杰因果分析（Granger causality，GC）或频域的部分定向相干分析（partial directed coherence，PDC）（Czeszumski et al.，2020）。

格兰杰因果分析测量两个时间序列 x 和 y 之间的因果关系。相比于单独用 y 的以往规律来预测 y 的后续趋势，如果用 x 和 y 的以往规律可以更好地解释 y 的后续趋势，便可以说 x 为因，y 为果（Granger，1969）。基于多元自回归方法，可以评估多个时间序列之间的信息流方向（Baccalá and Sameshima，2001）。格兰杰因果分析和部分定向相干分析可以使用 Matlab 工具箱 HERMES（http://HERMES.ctb.upm.es）来计算，最后可以利用工具箱 BrainNet Viewer（https://www.nitrc.org/projects/bnv）作图，以实现脑网络的可视化展示。

有向网络分析有助于深入理解信息如何从一个脑区流向另一个脑区，如何从一个大脑流向另一个大脑，从而揭示脑网络中不同节点的具体作用。例如，在群体决策或无领导讨论中，可以利用有向网络分析来探究具体的决策或讨论模式，或者潜在领导的涌现过程。在社交媒体背景下，可以利用有向网络分析来揭示意见领袖或领先用户与消费者之间的互动模式，进而讨论领先用户涌现为创业者的微观基础。

2.4.3 动态过程分析

上述两种分析将个体的感知和决策过程或主体间的交互过程视为“均质”的，不考虑过程中的动态性变化。动态过程分析旨在揭示随时间推移的、细节性的、动态的脑活动变化情况，通常采用滑动窗口（sliding window）的分析方法来实现（Sakoğlu et al.，2010）。例如，在进行商务谈判或融资路演时，可以利用动态过程分析来详细讨论谈判或路演的细节对谈判各方或投资人的影响。在神经营销领域，Barnett 和 Cerf（2017）发现，观看电影预告片时，观众大脑之间的功能连接状态可以正向预测电影上映后的票房。然后，用 5 秒滑动窗口对数据进行分析，继而发现在电影预告片播放到 16～21 秒时，观众大脑之间的功能连接状态与电影票房的相关性最为显著，结果表明电影预告片中第一个语义内容至关重要。因此，动态过程分析可以提供创业者对某一事件或刺激反应的动态细节，也可以揭示群体交互过程中的动态性变化，有助于理解较为复杂的认知加工过程。

2.5 其他神经创业学相关技术

2.5.1 眼动测量技术

由于认知资源的局限性，大脑能够同时加工的信息是有限的，因此，人类通过注意（attention）来有选择地加工特定信息。大量研究证实，目光注视的位置通常与人们注意的事物密切相关，即眼-脑一致性假说（the eye mind hypothesis；Just and Carpenter，1980；Schindler and Lilienthal，2019）。测量眼动行为可以较为有效地推测个体的注意模式和情绪反应（Boz et al.，2017）。

现代眼动仪大多使用瞳孔-角膜反射技术来跟踪采集被试在实验中的眼动行为（闫国利和白学军，2018）。在红外线的照射下，瞳孔和角膜反射的灰度图像存在较大差异。在光源和头部相对位置不变的情况下，瞳孔和角膜反射的相对位置会随着眼球的转动而改变。因此，视线方向可以由瞳孔中心相对于角膜反射的位置来确定（Schindler and Lilienthal，2019）。而瞳孔大小又一定程度上表征了个体在关注某个刺激时的情绪反应（Franco-Watkins et al.，2016）。因此，眼动测量技术提供了了解创业者在看到某一刺激，如商业报告时的视觉注意加工模式及其对该刺激的情绪反应，有助于推导创业者的心理加工过程（Harris et al.，2018）。

2.5.2　生理测量技术

生理学研究方法经常被用来测量个体感知和决策时的生理指标，如激素、心率、皮肤电传导水平的变化（Silverthorn，2001）。人体内特定激素的浓度已被用来解释为什么企业家与普通人不同（Bönte et al.，2016）；而皮肤电传导水平（skin conductance level，SCL）和心率是情绪状态和压力水平的有效生理标志物（Benedek and Kaernbach，2010）。皮肤电传导水平通常使用 BIOPAC（百奥派克）MP150 心理生理监测系统进行记录，其中两个填充有标准氯化钠电解质凝胶的屏蔽式 Ag-AgCl 电极被固定在非主导手的两个手指上。类似地，心率通常使用放置在被试身上的三个一次性 Ag-AgCl 心电图电极进行测量（Kraig et al.，2018）。

生理测量技术可以直接监测创业者在决策过程中的情绪反应，与脑成像技术相结合可以从多模态的角度研究复杂情境下创业者的情绪和认知反应及其交互过程（Ohme et al.，2011）。

2.5.3　脑刺激技术

脑成像技术，包括上述的眼动测量技术和生理测量技术，均属于“相关性”研究方法，探究的是生理、神经反应与行为绩效之间的关系。脑刺激技术提供了一种验证神经与行为之间因果关系的方法。常见的非侵入式脑刺激技术包括经颅磁刺激（transcranial magnetic stimulation，TMS）和经颅电刺激（transcranial electrical stimulation，TES）两种，它们可以改变大脑皮层的兴奋性，并调节神经系统的可塑性，在临床诊断治疗和科学研究上得到了广泛应用。

TMS 利用外施的时变磁场，在神经元间产生感应电场，引起生物电流在组织中传导，进而改变大脑皮层神经细胞的动作电位，影响脑内代谢和神经电活动。TMS 设备通常由脉冲电流发生器（电容器）和磁刺激线圈两部分组成。由于神经元具有显著的电容特性，外施磁刺激可以影响神经元细胞膜内外的离子浓度变化，进而引起跨膜电流和电压，产生感应电场。TMS 对大脑皮层产生的影响取决于多种因素，如线圈的形状、方向、神经元的密度以及神经轴突、树突的方向。其最终效应既可以引起暂时的大脑功能的激活或抑制，也可以引起长时的皮层可塑性的调节（陈昭燃等，2004）。

TES 通过电极将特定的、低强度电流（1～2mA）作用于特定功能脑区，以达到调节大脑皮层神经活动的目的（关龙舟等，2015）。TES 中最常见的是经颅直流电刺激（transcranial direct current stimulation，tDCS）。tDCS 设备通常由阳极、阴极两个表面电极组成，并由控制软件设置刺激类型的输出；通过放置在头皮特定区域的电极，以微弱极化直流电作用于大脑皮层。tDCS 的刺激方式包括阳极刺激、阴极刺激和伪刺激三种；阳极刺激可以提高皮层神经元的兴奋性，而阴极刺激可以抑制其兴奋性。tDCS 同样可以引起短时效应和长时效应；长时效应与其影响神经元间的突触连接功能，改变突触可塑性有关，且效应的持续时间与电流强度、刺激持续时间以及刺激次数有关（刘盼和刘世文，2011）。

通过激活或抑制特定的大脑功能脑区，脑刺激技术可以有效地检验神经活动与行为绩效之间的因果关系，有助于解决脑成像技术存在的“逆向推导”问题。例如，在决策领域，Fecteau 等（2007）发现，利用 tDCS 激活被试的前额叶[①]可以降低其在模糊决策中的风险偏好，验证了前额叶在风险决策中的核心作用。因此，在神经创业学研究中，恰当地使用脑刺激技术有助于从理论视角揭示创业决策与绩效微观基础。

2.6 总　　结

近年来，越来越多的学者开始使用生理学、脑科学等新技术来探究创业者情感、认知和行为交互作用的微观基础（de Holan，2014）。Nicolaou 等（2021）将其称为创业的生物学视角。对于创业研究，认知神经科学等新技术有助于了解创业决策底层复杂的认知加工机制，深化我们对创业特质起源以及创业活动的理解（Yu et al.，2023）。更为重要的是，本章引入的新的研究范式可以进一步强化创新创业研究的“科学方法”，使“描述和测量创新创业研究问题”以及“分析和解释创新创业研究问题”两个“科学方法”的特征更加完善，进而提高了创新创业研究的科学属性。

但是，需要注意的是，不同的研究技术和方法都有其优势和局限性，需要结合具体的研究情境和研究问题选择合适的研究工具（刘涛和于晓宇，2022）。此外，研究人员也应始终注意脑成像技术的普遍局限性。首先，是对神经结果的解释，特别是当涉及神经与行为之间的因果关系时，要避免“逆向推导”问题。为此，神经创业学的基础研究需要坚持理论驱动，不能简单地基于神经结果进行逆向解释。多种技术相结合的多模态研究方法可以有效地解决“逆向推导”问题。另外，也可以配合使用脑刺激技术来验证神经活动与特定行为之间的因果关系。

其次，是对神经结果的运用，神经活动与行为绩效既紧密联系又相差甚远；“心里”想 A，却可能在多种因素的影响下最终表现为“B”。因此，神经创业学研究结果并不能直接用以解决现实的创业问题，而应该全面考虑具体的创业情境以及环境因素（包括由人、类人所构成的社会性环境）的影响。神经创业学所揭

① 前额叶（prefrontal cortex）是指初级运动皮层和次级运动皮层以外的全部额叶皮层。

示的创业的微观机制可能在不同的情境和环境中演化为不同的表现形式。

总结起来，神经创业学是创业理论体系中必不可少的一个重要环节；多种方法交叉融合是推动创业理论不断发展的驱动力和实现路径。

中英术语对照表

中文	英文
事件相关电位	Event-related potential
晚期正电位	Late positive potential
血氧水平依赖	Blood oxygen level dependent
氧合血红蛋白	Oxygenated hemoglobin
脱氧血红蛋白	Deoxygenated hemoglobin
修正的郎伯-比尔定律	Modified Lambert-Beer Law
决策	Decision-making
行为控制	Behavior control
语言加工	Language processing
社会认知	Social cognition
腹内侧前额叶	Ventral medial prefrontal cortex
超扫描	Hyperscanning
脑间神经耦合	Inter-brain neural synchronization
颞顶联合区	Temporo-parietal junction
图论	Graph theory
额下回	Inferior frontal gyrus
相关	Cross-correlation
小波相干	Wavelet transform coherence
锁相	Phase locking
功能连接	Functional connectivity
格兰杰因果分析	Granger causality
部分定向相干分析	Partial directed coherence
滑动窗口	Sliding window
眼-脑一致性假说	The eye mind hypothesis
皮肤电传导水平	Skin conductance level
经颅磁刺激	Transcranial magnetic stimulation
经颅电刺激	Transcranial electrical stimulation
经颅直流电刺激	Transcranial direct current stimulation
前额叶	Prefrontal cortex

参 考 文 献

Bojko A. 2019. 眼动追踪：用户体验优化操作指南[M]. 葛缨，何吉波译. 北京：人民邮电出版社.

陈昭燃，张蔚婷，韩济生. 2004. 经颅磁刺激：生理、心理、脑成像及其临床应用[J]. 生理科学进展，(2)：102-106.

关龙舟，魏云，李小俚. 2015. 经颅电刺激：一项具有发展前景的脑刺激技术[J]. 中国医疗设备，30（11）：1-5，9.

李炜文，于晓宇，任之光，等. 2021. 中国情境下战略与创业微观基础研究机遇与挑战：首届战略与创业微观基础学术会议综述[J]. 研究与发展管理，33（6）：175-182.

刘盼，刘世文. 2011. 经颅直流电刺激的研究及应用[J]. 中国组织工程研究与临床康复，15（39）：7379-7383.

刘涛，于晓宇. 2022. 创业研究中的脑神经科学方法应用及其趋势[M]//杨俊，朱沆，于晓宇. 创业研究前沿：问题、理论与方法. 北京：机械工业出版社.

闫国利，白学军. 2018. 眼动分析技术的基础与应用[M]. 北京：北京师范大学出版社.

Ahn S，Cho H，Kwon M，et al. 2018. Interbrain phase synchronization during turn-taking verbal interaction—a hyperscanning study using simultaneous EEG/MEG[J]. Human Brain Mapping，39（1）：171-188.

Ayaz H，Shewokis P A，Bunce S，et al. 2012. Optical brain monitoring for operator training and mental workload assessment[J]. NeuroImage，59（1）：36-47.

Babiloni F，Astolfi L. 2014. Social neuroscience and hyperscanning techniques：past，present and future[J]. Neuroscience & Biobehavioral Reviews，44：76-93.

Baccalá L A，Sameshima K. 2001. Partial directed coherence：a new concept in neural structure determination[J]. Biological Cybernetics，84：463-474.

Barnett S B，Cerf M. 2017. A ticket for your thoughts：method for predicting content recall and sales using neural similarity of moviegoers[J]. Journal of Consumer Research，44（1）：160-181.

Bassett D S，Sporns O. 2017. Network neuroscience[J]. Nature Neuroscience，20（3）：353-364.

Bastos A M，Schoffelen J M. 2016. A tutorial review of functional connectivity analysis methods and their interpretational pitfalls[J]. Frontiers in Systems Neuroscience，9：175.

Benedek M，Kaernbach C. 2010. Decomposition of skin conductance data by means of nonnegative deconvolution[J]. Psychophysiology，47（4）：647-658.

Biasiucci A，Franceschiello B，Murray M M. 2019. Electroencephalography[J]. Current Biology，29（3）：R80-R85.

Bönte W，Procher V D，Urbig D. 2016. Biology and selection into entrepreneurship—the relevance of prenatal testosterone exposure[J]. Entrepreneurship Theory and Practice，40（5）：1121-1148.

Boz H，Arslan A，Koc E. 2017. Neuromarketing aspect of tourism pricing psychology[J]. Tourism Management Perspectives，23：119-128.

Brown V M，Wilson J，Hallquist M N，et al. 2020. Ventromedial prefrontal value signals and functional connectivity during decision-making in suicidal behavior and impulsivity[J]. Neuropsychopharmacology，45（6）：1034-1041.

Czeszumski A，Eustergerling S，Lang A，et al. 2020. Hyperscanning：a valid method to study neural inter-brain underpinnings of social interaction[J]. Frontiers in Human Neuroscience，14：39.

de Holan P M. 2014. It's all in your head：why we need neuroentrepreneurship[J]. Journal of Management Inquiry，23（1）：93-97.

Deppe M，Schwindt W，Kugel H，et al. 2005. Nonlinear responses within the medial prefrontal cortex reveal when specific implicit information influences economic decision making[J]. Journal of Neuroimaging：Official Journal of the American Society of Neuroimaging，15（2）：171-182.

Dikker S，Wan L，Davidesco I，et al. 2017. Brain-to-brain synchrony tracks real-world dynamic group interactions in the classroom[J]. Current Biology，27（9）：1375-1380.

Duan L，Dai R N，Xiao X，et al. 2015. Cluster imaging of multi-brain networks（CIMBN）：a general framework for hyperscanning and modeling a group of interacting brains[J]. Frontiers in Neuroscience，9：267.

Farahani F V，Karwowski W，Lighthall N R. 2019. Application of graph theory for identifying connectivity patterns in human brain networks：a systematic review[J]. Frontiers in Neuroscience，13：585.

Fecteau S，Pascual-Leone A，Zald D H，et al. 2007. Activation of prefrontal cortex by transcranial direct current stimulation reduces appetite for risk during ambiguous decision making[J]. The Journal of Neuroscience，27（23）：6212-6218.

Franco-Watkins A M，Mattson R E，Jackson M D. 2016. Now or later？Attentional processing and intertemporal choice[J]. Journal of Behavioral Decision Making，29（2/3）：206-217.

Genco S J，Pohlmann A P，Steidl P. 2013. Neuromarketing for Dummies[M]. New York：John Wiley & Sons，Ltd.

Granger C W J. 1969. Investigating causal relations by econometric models and cross-spectral methods[J]. Econometrica，37（3）：424-438.

Gratton G，Goodman-Wood M R，Fabiani M. 2001. Comparison of neuronal and hemodynamic measures of the brain response to visual stimulation：an optical imaging study[J]. Human Brain Mapping，13（1）：13-25.

Grech R，Cassar T，Muscat J，et al. 2008. Review on solving the inverse problem in EEG source analysis[J]. Journal of Neuroengineering and Rehabilitation，5：25.

Grinsted A，Moore J C，Jevrejeva S. 2004. Application of the cross wavelet transform and wavelet coherence to geophysical time series[J]. Nonlinear Processes in Geophysics，11（5/6）：561-566.

Harris J M，Ciorciari J，Gountas J. 2018. Consumer neuroscience for marketing researchers[J]. Journal of Consumer Behaviour，17（3）：239-252.

Hasson U，Ghazanfar A A，Galantucci B，et al. 2012. Brain-to-brain coupling：a mechanism for creating and sharing a social world[J]. Trends in Cognitive Sciences，16（2）：114-121.

Hasson U，Nir Y，Levy I，et al. 2004. Intersubject synchronization of cortical activity during natural vision[J]. Science，303（5664）：1634-1640.

He L，Freudenreich T，Yu W H，et al. 2021a. Methodological structure for future consumer neuroscience research[J]. Psychology & Marketing，38（8）：1161-1181.

He L，Pelowski M，Yu W H，et al. 2021b. Neural resonance in consumers' right inferior frontal gyrus predicts attitudes toward advertising[J]. Psychology & Marketing，38（9）：1538-1549.

Hou X，Zhang Z，Zhao C，et al. 2021. NIRS-KIT：a MATLAB toolbox for both resting-state and task fNIRS data analysis[J]. Neurophotonics，8（1）：010802.

Hu Y，Hu Y Y，Li X C，et al. 2017. Brain-to-brain synchronization across two persons predicts mutual prosociality[J]. Social Cognitive and Affective Neuroscience，12（12）：1835-1844.

Jiang J，Chen C S，Dai B H，et al. 2015. Leader emergence through interpersonal neural synchronization[J]. Proceedings of the National Academy of Sciences，112（14）：4274-4279.

Just M A，Carpenter P A. 1980. A theory of reading：from eye fixations to comprehension[J]. Psychological Review，87（4）：329–354.

Karmarkar U R，Shiv B，Knutson B. 2015. Cost conscious？The neural and behavioral impact of price primacy on decision making[J]. Journal of Marketing Research，52（4）：467-481.

Keown C L，Datko M C，Chen C P，et al. 2017. Network organization is globally atypical in autism：a graph theory study of intrinsic functional connectivity[J]. Biological Psychiatry：Cognitive Neuroscience and Neuroimaging，2（1）：66-75.

Koenigs M，Tranel D. 2008. Prefrontal cortex damage abolishes brand-cued changes in cola preference[J]. Social Cognitive and Affective Neuroscience，3（1）：1-6.

Kraig A，Cornelis C，Terris E T，et al. 2018. Social purpose increases direct-to-borrower microfinance investments by reducing physiologic arousal[J]. Journal of Neuroscience，Psychology，and Economics，11（2）：116-126.

Lachaux J P，Rodriguez E，Martinerie J，et al. 1999. Measuring phase synchrony in brain signals[J]. Human Brain Mapping，8（4）：194-208.

Leff D R，Orihuela-Espina F，Elwell C E，et al. 2011. Assessment of the cerebral cortex during motor task behaviours in adults：a systematic review of functional near infrared spectroscopy（fNIRS）studies[J]. NeuroImage，54（4）：2922-2936.

Liu T，Duan L，Dai R N，et al. 2021. Team-work，Team-brain：exploring synchrony and team interdependence in a nine-person drumming task via multiparticipant hyperscanning and inter-brain network topology with fNIRS[J]. NeuroImage，237：118147.

Liu T，Liu X C，Yi L，et al. 2019. Assessing autism at its social and developmental roots：a review of Autism Spectrum Disorder studies using functional near-infrared spectroscopy[J]. NeuroImage，185：955-967.

Liu T，Pelowski M. 2014. A new research trend in social neuroscience：towards an interactive-brain neuroscience[J]. PsyCh Journal，3（3）：177-188.

Liu T，Pelowski M，Pang C L，et al. 2016. Near-infrared spectroscopy as a tool for driving research[J]. Ergonomics，59（3）：368-379.

Liu T，Saito H，Oi M. 2015. Role of the right inferior frontal gyrus in turn-based cooperation and competition：a near-infrared spectroscopy study[J]. Brain and Cognition，99：17-23.

Luck S J. 2014. An Introduction to the Event-Related Potential Technique[M]. 2nd Ed. Cambridge：MIT Press.

Luck S J，Kappenman E S. 2011. The Oxford Handbook of Event-Related Potential Components[M]. New York：Oxford University Press.

Massaro S，Drover W，Cerf M，et al. 2020. Using functional neuroimaging to advance entrepreneurial cognition research[J]. Journal of Small Business Management，61（1）：1-29.

Mier W，Mier D. 2015. Advantages in functional imaging of the brain[J]. Frontiers in Human Neuroscience，9：249.

Minati L，Grisoli M，Seth A K，et al. 2012. Decision-making under risk：a graph-based network analysis using functional MRI[J]. NeuroImage，60（4）：2191-2205.

Nicolaou N，Phan P H，Stephan U. 2021. The biological perspective in entrepreneurship research[J]. Entrepreneurship Theory and Practice，45（1）：3-17.

Obrig H，Villringer A. 2003. Beyond the visible：imaging the human brain with light[J]. Journal of Cerebral Blood Flow and Metabolism：Official Journal of the International Society of Cerebral Blood Flow and Metabolism，23（1）：1-18.

Ogawa S，Lee T M，Kay A R，et al. 1990. Brain magnetic resonance imaging with contrast dependent on blood oxygenation[J]. Proceedings of the National Academy of Sciences，87（24）：9868-9872.

Ohme R，Matukin M，Pacula-Lesniak B. 2011 . Biometric measures for interactive advertising research[J]. Journal of Interactive Advertising，11（2）：60-72.

Pan Y F，Cheng X J，Zhang Z X，et al. 2017. Cooperation in lovers：an fNIRS-based hyperscanning study[J]. Human Brain Mapping，38（2）：831-841.

Pozharliev R，Verbeke W J M I，van Strien J W，et al. 2015. Merely being with you increases my attention to luxury products：using EEG to understand consumers' emotional experience with luxury branded products[J]. Journal of Marketing Research，52（4）：546-558.

Roy Y，Banville H，Albuquerque I，et al. 2019. Deep learning-based electroencephalography analysis：a systematic review[J]. Journal of Neural Engineering，16（5）：051001.

Sakoğlu Ü，Pearlson G D，Kiehl K A，et al. 2010. A method for evaluating dynamic functional network connectivity and task-modulation：application to schizophrenia[J]. Magnetic Resonance Materials in Physics，Biology and Medicine，23（5/6）：351-366.

Schindler M，Lilienthal A J. 2019. Domain-specific interpretation of eye tracking data：towards a refined use of the eye-mind hypothesis for the field of geometry[J]. Educational Studies in Mathematics，101，123-139.

Scholkmann F，Kleiser S，Metz A J，et al. 2014. A review on continuous wave functional near-infrared spectroscopy and imaging instrumentation and methodology[J]. NeuroImage，85：6-27.

Shane S，Drover W，Clingingsmith D，et al. 2020. Founder passion，neural engagement and informal investor interest in startup pitches：an fMRI study[J]. Journal of Business Venturing，35（4）：105949.

Silverthorn D U. 2001. Human Physiology：An Integrated Approach[M]. 2nd ed. Upper Saddle River：Prentice Hall.

Sporns O. 2018. Graph theory methods：applications in brain networks[J]. Dialogues in Clinical Neuroscience，20（2）：111-121.

Stone D B，Tamburro G，Filho E，et al. 2019. Hyperscanning of interactive juggling：expertise influence on source level functional connectivity[J]. Frontiers in Human Neuroscience，13：321.

Tang H H，Mai X Q，Wang S，et al. 2016. Interpersonal brain synchronization in the right temporo-parietal junction during face-to-face economic exchange[J]. Social Cognitive and Affective Neuroscience，11（1）：23-32.

Tivadar R I，Murray M M. 2019. A primer on electroencephalography and event-related potentials for organizational neuroscience[J]. Organizational Research Methods，22（1）：69-94.

van Wijk B C M，Stam C J，Daffertshofer A. 2010. Comparing brain networks of different size and connectivity density using graph theory[J]. PLoS One，5（10）：e13701.

Yu X Y，Liu T，He L，et al. 2023. Micro-foundations of strategic decision-making in family business organisations：a cognitive neuroscience perspective[J]. Long Range Planning，56（5）：102198.

Zhang Y N，Thaichon P，Shao W. 2023. Neuroscientific research methods and techniques in consumer research[J]. Australasian Marketing Journal，31（3）：211-227.

第 3 章　创业认知的脑机制

创业认知研究的发展得益于创业学者将认知心理学引入对创业者在创业活动中表现出的风险倾向、过度自信等特质的探究，创业认知研究自 20 世纪 90 年代以来始终是创业研究的重要领域。随着认知心理学领域在理论和工具等方面的进一步发展，认知神经科学已广泛应用于认知心理学研究，为探究认知背后的神经学基础提供证据。同样地，引入认知神经科学是创业认知研究取得突破的重要机会。本章首先梳理创业认知的研究脉络，重点分析三篇代表性认知神经科学研究，最后提出神经创业学在创业认知研究领域的若干研究方向。

3.1　创业认知的相关研究

对创业认知的研究，起源于对“谁是创业者”这一问题的讨论。人格特质论认为创业者天生在人格特质方面相对于其他人群存在特殊之处，这些特质决定了谁会成为创业者。然而在后续的创业研究发展中，人格特质论因很难明确创业者具有哪些独特的人格特质而受到严重挑战，相关创业研究的关注点逐渐从创业者的人格特质转向创业者的认知特质。

人格特质论的局限在于强调创业者相较于其他人群在机会发现、评估等创业活动中表现出的一系列生理、心理和行为模式的差异源于先天的、稳定的人格特质差异（Brandstätter，2011），而忽略了情境因素的影响并否定了习得的可能性，因此导致相关研究对于创业者与非创业者（特别是管理者）在人格特质上是否存在本质区别、创业者人格特质对创业绩效是否存在显著影响等问题上始终存在争议。虽然受到严重挑战，但人格特质论成功吸引了创业研究对创业者特质的持续关注。事实上，人格特质论引发的相关争论启发了创业学者开始从心理学的视角探讨创业者行为特点背后的机理（Rauch et al.，2007）。

风险倾向（risk propensity）最早被识别为创业者的一种十分重要的特质，新古典经济学认为对待风险的态度决定了人们是否成为创业者（Koudstaal et al.，2016），众多研究也都将创业者刻画为风险承担者（Hull et al.，1980；Sexton and Bowman，1983）。然而，围绕创业者是否具备更高的风险倾向这一问题，多年来一系列研究通过实证检验对比了创业者与其他人群（如职业经理人、职员等），但由于取样方式、测量工具等方面的不统一，学者们对于这一问题始终没有得到明确的结论，部分研究认为创业者并没有在风险倾向上表现出显著差异。1995 年，Palich 和 Bagby 发表在 *Journal of Business Venturing* 上的研究引入认知理论，对新古典经济学的推论提出挑战。通过对比创业者和其他商业人群（如经理人员、银行职员、风险投资家等），他们发现创业者并非具有更强的风险倾向，而是在对优势、机会的评估和对创业绩效的预测上表现出更加积极、乐观的认知倾向，进而促使创业者开展了创业活动。Palich 和 Bagby（1995）呼吁学者应更加关注创业者在特定方面的认知表现（certain aspects of cognition）或认知风格（cognitive styles），而非人格特质（personal traits）。

此后，1998 年 Baron 在 *Journal of Business Venturing* 发表奠基性文章[①]，引起研究人员对创业者认知特质的广泛关注。Baron 提出，相对于管理者，创业者在风险倾向、乐观主义（optimism）、争强欲望（desire to excel）等人格特质方面并没有显著的特殊之处，而是在思维方式和认知风格方面与管理者存在着显著差异，创业情境中的高度不确定性、新奇性、高度时间压力、高度资源约束等特点诱发了创业者简化信息处理、减少认知负担（“走捷径”，short-cuts）、减少心理负担的倾向，进而引发了创业者的认知偏见。

围绕“创业者是否在认知上不同于其他人”“创业者是否受到认知偏见的影响”等问题，学者们展开了广泛的探究，识别了创业者表现出的过度自信（overconfidence）（Busenitz et al.，1997）、自我效能（self-efficacy）（Chen et al.，1998）、控制错觉（illusion of control）（Simon et al.，2000）、反事实思维（counterfactual thinking）（Baron，2000）、启发式思考（heuristic thinking）（Busenitz and Barney，1997）、归因偏差（attribution bias）（Gatewood et al.，1995）等一众认知特质。例如，Busenitz 和 Barney（1997）通过比较创业者和大型组织管理者，发现创业者更多地借助启发式思考，其认知偏见在机会的发现、把握过程中起到了重要的作用。Simon 等（2000）利用情境技术（scenario technique）结合问卷法，发现创业者的控制错觉降低了创业者对创业活动的风险感知，进而有助于创业意向的形成。

2002 年，创业认知研究的重要推动者 Mitchell 与合作者发表在 *Entrepreneurship Theory and Practice* 上的文章将创业认知定义为“创业者在机会评价和创业企业成长过程中用于做出评估、判断和决策的知识结构”[②]，得到了学者广泛认同，正式开启了创业认知成为创业研究重要分支的道路。Mitchell 等将创业认知定义为知识结构的另一重大意义在于，否定了人格特质论认为的创业者特质的先天性和稳定性，而强调了创业者特质的习得性。Mitchell 等的研究推动了研究人员从认知的视角去理解创业者的行为以及创业者在创业过程中承担的角色和作用。同样地，

---

① 截至 2023 年 1 月，谷歌被引次数达到 2317 次。

② 截至 2023 年 1 月，谷歌被引次数达到 1748 次。

Baron（2004）发表在 *Journal of Business Venturing* 上的文章以及 Baron 和 Ward（2004）发表在 *Entrepreneurship Theory and Practice* 上的文章也强调了在创业研究中引入认知科学的潜在价值，并指出从创业认知的角度能够更好地回答创业研究的三个基本的“为什么”问题：

（1）为什么有些人选择成为创业者，而其他人没有？

（2）为什么有些人识别出有利可图的机会去创造新产品或服务，而其他人没有？

（3）为什么有些创业者比其他创业者更成功？

2007 年，Mitchell 与合作者在 *Entrepreneurship Theory and Practice* 上发表文章《创业认知研究的中心问题 2007》（The central question in entrepreneurial cognition research 2007）[①]，强调创业认知研究应围绕“创业者如何思考？”这一问题展开，探究创业者在机会识别、开发等创业环节中的心理过程，推动创业研究形成“思考-行动”（thinking-doing）的研究范式。Michell 等认为创业认知研究仍处于早期发展阶段，应从更为成熟的认知心理学领域中汲取养分，包括引入认知心理学的理论框架和研究方法（如实验法等），并提出创业认知研究未来还可以结合应用脑科学的研究方法。

创业认知研究在学者们的努力下积累了不少成果，但其研究框架局限于静态，这一点被社会认知领域的学者广泛诟病。2011 年，Mitchell 与合作者在 *Academy of Management Review* 上发表文章倡议引入社会情境认知（socially situated cognition）框架，从行为导向认知（action-oriented cognition，如手段导向等）、具身认知（embodied cognition，如遗传的影响等）、情境认知（situated cognition，如社会网络的影响等）、分布式认知（distributed cognition，如集体认知等）四个方面进一步拓展创业认知研究，关注创业认知与环境、行动、层级等因素间的动态关系。类似地，Grégoire 等（2011）在 *Journal of Management Studies* 发表文章强调应关注对创业认知进行跨层级的分析，以更好地对“创业者如何思考和行动”进行理解和解释[②]。

除了在研究框架上发生转变，创业认知研究在研究方法上也开始引入实验法、认知神经科学等研究工具，例如 Frederiks 等（2019）发表在 *Journal of Business Venturing* 上的研究利用实验方法探究了反事实思维、前瞻性思维（prospective thinking）和观点采择（perspective taking）对机会识别、开发的影响，但遗憾的是其研究被试仍为学生群体，引入现实创业者等高质量被试参与实验仍是个不小的挑战。*Journal of Business Venturing* 也在 2019 年发起了《应用实验方法推动创

① 截至 2023 年 1 月，谷歌被引次数达到 1119 次。

② 截至 2023 年 1 月，谷歌被引次数达到 634 次。

业研究发展》（*Applying experimental methods to advance entrepreneurship research: on the need for and publication of experiments*）特刊征稿，呼吁创业研究引入实验方法，包括借助 fMRI 等认知神经科学工具，以发现更为可靠和更具洞见的理论成果。创业认知研究有着认知心理学作为发展基石和养分来源，因此在认知神经科学研究中引入实验方法有着很高的可行性和潜在价值。此外，将认知神经科学引入创业认知研究会产生的一个重要贡献在于，能够在 Mitchell 等（2002）的创业认知作为知识结构的定义基础上进行拓展，借助认知神经科学工具进一步揭示创业认知的认知神经学基础。

3.2　创业认知的认知神经科学基础

通过检索 *Nature*、*Science*、*NeuroImage*、*Human Brain Mapping* 等 15 本科技期刊，本章识别 26 篇与创业认知相关的认知神经科学论文。我们根据三个衡量标准——与创业认知研究的相关性、对创业认知研究的启发性和期刊的影响力，选择三篇代表性论文进行分析。第一项研究探索了控制错觉和赌徒谬误（gambler's fallacy）两种认知特质对风险决策的交互作用及其认知神经学机制，第二项研究探索了风险承担与决策的神经关联，第三项研究探索了奖赏和控制两类认知机制的脑发育模式。这三项研究均在风险决策情境下，从不同角度在不同程度上为风险倾向差异的形成提供了神经学解释。本章结合其他与创业认知相关的认知神经科学论文提出利用认知神经科学方法研究创业认知的四个方向。

3.2.1　控制错觉与赌徒谬误的交互作用

控制错觉和赌徒谬误等引发风险决策（risky decision-making）偏差的认知特质在近些年引起认知神经科学研究领域的广泛关注（Kool et al., 2013; Xue et al., 2013）。控制错觉是指在完全或部分不可控的情境下，个体由于不合理地高估自己通过采取某些行为对环境或事件结果的控制能力而产生的一种判断偏差（Langer and Roth, 1975; Alloy et al., 1981）。简单说，我们觉得采取行动能影响实际控制不了的事。例如，赌徒想要一个大数字时，会使劲掷色子，而希望小数字时，会尽量温柔地掷色子；球迷们用手势和脚部动作试图干预比赛结果；一些企业家相信风水，会举行仪式祈祷生意兴隆或工程顺利等。

赌徒谬误是指当某一随机事件发生后，人们倾向于认为这一结果再次出现的概率降低（Militana et al., 2010）。如果一连串的随机事件呈现出一定的趋势，人们倾向于认为随机事件将呈现系统性反转（Johnson et al., 2005）。例如，一晚上手气不好的赌徒总认为再过几把之后幸运就会降临；连续的好天气会让人担心周末会下大雨；一些企业家在企业面临持续性的经营或成长困境时，坚信“风水轮流转”，将困境视为企业养精蓄锐、谋求发展的机会。

现有研究大多将控制错觉和赌徒谬误视为独立的认知偏见，这两类认知偏见在决策过程中是否存在交互作用？Shao 等（2016）的研究针对这个问题探讨了在风险决策过程中，控制错觉和赌徒谬误如何相互作用并共同决定个体行为，以及控制错觉和赌徒谬误在决策过程中的交互效应与顶下小叶（inferior parietal lobule，IPL）的关系。

Shao 等（2016）使用 fMRI 脑成像工具，以 29 位中国女大学生和研究生（年龄范围 19～28 岁，视力正常，右利手）作为被试，开展了一项猜牌游戏实验，实验过程中独立地操纵每一轮游戏的感知控制和博弈结果。

该实验任务由“自选条件”（a 场景）和“计算机选择条件”（b 场景）两个场景组成，每个场景以伪随机序列提供 10 个获胜结果和 20 个失败结果，整个实验任务共包含 60 次实验，每个场景进行 30 次实验。“自选条件”和“计算机选择条件”实验均以 3 次为一组，一组实验进行之后交替轮换场景，一半的被试在任务开始时接受 a 场景的实验，另一半在任务开始时接受 b 场景的实验。

具体实验任务如下。

1. 任务流程（如图 3-1 所示）

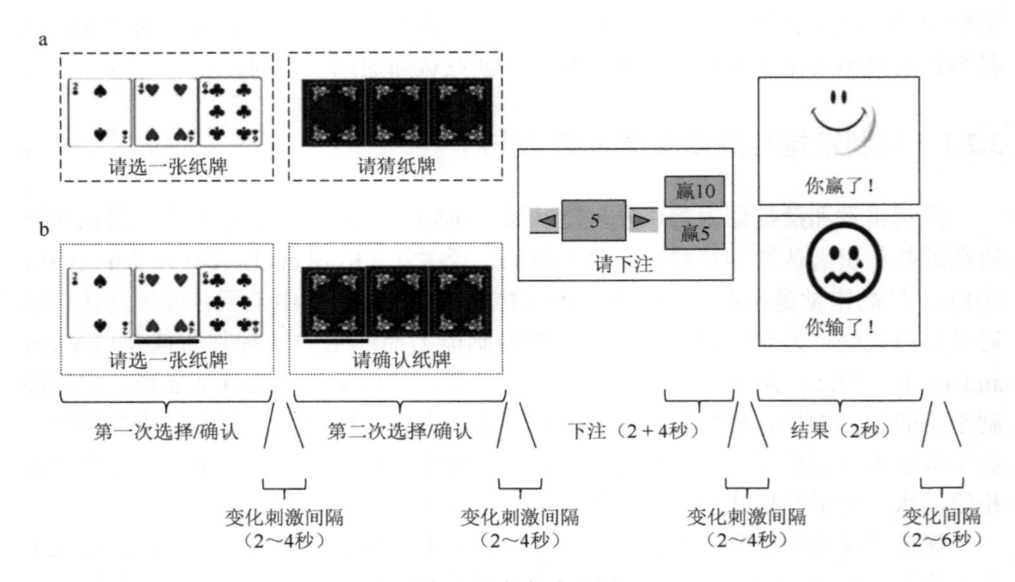

图 3-1　任务流程图

资料来源：Shao 等（2016）

a 场景为“自选条件”，步骤如下。

（1）被试首先被出示三张纸牌（黑桃 2，红桃 4，梅花 6），从中选出一张。

（2）在 2～4 秒刺激间隔（inter-stimulus-interval，ISI）之后，被试被要求从“面朝下”的三张同样的纸牌中选择一张。

（3）在 2～4 秒 ISI 之后，被试被呈现出一个可调整的初始赌注（5、10、20、30、40 或 50 分，随机分布在“自选条件”和“计算机选择条件”的实验中），以及该赌注相应的得失金额（被试如果获胜会赢得双倍赌注，否则将输掉赌注）。在投注阶段的前 2 秒被试不允许调整赌注，之后她们有 4 秒钟的时间在 5～50 分范围内将赌注调整到所需数额。

（4）在 2～4 秒 ISI 之后，显示输赢结果（被试前后两次选择的纸牌为同一张为赢，否则为输），持续 2 秒。

（5）在 2～6 秒间隔（intertrial-interval，ITI）之后，开始下一次实验。

b 场景为“计算机选择条件”，步骤如下。

相较于“自选条件”，“计算机选择条件”的唯一不同之处在于两次纸牌选择均由计算机而不是被试执行。计算机两次选择的纸牌都有一条黑色下划线，被试只需选择该纸牌以确认计算机的选择。

2. 问卷评估

实验任务结束之后，被试需填写问卷，问卷中包含了有关实验任务的问题。

（1）当由计算机选择纸牌时，你认为获胜的概率是多少？

（2）当由你选择纸牌时，你认为你赢了多少次？

（3）评估内部或外部控制点（locus of control）的 7 分利克特量表问题：一般来说，你会多大程度将自己描述成一个具有外部控制点特征的人（即把成功或失败归因于外部因素，如运气和其他人，相信事物更多的是由外部力量而不是你自己支配的）或是内部控制点特征的人（即把成功和失败归因于内部因素，如个人努力、精神力量或决心，并且相信事物更多的是由内部因素而不是外部因素支配的）？

该实验用“自选条件”和“计算机选择条件”两类情况下被试所下赌注是否存在差异来检验被试是否存在控制错觉；用前一次实验落败（获胜）情况下被试下一次实验所下赌注是否增加（减小）来检验被试是否存在赌徒谬误；如果“自选条件”和“计算机选择条件”两类情况下，前一次的实验结果对下一轮被试所下赌注的影响效果存在差异，则意味着控制错觉和赌徒谬误共同影响了被试的风险决策。

3. 研究发现

A. 行为层面的研究发现

研究发现，在“自选条件”下被试所下赌注显著高于在“计算机选择条件”

下所下赌注［图 3-2（a)］，而且她们倾向比前一试次下更高的赌注。并且，相较于在前一试次损失的情况下，当前一试次获胜时被试在随后的试次中所投赌注较小［图 3-2（b)］。因此，在控制了先前所累积的获胜历史的影响之后，赌博行为的模式同时具有控制错觉和赌徒谬误的特征。

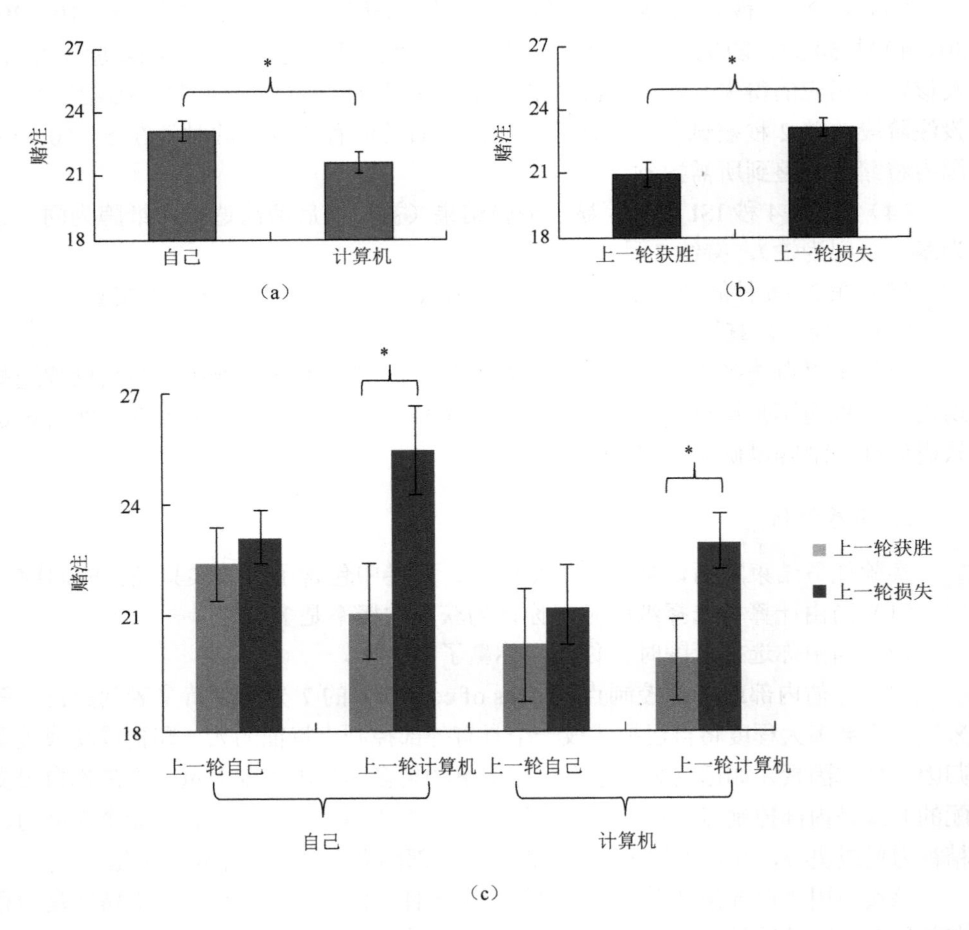

图 3-2　被试平均赌注

注：*表明 $p<0.05$

资料来源：Shao 等（2016）

此外，在实验为“计算机选择条件”下，与前一试次损失相比，当前一试次获胜时，被试在紧接着的试次中所下赌注会显著变小［图 3-2（c)、表 3-1］；但在先前实验为“自选条件”下时，这种差异并不显著。因此，先前控制和先前结果的交互作用是积极且显著的。

表 3-1　图 3-2（c）中的控制错觉与赌徒谬误的交互影响

Preloss	Prewin	PrePC	PreSelf	下一轮赌注变化	下一轮赌注大小比较
▲		▲		增加赌注	Self＞PC
▲		▲		增加赌注	
▲			▲	增加赌注	Self＞PC
▲			▲	增加赌注	
	▲	▲		减少赌注	Self＞PC
	▲	▲		减少赌注	
	▲		▲	减少赌注	Self＞PC
	▲		▲	减少赌注	

注：▲代表先前的选择和损益情况。Preloss 表示上一轮损失；Prewin 表示上一轮获胜；PrePC 表示先前计算机选择；PreSelf 表示先前自己选择；PC 表示当前计算机选择；Self 表示当前自己选择

资料来源：Shao 等（2016）

B. 神经层面的研究发现

如图 3-3 所示，研究发现控制错觉受到前/后扣带回（anterior/posterior cingulate cortex，ACC/PCC）和背外侧前额叶（dorsolateral prefrontal cortex，DLPFC）的影响；赌徒谬误受到外侧和内侧前额叶网络（lateral and medial prefrontal networks）的影响；右侧顶下小叶通过协调前/后扣带回的活动，并与外侧前额叶（lateral prefrontal cortex）和前额叶网络（prefrontal networks）协同工作，为控制错觉和赌徒谬论的相互作用机制提供了神经学解释。

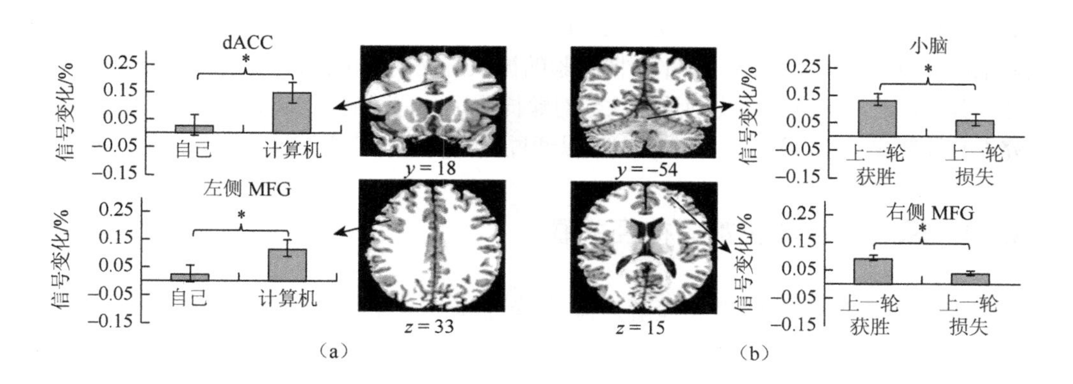

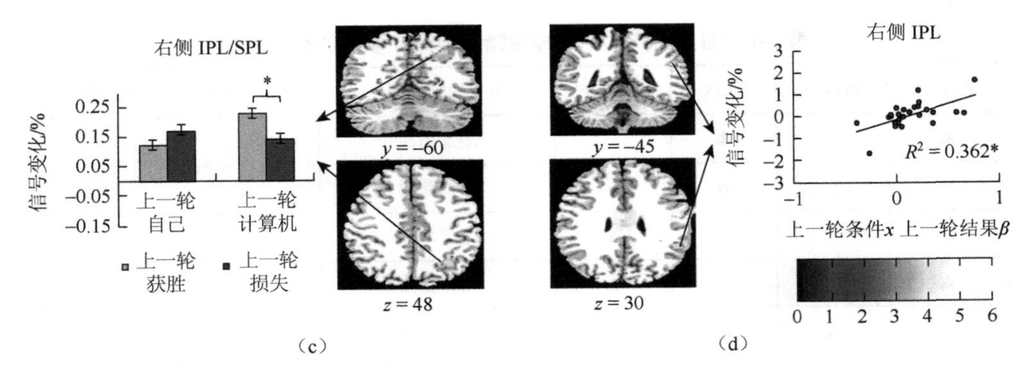

图 3-3 脑区示意图

注：（a）与“自选条件”相比，背侧前扣带回[①]和左侧额中回（left middle frontal gyrus，简称左侧 MFG）在“计算机选择条件”下显示出更强的信号；（b）与上一轮损失相比，双侧小脑（bilateral cerebellum）和右侧额中回（right middle frontal gyrus，简称右侧 MFG）在上一轮获胜后显示出更强的信号；（c）右侧顶下小叶（right inferior parietal lobule，简称右侧 IPL）/顶上小叶（superior parietal lobule，SPL）显示了控制错觉和赌徒谬误的交互作用。在先前“计算机选择条件”下，先前获胜相比先前损失显示出更强的信号，而在先前“自选条件”下的结果恰恰相反；（d）右侧顶下小叶显示了在先前“计算机选择条件”和“自选条件”下获胜与损失结果的对比信号

*表明 $p<0.05$，色条表示 t 统计量

资料来源：Shao 等（2016）

过往研究仅单独探索了控制错觉或赌徒谬误对风险决策偏差（risky decision bias）的影响及其对应的神经学机制，例如 Paulus 等（2001）发现顶下小叶的激活与赌徒谬误行为相关，但少有研究探索控制错觉和赌徒谬误的交互作用。Shao 等（2016）的研究弥补了这个研究空白，此外，研究结果还有助于理解“病态赌徒”（pathological gamblers）[②]表现出的控制错觉、赌徒谬误等认知特质的神经学机制。

当然，Shao 等（2016）的这项研究仍存在一些局限，这为未来的研究人员提供了机会。首先，参与这项研究的被试比较同质化，均为几乎没有赌博经验的年轻女性，未来研究可以邀请具有不同水平赌博经验的被试，提高被试在人口统计特征上的多样性。其次，已有证据表明先前连胜次数对赌徒谬误会有影响（Xue et al.，2012），该研究没有控制先前连胜次数，未来研究可以通过优化实验设计系统地控制先前连胜次数。

3.2.2 风险承担与决策的神经关联

现有研究致力于探索和理解风险决策过程中潜在的神经机制（Hsu et al.，

① 背侧前扣带回（dorsal anterior cingulate cortex，dACC）。扣带皮层是位于扣带回的大脑皮层。根据 Brodmann（布罗德曼）分区，扣带皮层包括了 23、24、26、29、30、31 和 32 区。其中，24 和 32 区总称为前扣带回皮层。

② 病态赌徒具有冲动控制障碍（impulse control disorder），行为不假思索，难以抑制赌博的冲动并渴望立即得到满足（Kertzman et al.，2010）。

2005；Kuhnen and Knutson，2005；Huettel et al.，2006），然而，并非所有风险承担都取决于人们的决策。某些被迫承担的风险，如意外伤害或疾病，是在生活中固有的，不受人们决策的控制。多数情况下，人们没有选择的余地，只能被迫接受这类风险造成的影响。同时，人们每天做出的许多决策都与风险承担或回报无关。上述经验性的观察表明，风险承担和决策可能是相对分离的，但很少有研究将风险承担与决策的神经机制分开探究。

Rao 等（2008）探究了“人体的多巴胺系统（dopamine system）是单独由风险承担或决策激活的，还是需要风险承担和决策结合起来才能激活？”这一问题。该研究选择了 14 名健康的被试（8 名男性，6 名女性，平均年龄 25.1 岁，年龄范围 21～35 岁，视力正常或矫正为正常，右利手，没有神经或精神健康方面的病史），开展了一项气球模拟风险任务（balloon analog risk task），使用 fMRI 来检测任务过程中被试大脑的激活情况。该实验任务根据被试能否选择主动终止对气球充气，分为 a、b 两种场景，每位被试均进行 8 分钟（不限轮次）的 a 场景任务和 b 场景任务。

具体实验步骤如下，如图 3-4 所示。

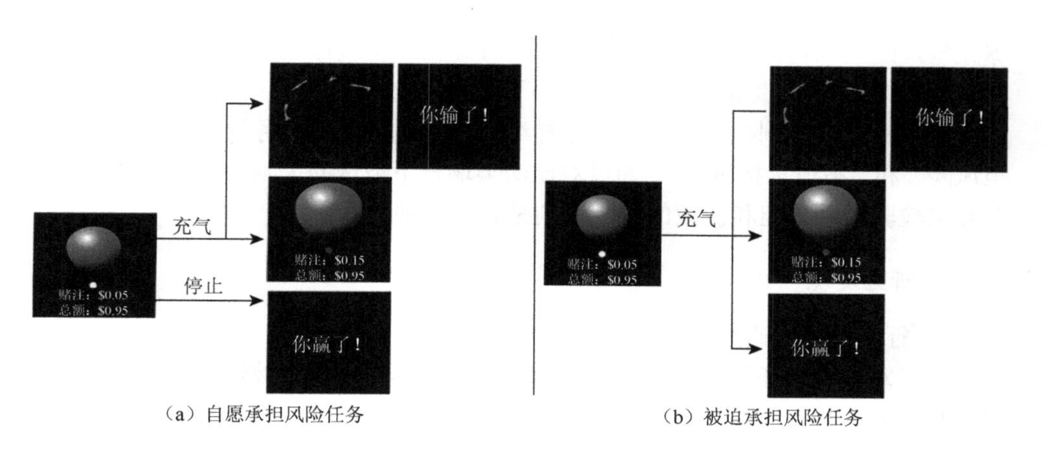

（a）自愿承担风险任务　（b）被迫承担风险任务

图 3-4　任务流程图

资料来源：Rao 等（2008）

1. 气球模拟风险任务介绍

在屏幕中央向被试展示一个真实的气球图像，要求被试按下一个按钮逐次给气球充气。每次充气后，气球可能会变大也可能会爆炸，每个气球最多充气 12 次。气球越大，它的爆炸风险越大，但同时被试获得的虚拟货币奖赏也越高，被试需要获得尽可能多的虚拟货币奖赏。被试不被告知每次充气后气球爆炸的概率。气球的每次充气时长是由一个小圆圈控制的，当小圆圈显示为绿色时，被试可以选择充气。当被试选择充气后，圆圈立刻变红，并经过 1.5～2.5 秒的随机时间间隔后再次变绿。在每一次充气结束后到下一次充气开始前也会有一个 2～4 秒的时间间隔。

2. 任务步骤

a 场景为在“自愿承担风险”场景下的气球模拟风险任务。

被试除了可以选择按右边的按钮继续给气球充气，继续承担风险，还可以选择按左边的按钮主动终止本轮气球实验，停止承担风险。每次充气会根据被试的选择反馈出该次充气的结果：一个更大的、具有更高奖赏的气球图片，或一个气球爆炸的图片和写有“你输了！”的文本。如果气球爆炸，将从被试的累计收益中扣除本轮气球实验的奖赏作为惩罚。如果被试在气球爆炸前选择终止该轮气球实验，将在被试的累计收益中增加本轮气球实验的奖赏，并出现“你赢了！”的文本。

b 场景为在“被迫承担风险”场景下的气球模拟风险任务。

被试在每轮实验中无法选择主动终止气球实验，只能选择按下按钮继续给气球充气，继续承担风险，由计算机决定何时终止该轮气球实验，即由计算机决定被试看到“你输了！”的文本或“你赢了！”的文本。

该实验通过控制被试能否自主选择继续承担风险，将任务场景分为“自愿承担风险”和“被迫承担风险”，通过对比两类场景下被试的大脑激活情况是否存在差异来检验风险承担和决策的神经机制是否能单独发挥作用。

3. 研究发现

A. 行为层面的研究发现

研究发现两种任务的行为结果差异不显著。具体而言，被试在“自愿承担风险”和“被迫承担风险”场景下，完成气球数、充气次数、获胜与失败次数和平均反应时间均不存在显著差异。

B. 神经层面的研究发现

如图 3-5 所示，在神经机制层面，研究结果发现在两种场景下，随着任务过程中风险承担的不断增加，枕叶（occipital lobe）和顶叶（parietal lobe）的视觉通路区域（visual pathway regions）均被激活。此外，在“自愿承担风险”场景下，富含多巴胺的中脑边缘和额叶区域（mesolimbic and frontal regions），包括腹侧被盖区（ventral tegmental area，VTA）、纹状体（striatum）、脑岛[①]（insula）、前扣带

① 脑岛，位于外侧沟底，借其周围的环状沟与额、颞、顶叶分界。

回皮层和背外侧前额叶也被激活，但在“被迫承担风险”场景下没有观察到这些脑区被激活，这表明仅凭风险承担无法激活这些脑区。

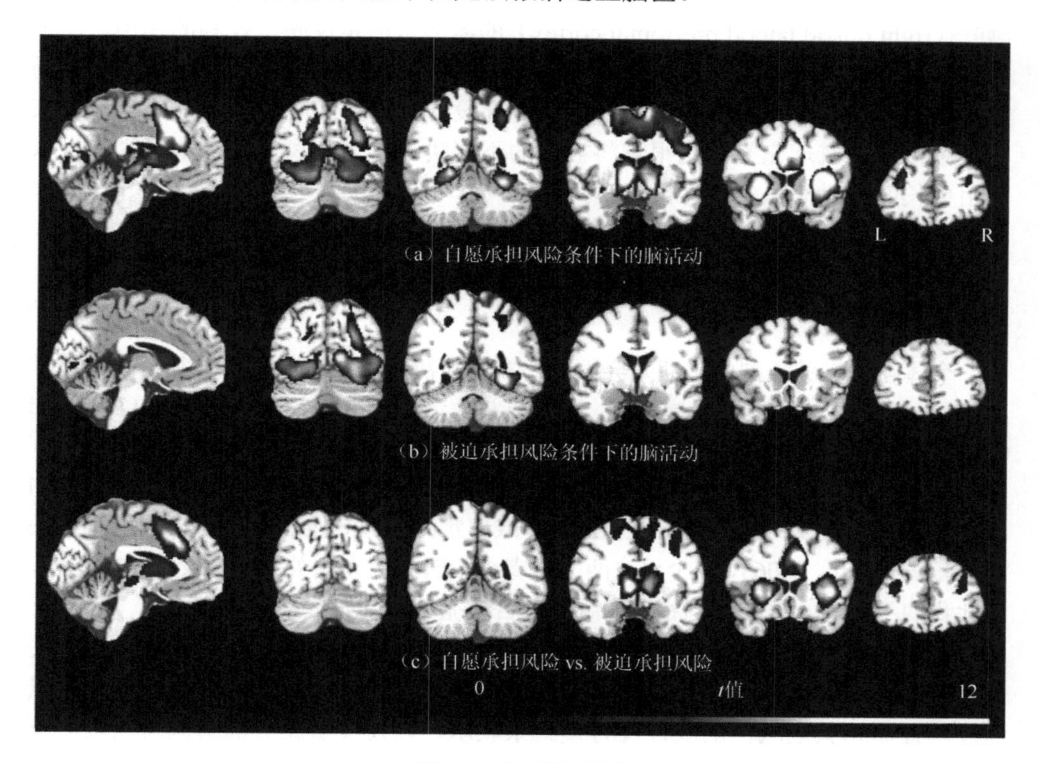

图 3-5　脑区示意图

资料来源：Rao 等（2008）

在脑部成像的图片上，“L”和“R”通常表示“左”（left）和“右”（right），这些标记用来指示脑的左侧和右侧

过往许多研究都证明了中脑边缘区域在决策中的作用（Matthews et al.，2004；Preuschoff et al.，2006），但少有研究将风险承担和决策的神经机制分开探究。因此，Rao 等（2008）的研究价值就在于对此进行了补充。此外，该项研究可以将研究对象扩展到决策能力受损的病理人群中，有助于识别风险行为障碍（impaired risk behavior）对应的特殊神经成分，进而实现更有效的临床治疗干预。

该研究存在一些局限，这为未来研究提供了机会。首先，该研究没有记录被试的生理反应，不排除生理反应可能对所观察到的大脑激活模式存在的影响。在未来的研究中，需要记录心率和皮肤电反应等生理指标，以检测任务过程中生理和大脑活动之间的动态关系。其次，由于受 fMRI 实验设计固有的时间限制，该研究将货币奖赏值设置为随着气球充气次数单调增加，这混淆了风险和回报的影响。未来研究可以设计风险和回报独立变化的实验，进一步分离人类大脑中风险和回报的处理过程。再次，该研究不排除被试在“被迫承担风险”场景中依然进行了一个隐秘决策的可能性，这可能导致另一种解释，即所观察到的右背外侧前额叶（right dorsal lateral prefrontal cortex）的激活可能是反映了控制的作用，而不是决策。未来可以结合结构性访谈或问卷调查，评估被试在“被迫承担风险”场景中多大程度上进行了决策。最后，该研究设计的刺激间隔较短，并要求被试在任务中持续对气球充气，这很难将被试的不同决策状态分离。在未来研究中可以采用更长的刺激间隔，延迟反馈时间。

3.2.3 奖赏与控制相关的脑区发育模式

个体在童年成长到成年期间会面临许多风险决策，所以青少年必须学会避免过度冒险。青少年决策能力发展缓慢，这在日常生活中可能导致严重的后果（Dahl and Gunnar，2009；Steinberg et al.，2008），如交通事故、青少年犯罪等。过往对青少年冒险行为的研究主要集中在单独探究认知控制（cognitive control）的神经关联（Eshel et al.，2007；van Leijenhorst et al.，2006）或奖赏处理（reward processing）的神经关联（Galvan et al.，2006），很少将这两类与青少年冒险行为相关的脑区反应进行比较，因此我们不知道奖赏和控制相关的脑区是否遵循不同的发展模式。

van Leijenhorst 等（2010）的研究探讨了：①风险决策过程中奖赏和控制相关的脑区发展模式是否相同；②随着年龄的增加风险决策相关的脑区变化是否可以通过与控制相关的脑区的线性发育模式来表示，以及奖赏相关的脑区对回报的反应是否在青春期达到峰值。已知控制相关的脑区包括外侧前额叶和背侧前扣带回，奖赏相关脑区包括腹内侧前额叶和腹侧纹状体（ventral striatum，VS）；③哪些脑区的激活与风险承担倾向的个体差异相关。该研究使用 fMRI 脑成像工具，开展了一项“蛋糕赌博任务”（the cake gambling task），选择了 58 名健康的右利手志愿者作为被试，分为四个年龄组：13 名儿童（8～10 岁，8 名女性，平均年龄 9.7 岁）、15 名青少年（12～14 岁，8 名女性，平均年龄 13.4 岁）、15 名成熟的青少年（16～17 岁，7 名女性，平均年龄 17.1 岁）和 15 名成年人（19～26 岁，7 名女性，平均年龄 21.6 岁）。

具体实验步骤如下，如图 3-6 所示。

1. 蛋糕赌博任务介绍

被试在计算机屏幕上可以看到由 4 块棕色和 2 块粉红色楔形物组成的蛋糕，在每轮实验中，计算机随机选择一个楔形物，被试猜测计算机所选楔形物的颜色。被试需要在低风险赌博（投注多数颜色，66.67%获胜机会）和高风险赌博（投注

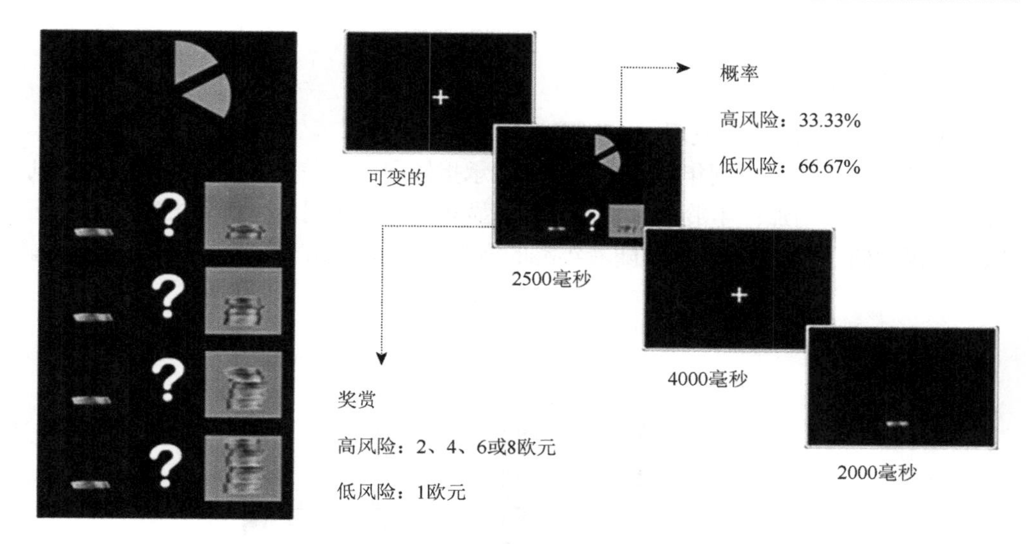

图 3-6　任务流程图

注：左侧面板显示了被试需要在低风险和高风险选项间做出的 4 个选择（1 欧元与 2、4、6、8 欧元）。右侧面板描述了实验流程安排

资料来源：van Leijenhorst 等（2010）

少数颜色，获胜机会为 33.33%）之间进行选择。每轮实验可赢得的奖赏以 50 美分的硬币堆叠呈现，如果被试选择楔形物的颜色与计算机所选择的相匹配，则被试赢得奖赏；如果颜色不匹配，则没有奖赏。

低风险赌博的风险报酬总是 1 欧元，而高风险赌博的风险报酬为 2、4、6 或者 8 欧元。其中 1 欧元的低风险赌博和 2 欧元的高风险赌博的预期收益（概率×报酬）是相等的，而 4、6、8 欧元的高风险赌博的预期收益高于低风险赌博。实验总共进行 84 次，在高风险赌博风险报酬为 2、4、6 或者 8 欧元条件下分别进行 21 次实验。

2. 任务流程

（1）电脑屏幕上显示一个十字符号注视点（500 毫秒）。

（2）屏幕上呈现出由楔形物组成的蛋糕，被试需在两种不同颜色的楔形物中选择一种（2000 毫秒）。

（3）电脑屏幕上显示一个十字符号注视点（4000 毫秒）。

（4）电脑屏幕上显示赌博的结果（有收益或无收益）以及相应的奖赏大小（2000 毫秒）。

该实验用不同年龄组的被试在低风险选项（1 欧元×66.67%）和某一风险报酬条件的高风险选项（2、4、6 或 8 欧元×33.33%）之间选择高风险选项的比例是否存在差异来检验被试的风险承担倾向是否存在年龄差异。

3. 研究发现

A. 行为层面的研究发现

如图 3-7 所示，不同年龄组之间的风险承担倾向没有差异，高风险选择随着风险报酬的增多而增加；年龄与风险报酬存在显著的交互作用，当风险报酬较高时，风险承担倾向没有年龄差异，但随着年龄的增长对低报酬赌博的风险厌恶程度加强。

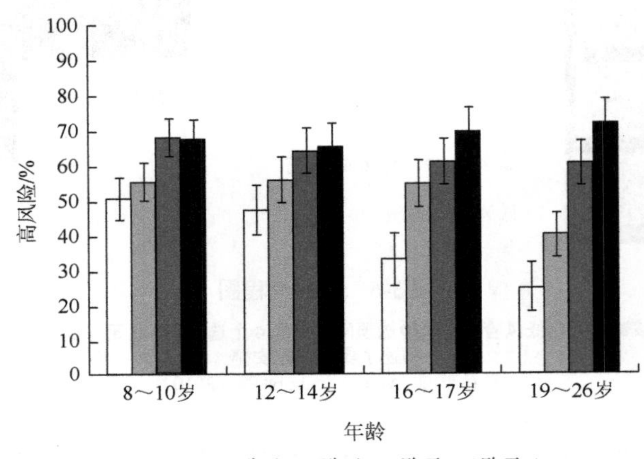

图 3-7 行为结果

注：每个奖赏条件（2 欧元、4 欧元、6 欧元和 8 欧元）和年龄组（8～10 岁、12～14 岁、16～17 岁和 19～26 岁）显示高风险赌博的选择百分比。误差线（图上的误差线是从每个柱状图顶部伸出的竖直线）表示标准误差。年龄差异仅在 2 欧元的情况下显著

资料来源：van Leijenhorst 等（2010）

具体而言，比较不同风险报酬条件下的年龄组，4 欧元、6 欧元和 8 欧元赌博的高风险决策百分比没有年龄差异，然而对于 2 欧元赌博，随着年龄的增长，风险承担倾向减少，表明在预期收益（概率×报酬）相等的情况下，年龄较大的被试更倾向于规避风险。此外，分析结果显示，反应时间（reaction times，RTs）作为风险报酬金额的函数而变化，与年龄无关。不同年龄组之间的平均 RTs 没有差异，不同年龄组对高风险和低风险决策的平均 RTs 也没有差异。与 6 欧元或 8 欧元的赌博相比，2 欧元赌博的 RTs 较慢。反应时间无年龄差异，表明神经反应的年龄差异不能用反应时间或冲动反应的差异来解释。

B. 神经层面的研究发现

如图 3-8 所示，研究发现在风险决策过程中涉及奖赏处理和认知控制的大脑区域遵循不同的发展轨迹，具体而言与奖赏处理相关的脑区呈倒“U”形发展模式，并在青春期达到峰值；而与认知控制相关的脑区成熟较慢，并呈线性发展。

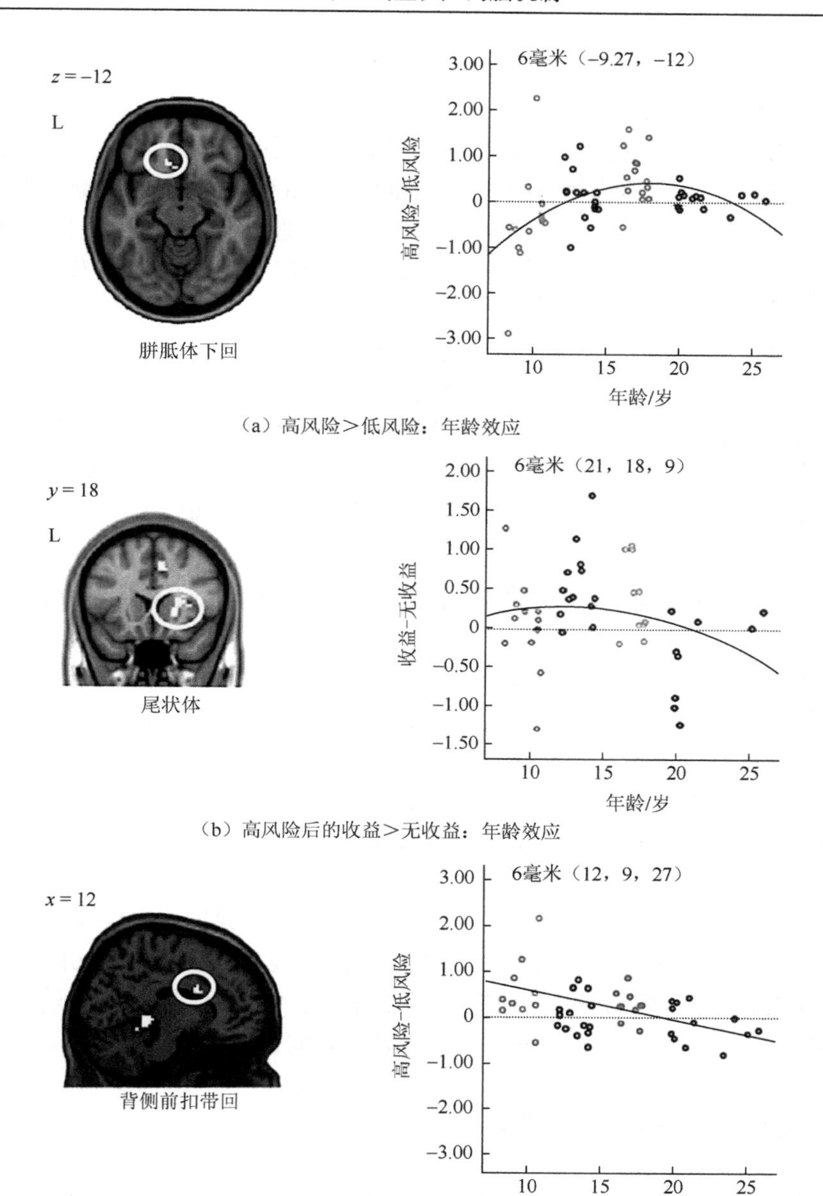

图 3-8　脑区示意图

注：(a) 胼胝体下回（subcallosal cortex）/腹内侧前额叶随着年龄增长呈倒“U”形发展趋势，并在青春期达到峰值；(b) 尾状体（caudate）/腹侧纹状体随着年龄增长呈倒“U”形发展趋势，在青春期达到峰值；(c) 背侧前扣带回随着年龄增长呈线性下降趋势

资料来源：van Leijenhorst 等（2010）

背侧和腹内侧前额叶（dorsal and ventral medial prefrontal cortex）的激活模式与风险承担倾向的个体差异有关。

总的来说，青春期的冒险行为是由奖赏和控制的脑区发展不平衡导致的，fMRI 结果表明，高风险选择与腹内侧前额叶的激活有关，而低风险选择与外侧前额叶的激活有关。此外，背侧前扣带回的激活程度随着年龄增长呈线性下降趋势，而腹内侧前额叶和腹侧纹状体的激活程度呈倒“U”形发育模式，在青春期达到峰值。

该研究得出的奖赏和控制的脑区发展不平衡可以解释为什么青少年常表现出过度冒险的行为。此外，该研究还识别了与奖赏和控制相关的脑激活区域以及其发展模式。该研究的结果有利于帮助理解叛逆期青少年的行为特点，并为青少年心理治疗教育提供了一定的认知神经学启发。该研究也存在部分局限，如未明确金钱奖赏是否对儿童、青少年和成年人具有相同的主观价值。

3.3 基于认知神经科学视角的创业认知研究方向

基于创业情境的特殊性（如高度不确定性、新奇性、高度时间压力、高度资源约束等），Stanton 等（2010）的研究启示我们，认知神经科学领域对风险、不确定性、模糊性等情境的研究经验可以为创业研究提供重要启发。既有的认知神经科学实验已经发现在应对不同的任务条件时（如风险 vs.不确定性），不同认知功能脑区的激活程度存在显著差异。这启发我们可以借助认知神经科学工具在创业情境下对创业者的大脑进行探索，帮助我们洞察先前创业研究无法解释的创业认知和行为背后的神经学机制，为创业理论的构建和检验提供来自神经学的支持。

本节内容旨在回应 Mitchell 等（2007）对于在创业认知研究中引入认知神经科学方法的建议。考虑创业认知研究的核心问题和当前创业认知研究面临的局限，认知神经科学可以为创业认知研究在以下几个方向提供新的研究机会。

3.3.1 创业失败后再创业决策

创业失败是多数创业新手（novice entrepreneur）必然面临的局面。一些创业者在创业失败后选择自暴自弃，而另一些创业者会从创业失败中恢复后选择再次创业。创业失败后的再创业意向是创业研究中的重要议题。既有创业研究已经发现先前的创业失败经历会对再创业意向产生积极的影响，且先前失败经历与感知行为控制的交互作用对未来创业意向的影响更显著，其中感知行为控制是指个人对其所从事的行为进行控制的感知程度（Acheampong and Tweneboah-Koduah，2018）。然而，既有相关研究主要通过问卷调查的方法展开，这种方法存在较大的主观偏差，且难以探究创业者失败后再次创业决策背后的认知机制。

Baron（2004）指出创业认知研究能够为创业意向的来源（为什么有些人选择成为创业者，而其他人没有？）提供解释。前文提到 Shao 等（2016）通过猜牌游戏测试了两种认知特质（控制错觉和赌徒谬误）的单独影响和交互影响，发现只有在先前实验是“计算机选择条件”下时，被试在面对先前损失时才会在下一轮赌博中下相较于先前获胜时明显更大的赌注。这意味着创业者在创业失败后的再创业意向、速度以及投入程度等因素可能受到其在前一次创业中的控制错觉等认知特质的影响。未来研究可以借鉴 Shao 等（2016）的研究思路，利用认知神经科学工具探究创业失败/挫败后再创业决策的认知机制和神经学基础，如探索创业失败后再创业意向较强的创业者和创业失败后一蹶不振的创业者在认知机制上的差异。

3.3.2　生存型与机会型创业者的认知差异

既有创业研究基于创业者在创业动机、经验、经历上的差异性对创业者进行了分类，如连环创业者（创业次数）、机会型创业者和生存型创业者（创业动机来源）、创业老手和创业新手（创业经验）等。根据 Mitchell 等（2002）对创业认知作为一种知识结构的定义，不同类型的创业者在创业过程中表现出的认知特质应存在较大差异。

首先，以机会型创业者和生存型创业者为例，机会型创业是指创业者为了追求所发现的创业机会而主动从事的创业活动，而生存型创业是指创业者为了生存、没有其他选择而无奈进行的创业活动，生存型创业者有较强的被动性（Block et al.，2015）。既有创业研究已经对比过这两类创业者的认知特质，有研究发现机会型创业者比生存型创业者表现出更高的风险倾向（Block et al.，2015），然而造成这种认知差异的深层次机制并没有得到揭示。前文介绍的认知神经科学实验二在气球模拟风险任务中，根据被试能否选择终止承担风险设计了两种任务场景“自愿承担风险”和“被迫承担风险”，实现了单独探究风险承担和决策的神经学机制并发现了两种场景下脑活动的差异（Rao et al.，2008）。未来研究可以借鉴实验二的研究思路，引入 fMRI 等相应的认知神经科学工具，探究不同类型创业者的风险倾向等认知特质的差异及其神经学证据。

其次，以创业老手和创业新手为例，创业老手相较于创业新手更富有创业经验，既有创业研究已经探讨过创业老手和创业新手之间的差异并发现创业老手比创业新手有更强的创业能力和信息收集能力，更易识别创业机会（Westhead et al.，2009）。Baron（2004）指出创业认知研究能够解释“为什么有些人识别出有利可图的机会去创造新产品或服务，而其他人没有？”这一重要问题。前文介绍的认知神经科学实验三以年龄作为分组依据，对比了不同年龄组的被试在风险决策过程中奖赏处理和认知控制脑区的激活情况，为青少年组的高风险倾向找到了神经学解释。未来研究可以借鉴实验三的做法，将创业者根据创业经验进行分组后，借助认知神经科学工具观察在机会识别过程中创业者对应脑区的激活情况，为具备不同程度创业经验的创业者在机会识别过程中表现出的认知差异寻找神经学解释。

3.3.3 认知差异与创业绩效

由于新进入缺陷（liability of newness）等先天缺陷，创业者在建立和运营新企业过程中必然面临许多困难和障碍。一些创业者能够克服这些困难，获得较好的创业绩效，帮助新企业成长，而另一些创业者由于决策失误等造成新企业绩效不佳或最终失败。创业认知的差异是导致有些创业者比其他创业者更成功的重要原因之一（Baron，2004）。既有创业研究探讨了创业者在新企业创建过程中的认知差异，例如有研究发现了创业者在建构高利润商业模式与低利润商业模式中认知差异的证据，与构建低利润商业模式的创业者相比，构建高利润商业模式的创业者表现出更清晰、更具条理的认知结构（cognitive constructions）（Malmström et al.，2015）。尽管前文提及 Rao 等（2008）的研究发现被试在“自愿承担风险”和“被迫承担风险”两种场景下完成的气球数、充气次数、获胜与失败次数和平均反应时间等行为结果均不存在显著差异，但未来研究可以借鉴 Rao 等（2008）的实验设计思路，探究高利润/绩效导向创业者与低利润/绩效导向创业者之间的认知差异及其神经学机制，以及哪些认知特质有助于获得高创业绩效。

3.3.4 创业认知形成的神经学机制

作为新进入者（new entrants），创业者常扮演着规则破坏者的角色。规则破坏是指“不符合群体适用的规范期望”的个人行为（Kaplan，1980）。有趣的是，创业研究发现人们在青少年时期一定程度的规则破坏行为（违规行为）与其在成年后成为一名创业者的可能性正相关（Zhang and Arvey，2009）。具体而言，Zhang 和 Arvey（2009）基于“不一致性理论”（theory on nonconformity）（Willis，1963），以 60 位创业者和 105 位管理者为样本，发现青少年时期表现出适度违规行为的个体更有可能在成年时期成为创业者。然而，该研究未能揭示这一规律背后的认知机理。

如前所述，Mitchell 等（2002）对创业认知的定义强调了创业认知的可习得性，此外，前文提及的 van Leijenhorst 等（2010）的实验通过对比不同年龄组在风险决策中的表现，识别出了风险倾向这一认知特质的形成机制及其背后的神经学基础。他们发现风险倾向在不同年龄组的差异是由奖赏和控制的脑区发展不平衡导致的。因此，未来研究可以借助认知神经科学方法为更多的创业认知特质，如启发式思考等，在创业者成长过程中的形成机制寻找神经学证据。

此外，如果可以识别创业者某一类创业认知特质对应的脑区激活模式，那么通过专项训练[①]增加对特定脑区的激活，可能会在神经学层面塑造和强化人们的创业认知，提高人们成为创业者的可能性，进而实现创业认知的主动习得和创业者的可培养，为创业教育等领域做出贡献。

最后，本章主要研究了风险倾向这一创业认知特质，原因是风险倾向是最早被识别出的创业认知特质，也是心理学、认知神经科学等领域最广泛研究的认知特质。除了风险倾向以及本章提及的控制错觉、赌徒谬误等认知特质，诸如过度自信（Busenitz and Barney，1997）、自我效能（Chen et al.，1998）、反事实思维（Baron，2000）等其他重要的创业认知特质，还有待于借助认知神经科学理论与工具进行深入研究。

中英术语对照表

中文	英文
前/后扣带回	Anterior/posterior cingulate cortex
双侧小脑	Bilateral cerebellum
尾状体	Caudate
中脑边缘和额叶区域	Dopamine rich mesolimbic and frontal regions
多巴胺系统	Dopamine system
背侧前扣带回	Dorsal anterior cingulate cortex
背外侧前额叶	Dorsolateral prefrontal cortex
赌徒谬误	Gambler’s fallacy
控制错觉	Illusion of control
顶下小叶	Inferior parietal lobule
外侧和内侧前额叶网络	Lateral and medial prefrontal networks
外侧前额叶	Lateral prefrontal cortex
左/右侧额中回	Left/right middle frontal gyrus

① 目前在医学领域已证明神经的可塑性，如神经刺激疗法通过刺激周围神经系统（peripheral nervous system，PNS）和中枢神经系统（central nervous system，CNS）能增强脑卒中患者的神经可塑性，帮助其运动功能恢复。此外，工作记忆训练也在近年来成为提升个体认知绩效的一种有效方式，如神经机制的研究发现：工作记忆训练引起大脑额–顶区域激活减弱，而皮层下结构包括纹状体和尾状核区域的激活增强；工作记忆训练减少了大脑灰质的数量，增强了大脑白质的功能连通性；工作记忆训练引起尾状核上多巴胺受体的变化。

续表

中文	英文
风险决策偏差	Risky decision bias
胼胝体下回	Subcallosal cortex
顶上小叶	Superior parietal lobule
腹侧纹状体	Ventral striatum
腹侧被盖区	Ventral tegmental area
枕叶和顶叶的视觉通路区域	Visual pathway regions in the occipital and parietal lobes

参考文献

Acheampong G，Tweneboah-Koduah E Y. 2018. Does past failure inhibit future entrepreneurial intent? Evidence from Ghana[J]. Journal of Small Business and Enterprise Development，25（5）：849-863.

Ajzen I. 1991. The theory of planned behavior[J]. Organizational Behavior and Human Decision Processes，50（2）：179-211.

Alloy L B，Abramson L Y，Viscusi D. 1981. Induced mood and the illusion of control[J]. Journal of Personality and Social Psychology，41（6）：1129-1140.

Baron R A. 1998. Cognitive mechanisms in entrepreneurship：why and when enterpreneurs think differently than other people[J]. Journal of Business Venturing，13（4）：275-294.

Baron R A. 2000. Counterfactual thinking and venture formation：the potential effects of thinking about “what might have been” [J]. Journal of Business Venturing，15（1）：79-91.

Baron R A. 2004. The cognitive perspective：a valuable tool for answering entrepreneurship's basic “why” questions[J]. Journal of Business Venturing，19（2）：221-239.

Baron R A，Ward T B. 2004. Expanding entrepreneurial cognition's toolbox：potential contributions from the field of cognitive science[J]. Entrepreneurship Theory and Practice，28（6）：553-573.

Block J，Sandner P，Spiegel F. 2015. How do risk attitudes differ within the group of entrepreneurs? The role of motivation and procedural utility[J]. Journal of Small Business Management，53（1）：183-206.

Brandstätter H. 2011. Personality aspects of entrepreneurship：a look at five meta-analyses[J]. Personality and Individual Differences，51（3）：222-230.

Busenitz L W，Barney J B. 1997. Differences between entrepreneurs and managers in large organizations：biases and heuristics in strategic decision-making[J]. Journal of Business Venturing，12（1）：9-30.

Chen C C，Greene P G，Crick A. 1998. Does entrepreneurial self-efficacy distinguish entrepreneurs from managers? [J]. Journal of Business Venturing，13（4）：295-316.

Dahl R E，Gunnar M R. 2009. Heightened stress responsiveness and emotional reactivity during pubertal maturation：implications for psychopathology[J]. Development and Psychopathology，21（1）：1-6.

Eshel N，Nelson E E，Blair R J，et al. 2007. Neural substrates of choice selection in adults and adolescents：development of the ventrolateral prefrontal and anterior cingulate cortices[J]. Neuropsychologia，45（6）：1270-1279.

Frederiks A J，Englis B G，Ehrenhard M L，et al. 2019. Entrepreneurial cognition and the quality of new venture ideas：

an experimental approach to comparing future-oriented cognitive processes[J]. Journal of Business Venturing，34（2）：327-347.

Galvan A，Hare T A，Parra C E，et al. 2006. Earlier development of the accumbens relative to orbitofrontal cortex might underlie risk-taking behavior in adolescents[J]. The Journal of Neuroscience，26（25）：6885-6892.

Gatewood E J，Shaver K G，Gartner W B. 1995. A longitudinal study of cognitive factors influencing start-up behaviors and success at venture creation[J]. Journal of Business Venturing，10（5）：371-391.

Grégoire D A，Corbett A C，McMullen J S. 2011. The cognitive perspective in entrepreneurship：an agenda for future research[J]. Journal of Management Studies，48（6）：1443-1477.

Hsu M，Bhatt M，Adolphs R，et al. 2005. Neural systems responding to degrees of uncertainty in human decision-making[J]. Science，310（5754）：1680-1683.

Huettel S A，Stowe C J，Gordon E M，et al. 2006. Neural signatures of economic preferences for risk and ambiguity[J]. Neuron，49（5）：765-775.

Hull D L，Bosley J L，Udell G G. 1980. Renewing the hunt for the heffalump：identifying potential entrepreneurs by personality characteristics[J]. Journal of Small Business Management，18（1）：11-18.

Johnson J，Tellis G J，MacInnis D J. 2005. Losers，winners，and biased trades[J]. Journal of Consumer Research，32（2）：324-329.

Kaplan H B. 1980. Deviant Behavior in Defense of Self[M]. New York：Academic Press.

Kertzman S，Vainder M，Vishne T，et al. 2010. Speed-accuracy tradeoff in decision-making performance among pathological gamblers[J]. European Addiction Research，16（1）：23-30.

Kool W，Getz S J，Botvinick M M. 2013. Neural representation of reward probability：evidence from the illusion of control[J]. Journal of Cognitive Neuroscience，25（6）：852-861.

Koudstaal M，Sloof R，van Praag M. 2016. Risk，uncertainty，and entrepreneurship：evidence from a lab-in-the-field experiment[J]. Management Science，62（10）：2897-2915.

Kuhnen C M，Knutson B. 2005. The neural basis of financial risk taking[J]. Neuron，47（5）：763-770.

Langer E J，Roth J. 1975. Heads I win，tails it's chance：the illusion of control as a function of the sequence of outcomes in a purely chance task[J]. Journal of Personality and Social Psychology，32（6）：951-955.

Malmström M，Johansson J，Wincent J. 2015. Cognitive constructions of low－profit and high－profit business models：a repertory grid study of serial entrepreneurs[J]. Entrepreneurship Theory and Practice，39（5）：1083-1109.

Matthews S C，Simmons A N，Lane S D，et al. 2004. Selective activation of the nucleus accumbens during risk-taking decision making[J]. Neuroreport，15（13）：2123-2127.

Militana E，Wolfson E，Cleaveland J M. 2010. An effect of inter-trial duration on the gambler's fallacy choice bias[J]. Behavioural Processes，84（1）：455-459.

Mitchell R K，Busenitz L W，Bird B，et al. 2007. The central question in entrepreneurial cognition research 2007[J]. Entrepreneurship Theory and Practice，31（1）：1-27.

Mitchell R K，Busenitz L，Lant T，et al. 2002. Toward a theory of entrepreneurial cognition：rethinking the people side of entrepreneurship research[J]. Entrepreneurship Theory and Practice，27（2）：93-104.

Mitchell R K，Randolph-Seng B，Mitchell J R. 2011. Socially situated cognition：imagining new opportunities for entrepreneurship research[J]. Academy of Management Review，36（4）：774-776.

Palich L E，Bagby D R. 1995. Using cognitive theory to explain entrepreneurial risk-taking：challenging conventional wisdom[J]. Journal of Business Venturing，10（6）：425-438.

Paulus M P，Hozack N，Zauscher B，et al. 2001. Prefrontal，parietal，and temporal cortex networks underlie decision-making in the presence of uncertainty[J]. NeuroImage，13（1）：91-100.

Preuschoff K，Bossaerts P，Quartz S R. 2006. Neural differentiation of expected reward and risk in human subcortical structures[J]. Neuron，51（3）：381-390.

Rao H Y，Korczykowski M，Pluta J，et al. 2008. Neural correlates of voluntary and involuntary risk taking in the human brain：an fMRI study of the balloon analog risk task（BART）[J]. NeuroImage，42（2）：902-910.

Rauch A，Frese M. 2007. Let's put the person back into entrepreneurship research：a meta-analysis on the relationship between business owners' personality traits，business creation，and success[J]. European Journal of Work and Organizational Psychology，16（4）：353-385.

Sexton D L，Bowman N. 1983. Determining entrepreneurial potential of students[J]. Academy of Management Proceedings，1983（1）：408-412.

Shao R，Sun D L，Lee T M C. 2016. The interaction of perceived control and Gambler's fallacy in risky decision making：an fMRI study[J]. Human Brain Mapping，37（3）：1218-1234.

Simon M，Houghton S M，Aquino K. 2000. Cognitive biases，risk perception，and venture formation：how individuals decide to start companies[J]. Journal of Business Venturing，15（2）：113-134.

Stanton A A，Day M J，Welpe I M. 2010. Neuroeconomics and the Firm[M]. Cheltenham：Edward Elgar Publishing.

Steinberg L，Albert D，Cauffman E，et al. 2008. Age differences in sensation seeking and impulsivity as indexed by behavior and self-report：evidence for a dual systems model[J]. Developmental Psychology，44（6）：1764-1778.

van Leijenhorst L，Crone E A，Bunge S A. 2006. Neural correlates of developmental differences in risk estimation and feedback processing[J]. Neuropsychologia，44（11）：2158-2170.

van Leijenhorst L，Moor B G，Op de Macks Z A，et al. 2010. Adolescent risky decision-making：neurocognitive development of reward and control regions[J]. NeuroImage，51（1）：345-355.

Westhead P，Ucbasaran D，Wright M. 2009. Information search and opportunity identification：the importance of prior business ownership experience[J]. International Small Business Journal：Researching Entrepreneurship，27（6）：659-680.

Willis R H. 1963. Two dimensions of conformity-nonconformity[J]. Sociometry，26（4）：499-513.

Xue G，He Q H，Lu Z L，et al. 2013. Agency modulates the lateral and medial prefrontal cortex responses in belief-based decision making[J]. PLoS One，8（6）：e65274.

Xue G，Juan C H，Chang C F，et al. 2012. Lateral prefrontal cortex contributes to maladaptive decisions[J]. Proceedings of the National Academy of Sciences，109（12）：4401-4406.

Zhang Z，Arvey R D. 2009. Rule breaking in adolescence and entrepreneurial status：an empirical investigation[J]. Journal of Business Venturing，24（5）：436-447.

第 4 章　创业情绪与认知的交互作用

情绪（emotion）、情感（affect）与认知之间存在相互影响和相互渗透。情绪和情感塑造了思维，反之亦然（Isen and Baron，1991）。创业学者也逐渐意识到情绪和情感在创业活动中的重要性和独特性。由于创业过程中的高不确定性和高风险性，微小的成长、挫折等事件都会使创业者产生情绪反应。而情绪和情感通过影响个体对外部世界的感知、创造力等方面影响创业活动。因此，情绪和情感既是创业过程中的重要资源，也是影响创业认知、决策和行为的重要因素。

Baron 最早于 1998 年发表在 *Journal of Business Venturing* 的名为《创业中的认知机制：创业者为什么以及何时与其他人思考方式不同》（Cognitive mechanisms in entrepreneurship：why and when entrepreneurs think differently than other people）文章中首次提及了情绪在创业过程中的重要影响。此后，虽然零散有创业情绪的研究发表，但一直未引起创业学者的广泛共鸣。2008 年，Baron 在 *Academy of Management Review* 发表了文章《情感在创业过程中的角色》（The role of affect in the entrepreneurial process），正式提出了情绪与创业机会识别和评估的直接联系。2012 年，Cardon，Foo，Shepherd 和 Wiklund 在创业领域顶级期刊 *Entrepreneurship Theory and Practice* 共同策划了主题为《探索心灵：创业情绪是一个热门话题》（Exploring the heart：entrepreneurial emotion is a hot topic）的特刊，鼓励创业学者关注创业过程中的情绪研究，探索情绪对创业决策和行为的影响。这一特刊标志着情绪研究成为创业研究的重要领域。

四位特刊主编在此之前都从各自领域对创业情绪进行了深入研究，是该领域的代表性学者。Wiklund 主要从创业过程中情绪动态的视角，鼓励创业学者探索情绪如何影响创业者的决策和行为，从而推动情绪研究成为创业领域的重要研究方向。Cardon 主要研究了创业激情在创业者个体层面和团队层面的影响。Foo 主要研究了创业者个体层面的情绪对机会识别和评估的影响。Shepherd 致力于研究创业者如何从创业失败后的悲痛情绪中恢复及创业失败对创业者后续创业行为和决策的影响。

4.1　创业情绪研究的两个基础理论

创业情绪是指个体或集体在机会识别、创造、评估、重构、开发的创业过程中的情感、情绪、心境（mood）或感觉（feeling）。这些情绪还可以分为器质性情绪和状态情绪两类。器质性情绪是指个体长期相对稳定的情感性人格（Baron，2008；Cardon et al.，2009；Cardon et al.，2012），即个体在经历不同情境时相对稳定的情感反应（affective reaction）。状态情绪是指由外界事件或刺激引发的短时间的情绪反应（Baron，2008），是个体在对外部刺激归因过程中的情绪变化。

4.1.1 情绪渗透模型

1998 年，Baron 最早在讨论创业者认知偏见时提出了情绪对创业活动有重要影响。他认为，与普通人相比，创业者对创业活动有更高的承诺和付出，因此在创业过程中经历更强烈的情绪体验。一旦遭遇失败或实际情况低于自我预期，消极情绪会被放大，创业者更可能进行反事实思维和产生强烈的悔意（regret）。如果创业者对错失创业机会表现出悔意，他们在寻找、识别、开发新机会等方面会表现得更为积极。

Baron 将情绪渗透模型引入创业研究。情绪渗透模型由 Forgas（1995）提出，该模型解释了由特定因素或经历诱发的情绪状态会影响个体对其他无关事务的决策和判断。第一种影响机制是情感启动（affect priming），即当下心境对决策或判断的影响取决于那些容易被想起的与当下情绪一致的信息，会对决策产生间接影响。第二种影响机制是情感即信息（affect-as-information），情绪反映了一种潜在的评价，即个体会对特定对象进行价值评估，赋予其特定的情绪。因此，个体所经历的积极或消极的情绪状态会影响自己做出积极或消极的判断，会对决策产生直接影响。这些研究表明了情绪会直接影响创业者对机会的评估，进而影响其机会开发决策。例如，在机会评估时，恐惧（fear）会削弱创业者决定开发创业机会的可能性，而喜悦（joy）、愤怒（anger）会促进创业者决定开发机会的可能性；恐惧还会削弱创业者机会评估与机会开发的关系，而喜悦和愤怒则可以增强两者的关系（Foo et al.，2009）。同时情绪渗透模型理论还表明，当个体对创业活动付出的努力越多时，情绪越可能影响认知和决策。因此，创业活动的新颖性、复杂性、不确定性等特征都促使创业者的认知和决策容易受到情绪的影响，创业活动反过来也加剧了创业者在创业过程中的情绪体验。

2008 年，Baron 在 *Academy of Management Review* 发表文章再次强调了情绪对创业研究的重要性。首先，他补充说明了情绪/情感影响创业活动的原因：①情绪通过影响创业者对外部世界的感知来影响创业认知。积极情绪可以提高个体对外部环境的警觉性（Isen，2002）。②情绪通过影响创造力来影响创业认知。处于积极情绪的个体比消极或中立情绪的个体更富有创造力（Estrada et al.，1997）。

消极情绪可能在非常特定的情境也能促进个体的创造力（George and Zhou，2002）。③情绪通过影响启发式过程来影响创业认知。④情绪通过影响记忆来影响创业认知。情绪通过心境一致性[①]和心境依存性记忆[②]两种方式，对个体将信息存储为记忆和之后的提取使用产生重要影响。⑤情绪会影响个体处理压力的认知策略。⑥情绪影响创业者对他人动机的解释，进而影响创业活动中的团队合作、冲突、信任、谈判等环节。Baron 同时呼吁学者从认知神经科学的视角探索情绪与认知的交叉研究。

4.1.2　情绪事件理论

创业经验作为宝贵的资源，已有大量研究讨论了其对后续创业行为及决策的影响。Morris 等（2012）将情绪事件理论引入创业经验的相关研究。他们认为显著的创业事件（即为创业者带来显著变化、具有重要意义的事件，如发现一个创业想法、获得天使投资等）会影响创业者的情绪状态（包括情绪的强度、类型等），情绪状态会影响创业者对创业活动的满意程度、对即兴发挥的参与倾向。情绪事件理论认为，情感会随时间波动，其波动规律可追溯到内源性成分（如情绪或情感倾向中的已知周期）和外源性成分（如显著事件）。当那些与个人信仰、理解和自我意识相违背的事件发生时，个体会产生强烈的情绪反应。因此，创业过程中经历的显著事件使创业者对事件产生情绪性反应。

研究将创业过程中的情绪用效价和唤醒程度两个维度进行分类，对应不同的创业经历形成了如图 4-1 所示的“经历-情绪动态路线”。*A* 点为起点，代表创业者开始尝试创办企业，但这一阶段创业者会遇到资源约束、销售困境、产品质量等挑战，因此这一阶段创业者会有较高的压力感，产生不愉悦的情绪。随着企业仍然难以实现营收平衡，创业者进入 *B* 点，压力感持续较高，此外，高强度的工作会提高消极情绪的唤醒程度。随着创业活动继续进行，创业者逐渐获得稳定收益，但也需要更多资金拓展企业规模，这一阶段创业者会有一定唤醒程度的积极情绪。接下来进入 *C* 点，企业的销售状况和现金流更加稳定，企业家的情绪总体是积极的。之后创业者就经历从 *D* 到 *G* 的波动，有的时候创业活动进展顺利但有的时候阻力巨大，有压力，创业活动的速度也有快有慢，创业者的情绪会出现积极、消极、不同唤醒程度的波动。

---

① 心境一致性（mood congruence）指的是个体当前的情绪强烈地决定了在特定情况下哪些信息会被注意到并进入记忆的效应，与上文的“情感启动”类似。

② 心境依存性记忆（mood-dependent memory）指的是个体在经历一种特定的情绪时，更有可能想起他们在过去相似的情绪下获得的信息，与上文的“情感即信息”类似。

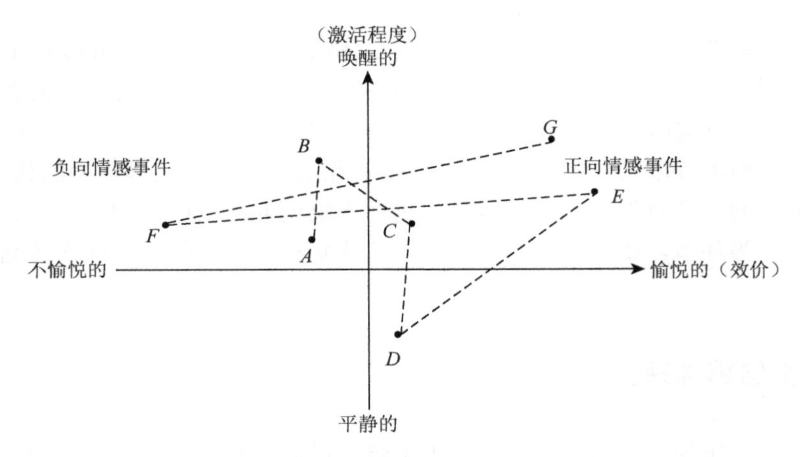

图 4-1　经历-情绪动态路线

资料来源：Morris 等（2012）

积极且高唤醒度的情绪更可能促使创业者采取冒险、创新的行为和决策，创业者对未来也持有较为乐观的态度。积极但低唤醒度的情绪更可能促使创业者采取不冒险、不创新的行为和决策，且坚持创业的意愿会降低。消极但高唤醒度的情绪更可能促使创业者采取适应性尝试，因为他们更想摆脱逆境，提高自身的控制感。消极且低唤醒度的情绪更可能促使创业者退出创业活动。

4.2　三类代表性的创业情绪

4.2.1　激情

激情是创业者与其他个体不同的一个重要"标签"。社会心理学家将激情视为一种包含情感、认知和行为因素的动机构念，认为激情是个体在喜欢或重视的活动中投入时间和精力的强烈倾向，并且与目标达成的愿望紧密相关，它有助于将个体的注意力和行动引导至特定的活动上（Vallerand et al.，2003）。

1997 年，Smilor 在创业期刊 *Journal of Business Venturing* 上发表论文《创业：颠覆性行动的反思》（Entrepreneurship：reflections on a subversive activity），提出创业激情是创业过程中的显著现象，它驱动创业者坚持不懈、应对挑战，是影响创业成败的重要因素。随后一段时间，对于创业激情的研究较为分散，缺乏明确的定义和整体研究框架。2009 年，Cardon 和合作者在管理学期刊 *Academy of Management Review* 上发表文章《创业激情的本质和体验》(The nature and experience of entrepreneurial passion)，为创业激情的本质提供了深刻的见解。他们认为创业激情有三个特征：①本质上是一种强烈的积极情绪；②与创业机会、任务或活动相关；③具有激励作用，能够激励创业者克服困难并持续投入。Cardon 等（2009）将创业者身份概念具化为三种角色：发明者（机会识别）、创建者（企业创建）和发展者（企业发展）。这些角色源自创业者对真实自我概念的验证和肯定，具有强烈的内在动机，催化创业者的情感体验，激励创业者追求目标。Cardon 等（2009）将创业激情概念化，它区分了激情与积极情绪，并克服了将激情作为个人特质的局限性。

过往研究主要从三个方面研究创业激情对创业活动的影响。第一，关注激情如何影响创业者的决策和行为。研究发现创业激情可以增加创业意愿（de Clercq et al.，2012；Huyghe et al.，2016），促进创业坚持（Cardon and Kirk，2013），激励创业者推动社会变革（Hlady-Rispal and Servantie，2016）等。同时，激情并非总有积极的效果（许科等，2013）。Ho 和 Pollack（2014）发现，和谐式创业激情（harmonious entrepreneurial passion）可以提高创业者的财务绩效，而强迫式创业激情（obsessive entrepreneurial passion）则会降低创业者的财务绩效。第二，关注创业者的激情如何影响投资者、员工等利益相关者的决策和行为。以投资情境为例，Chen 等（2009）发现，投资者在创业者路演过程中所感知到的创业激情会影响他们的投资决策。其中，投资者所感知的激情可分为情绪和认知两个维度。情绪维度指创业者所表现出的积极情绪强度，认知维度指创业者为推动企业成长而做出的准备程度。研究发现，投资者更关注准备维度，即创业者表现出为创业所做的准备程度越高，投资者越倾向于做出投资的决策。第三，关注创业者个体的激情如何影响企业的成长与发展。Strese 等（2018）发现首席执行官（chief executive officer，CEO）的发明激情（passion for inventing）能够有效促进企业的突破性创新（radical innovation），同时企业向员工分享愿景、传达目标并让员工参与计划制订的程度越高，激情对创新的促进程度越强。

Shane 等（2020）首次应用认知神经科学的理论和方法研究创业者的创业激情对非正规投资者（朋友、家人等）的影响，发现激情能够激发投资者更高的神经参与度[①]而提高了其投资的可能性。这项振奋人心的研究为创业激情研究提供了新的方向，启发未来研究从认知神经科学的视角寻求新的突破。

4.2.2　失败恐惧感

创业活动的不确定性和高风险性，让创业者时常“命悬一线”。同时，社会规范常将创业失败视为一桩羞耻的事件，使创业者面临负面的社会评价。失败成为

① 神经参与度（neural engagement）指的是被试的大脑全神贯注于刺激的程度。

创业者最害怕发生的结果。因此，创业失败这一独特又常见的创业事件成为很多学者关注的焦点。失败恐惧感和创业悲痛的研究由此展开。

恐惧感是个体对外部环境中威胁的评估。Cacciotti 和 Hayton（2015）在 *International Journal of Management Reviews* 上发表文章《恐惧感和创业：文献回顾与研究议题》（Fear and entrepreneurship：a review and research agenda），首次系统地对创业领域的恐惧感研究文献进行梳理。他们指出，在创业恐惧感的研究中，对创业失败的恐惧是创业研究最为关注的话题。表 4-1 总结了 1994～2014 年，创业领域中失败恐惧感研究的 37 篇实证论文，包括研究问题、失败恐惧感的定义和测量、研究方法与被试以及主要研究结论（Cacciotti and Hayton，2015）。

研究人员主要从两个视角对创业失败恐惧感进行研究。一部分研究倾向将恐惧感视为一种稳定的个体人格倾向，即个体在成就压力下，因害怕可能的失败带来的羞耻感而放弃行动和主观能动性的倾向。Conroy 等（2002，2003）从这一视角提出了失败恐惧感包含的五个维度：①害怕体验到羞愧和尴尬；②害怕降低个人价值；③害怕未来的不确定因素；④害怕自己的表现令重要他人[①]失去兴趣；⑤害怕令重要他人失望。

另一部分研究倾向将恐惧感视为对特定事件评估后的情绪反应。感受到恐惧感的个体会产生积极地接近威胁（战斗）、逃避威胁（逃跑）以及在威胁面前惊慌失措（无作为）等行为反应（Gray，1971；Lazarus，1991）。大多数创业失败恐惧感的研究都发现失败恐惧感对创业行为具有抑制和阻碍作用。例如，Shinnar 等（2012）发现潜在创业者感知到的失败恐惧感降低了他们的创业意愿；Kollmann 等（2017）指出失败恐惧感会负面影响创业新手的机会评估能力；Boudreaux 等（2019）指出失败恐惧感会抑制机会型创业者的进入行为。张秀娥和张坤（2018）发现失败恐惧感在“创造力—机会识别—创业意愿”的路径中起到负向的调节作用，即失败恐惧感水平越高，机会识别在创造力与创业意愿之间的中介作用越弱。

4.2.3 悲痛

与失败恐惧感源自创业失败之前的预期不同，悲痛情绪产生在创业失败发生之后。Shepherd（2003）作为创业失败领域的代表性学者，最先提出了创业失败后的悲痛恢复过程。他认为创业者与他们的企业之前具有情感联系。创业失败对于创业者而言就如同失去了自己的“孩子”，“痛失所爱”（loss of lover）会让创业者产生悲痛的情绪。

① 重要他人（important others）指对自己的生活和事业有重要意义的人，如家人、亲戚、伴侣、朋友、领导等。

表 4-1 失败恐惧感和创业

作者	研究问题	失败恐惧感的定义	失败恐惧感的测量	研究方法与被试	主要结论
Ray（1994）	在新加坡，创业者和非创业者在决定是否成为一名创业者时的风险倾向有何不同？	风险的视角：潜在的自我形象和自尊的丧失	两难选择问题：“创业失败会导致很多不利的后果，如失去金钱。以下列出一些可能的后果（失去自我形象和失去自尊 = 失败恐惧感）。假设你创业失败了，请为每类可能发生的后果分配一个概率”	两难选择问卷：30 名中国创业者和 44 名新加坡管理者及工程师	在新加坡，工作保障是解释非创业者维持现状的一个关键变量，而潜在的自我形象和自尊的丧失（即失败恐惧感）成为推动中国创业者在新加坡创业成功的一股力量
Volery 等（1997）	创业的诱因和障碍是什么？	没有明确定义的心理学特征	无	半结构化访谈：93 名有创业意愿的个体，其中 48 名个体已经开始创业，另外 45 名未开始	失败恐惧感，作为建立新企业的障碍，在这项研究中被认为有最小的阻碍作用
Helms（2003）	日本管理者如何看待创业以及个人自主创业所面临的挑战？	没有明确的定义。与风险规避有关	无	开放式调查：10 名管理者	失败恐惧感和缺乏冒险文化将继续阻碍日本在不久的将来迅速创建新企业
Wagner 和 Stenberg（2004）	区域环境因素为什么以及如何影响当地居民的创业活动和创业态度？	风险规避程度高的指标	“失败恐惧感会阻碍我创业”	2001 年德国区域创业调查的一部分：来自 10 个地区的 1000 名个体	失败恐惧感与创业行为负相关
Arenius 和 Minniti（2005）	哪些因素与个人决定成为创业者显著相关？	创业风险的一个重要组成部分	“失败恐惧感会阻碍我创业”	2002 年全球创业观察（Global Entrepreneurship Monitor，GEM）调查：来自 28 个国家的 3625 名新生创业者	感知变量（如机会警觉性、失败恐惧感、对自己创业技能有信心）与新企业的创建显著相关，这一结论在所有国家和性别都成立
Morales-Gualdrón 和 Roig（2005）	哪些变量影响新的创业决策，其影响程度如何？	个体对风险的态度	“失败恐惧感会阻碍我创业”	2001 年 GEM 调查：7524 个案例	相比于机会型创业者群体，失败恐惧感对创业的消极影响在生存型创业者群体中表现更强
Minniti 和 Nardone（2007）	男性和女性之间新企业创建率的差异是个人特征和经济环境的结果，还是普遍和进化现象的结果？	个体对待风险的态度	“失败恐惧感会阻碍我创业”	2002 年 GEM 调查：来自 37 个国家的 116 776 名被试	尽管自信和失败恐惧感似乎对于解释性别差异起到主导作用，但对机会的感知是解释性别差异的一个重要因素

续表

作者	研究问题	失败恐惧感的定义	失败恐惧感的测量	研究方法与被试	主要结论
Langowitz 和 Minniti（2007）	哪些因素影响女性的创业感知以及这些因素如何与性别差异相关？	个体对风险的态度	“失败恐惧感会阻碍我创业”	2001 年 GEM 调查：24 131 名被试	主观感知变量（如失败恐惧感）对女性的创业倾向有重要影响，并解释了性别之间创业活动的大部分差异。具体地说，不论是否有创业动机，所有国家的女性对自己和创业环境的看法往往不如男性
Wagner（2007）	在德国，在其他条件相同时，几个特征和态度对男性和女性决定是否开始创业的影响有何不同？	个体对风险的态度	“失败恐惧感会阻碍我创业”	2003 年德国区域创业调查的一部分：12 000 名被试	将失败恐惧感视为不创业的理由，在程度和效果上，男性和女性都存在差异，这可以从性别上解释创业的差异
Koellinger 等（2007）	什么是与创业决策相关的重要变量？	衡量下行风险承受能力的指标	“失败恐惧感会阻碍我创业”	2003 年 GEM 调查：来自 29 个国家的 74 000 名个体	失败恐惧感似乎降低了创业的倾向。与非创业者相比，创业者更少地表示失败恐惧感会阻止他们创业
Lafuente 等（2007）	在工业和创业历史悠久的农村地区，与那些不一定以这种传统为特征的地区相比，不同的制度框架是否会影响当地的失败恐惧感和创业榜样对创业活动水平的影响？	一种表示创业失败污名程度的社会文化特征	“失败恐惧感会阻碍我创业”	2003 年 GEM 调查：843 名来自西班牙农村地区的被试和 4034 名来自西班牙城市地区的被试	加泰罗尼亚农村地区的创业活动水平与西班牙其他农村地区的创业活动水平之间的差异，在很大程度上可以用有利于创业活动的创业榜样的存在来解释。虽然社会污名对创业失败的负面影响显著，但这种影响在城乡之间并无显著差异
Wood 和 Pearson（2009）	机会相关的变量如何影响潜在创业者的创业意愿？	“在失败时感到羞愧的能力或倾向”（Atkinson，1957）	改编自 Conroy（2001）的表现失败评估量表（performance failure appraisal inventory，PFAI）	实验设计：来自高级管理课程的 82 学生	个体对自己的一般自我效能感的感知差异，以及对失败的恐惧，在他们决定是否参与创业行动时起着重要作用
Klaukien 和 Patzelt（2009）	工作压力如何影响机会开发的决策？	“在失败时感到羞愧的能力或倾向”（Atkinson，1957）	Conroy（2001）的 PFAI	联合实验：80 名创业者	失败恐惧感调节了工作压力和机会开发决策的关系。当失败恐惧感较低时，开发机会的可能性较高，当失败恐惧感较高时，开发机会的可能性较低

续表

作者	研究问题	失败恐惧感的定义	失败恐惧感的测量	研究方法与被试	主要结论
Autio 和 Pathak（2010）	社会规范对具有创业退出经验的创业者的随后创业成长期望有何影响？	个体对风险的态度	“失败恐惧感会阻碍我创业”	2000～2008 年 GEM 调查：来自 63 个国家的 902 533 名被试	创业退出经历对个体创业成长期望有正向影响。此外，社会群体层面的失败恐惧感的普遍程度正向调节这种关系，社会环境对个体的创业期望有重要影响
Sánchez-Cañizares 和 Fuentes-García（2010）	潜在创业者之间的性别差异在他们的社会心理特征中起什么作用，以及女性在开展商业活动时遇到的激励因素和主要障碍有哪些？	创建公司的障碍	把“失败恐惧感和嘲笑”列为创建公司的障碍之一	问卷调查：西班牙的 1400 名学生	女学生的创业积极性较低，并且女性更可能把失败恐惧感视为创业的障碍
Mitchell 和 Shepherd（2010）	创业者之间有什么不同？这些不同如何影响他们对机会的印象？	脆弱形象的核心。它被定义为一种愿望，以避免因不满足自己的愿望而产生的可察觉的后果	来自 Conroy（2001）和 Conroy 等（2003）提出的共 25 个测量题目的 PFAI	关于决策任务的实验设计：121 名技术公司的主管	失败恐惧感似乎会导致人们更多地关注机会内在的可取性成分，而减少对某些外在环境因素的关注。那些失败恐惧感高的个体不太可能区分机会多的时候和机会少的时候
Wood 和 Rowe（2011）	不同程度的创业成功是否会影响创业者的创业感受？这种关系是否会因个体差异而有所缓和？	“感受到失败带来羞愧的能力或倾向”（Atkinson，1957）	Conroy 等（2002）提出的 5 个测量题目	问卷调查：120 名活跃的创业者	失败恐惧感和对风险的态度并不能调节创业成功与风险的关系
Mitchell 和 Shepherd（2011）	失败恐惧感的三个维度（害怕贬低自我价值、令重要他人失望、拥有不确定的未来）对人力资本、自我效能感和创业倾向的关系有什么影响？	害怕贬低自我价值，害怕令重要他人失望，害怕拥有不确定的未来	来自 Conroy（2001）和 Conroy 等（2003）提出的 PFAI	关于决策任务的实验设计：127 名中小企业的决策者	失败恐惧感阻碍（特殊人力资本与害怕贬低自我价值的交互作用、一般自我效能感与害怕拥有不确定未来的交互作用）和激励（一般自我效能感和害怕贬低自我价值的交互作用，特殊人力资本与害怕令重要他人失望的交互作用，创业自我效能感与害怕令重要他人失望的交互作用）了创业者的创业倾向
Bosma 和 Schutjens（2011）	什么因素决定了区域创业态度和活动的差异？	对风险的态度，创业态度的组成部分	“失败恐惧感会阻碍我创业”	2001～2006 年 GEM 调查：来自 17 个欧洲国家的 127 名被试	制度因素、经济和人口属性决定了区域企业态度和活动的差异

续表

作者	研究问题	失败恐惧感的定义	失败恐惧感的测量	研究方法与被试	主要结论
Verheul 和 van Mil（2011）	是什么决定了荷兰早期企业家的发展雄心？	个体对风险的态度	“失败恐惧感会阻碍我创业”	2002～2007 年 GEM 调查：504 名创业早期阶段的创业者	失败恐惧感对企业成长没有很大的影响
Özdemir 和 Karadeniz（2011）	人口统计特征（年龄、性别、收入、教育水平和工作状况）以及对自己的看法（人际关系、失败恐惧感、机会警觉性、自信）对他们参与土耳其整体创业活动的影响？	个体对风险的态度	“失败恐惧感会阻碍我创业”	2006～2008 年和 2010 年 GEM 调查：9601 名被试	失败恐惧感并不是影响土耳其整体创业活动可能性的一个重要因素
Sandhu et al.（2011）	马来西亚研究生创业的障碍有哪些？	对风险的态度由高不确定性规避决定	从 Henderson 和 Robertson（1999）、Scott 和 Twomey（1988）中改编和修改的 5 条目量表	问卷调查：来自马来西亚各大学的 267 名研究生	失败恐惧感是创业倾向的一个重要障碍，但不是主要障碍
Hessels et al.（2011）	最近的创业退出与随后的创业参与有什么关系？	个体对风险的态度	“失败恐惧感会阻碍我创业”	2004～2006 年 GEM 调查：来自 24 个城市的 348 567 名被试	创业退出后，男性、认识创业者的人以及失败恐惧感较低的人，再次参与创业的可能性更高
Nawaser et al.（2011）	创业发展的动机和法律障碍是什么？	动机障碍	在调查中的因素列表	问卷调查：所有参加 2009 年全国创业管理与区域发展大会的研究人员	失败恐惧感以及其他动机上和法律上的障碍阻碍了伊朗的创业发展
Patzelt 和 Shepherd（2011）	自我雇佣者是否更容易接受职业选择带来的消极情绪后果，并学会应对这些情绪后果？	一种消极的情绪	在该研究中开发的情绪体验的自我报告测量	1996 年政治与社会研究大学联盟的一般社会调查：2700 名美国公民	除了积极情绪的影响外，自我雇佣者比受雇者体验较少的消极情绪，这取决于他们的调节应对行为
Li（2011）	人们对创业成果的感受如何影响他们对创办新企业的价值和可能性的主观判断？	消极的预期情绪	6 点利克特量表（1＝非常不同意，6＝非常同意）（Bosman and van Winden，2002）	实验设计：亚太地区一所大学商学院的 217 名本科生	研究发现，创业者希望创建一个成功的新企业会显著增加新企业的吸引力和成功的可能性。那些失败恐惧感较低和对成功不那么惊讶的个体倾向于把新企业看作一个机会。那些对失败表现出更少的愤怒、遗憾、更高的蔑视、更少的成功惊喜和更少的悲伤的人，对成功创办新企业的主观可能性判断更高

续表

作者	研究问题	失败恐惧感的定义	失败恐惧感的测量	研究方法与被试	主要结论
Anokhin 和 Abarca（2011）	阻碍将客观创业机会转化为创业活动的人力代理过滤器是什么？	感知脆弱性	“失败恐惧感会阻碍我创业”	2002～2006 年 GEM 调查：68 个国家	失败恐惧感负向调节了感知到的机会和创业活动之间的关系
Shinnar 等（2012）	大学生对创业障碍的认知是否存在性别差异？性别对跨国创业障碍认知与创业意愿之间的关系有何影响？	个体对风险的态度	“失败恐惧感会阻碍我创业”	问卷调查：来自中国、美国和比利时的 761 名大学生	在美国和比利时，人们认为失败恐惧感阻碍的重要性存在显著的性别差异（男性认为这些阻碍的重要性比女性低），但在中国则没有这种差异。此外，在三个国家中，性别对感知失败恐惧感阻碍与创业意愿之间的关系没有调节作用
Brixy 等（2012）	在创业过程中，影响个人决策的决定因素是什么？	个体对风险的态度	“失败恐惧感会阻碍我创业”	2002～2006 年 GEM 调查德国数据：17 000 名被试	对创业者来说，对企业可能不会成功的担忧在所有阶段都比非创业者低得多
Welpe 等（2012）	人们对创业成果的感受如何影响他们对创办新企业的价值和可能性的主观判断？	消极的预期情绪	来自 PANAS-X（positive and negative affect schedule-expanded form，积极与消极情感量表–扩展版）恐惧分量表的 6 个测量题目	基于问卷的实验：138 名 MBA 和创业学生	恐惧、喜悦和愤怒影响评估对开发的影响。恐惧程度越高，开发可能性越低；喜悦和愤怒程度越高，评估对开发的积极影响越大
Ekore 和 Okekeocha（2012）	为什么许多尼日利亚的大学毕业生即使有机会也不愿意创业？	一个人在尝试之前觉得自己不会取得成功而沮丧和害怕的感觉	开发了创业恐惧感量表（失败恐惧感，成功恐惧感，批评恐惧感，变化恐惧感）	问卷调查：尼日利亚 1100 名大学毕业生	核心自我评价（控制点、情绪稳定性、广义的自我效能感和自尊）影响创业恐惧感。创业前的意向、态度和能力显著预测创业恐惧感
Koellinger 等（2013）	为什么女性拥有的企业数量明显少于男性，但女性的失败率与男性无显著差异？	没有明确的定义。与风险规避相关	“失败恐惧感会阻碍我创业”	2001～2006 年 GEM 调查：来自 17 个城市的 108 919 名被试	与男性相比，女性对自己的创业技能缺乏信心，拥有不同的社交网络，失败恐惧感程度更高。在控制了内生性之后，这些变量解释了创业活动中很大一部分性别差异

续表

作者	研究问题	失败恐惧感的定义	失败恐惧感的测量	研究方法与被试	主要结论
Noguera 等(2013)	影响加泰罗尼亚妇女创业的主要社会文化因素是什么？	与评估个人在绩效失败时完成一个及以上有个人意义的目标的能力受到的威胁有关。也与风险规避有关	“失败恐惧感会阻碍我创业”	2009～2010 年 GEM 调查：4000 名被试	失败恐惧感和“感知能力”是成为女性创业者的最重要的社会文化因素
Wood 等（2013）	失业的来源，特别是裁员和失业的持续时间是否刺激了创业的意愿？	“经历失败带来的耻辱”的能力或倾向（Atkinson，1966）	Conroy 等（2002）提出的 5 个测量题目	问卷调查：100 名失业的个体	裁员和失业持续时间对创业意向有促进作用，失败恐惧感和风险倾向调节失业来源与创业意向的关系
Khefacha 等（2013）	促进突尼斯创业的因素是什么？	个体对风险的态度	“失败恐惧感会阻碍我创业”	2010 年突尼斯 GEM 调查：1966 个案例	失败恐惧感负向影响创业的决策
Wennberg 等（2013）	文化如何塑造个体的自我效能感和失败恐惧感对创业的影响？	个体对风险的态度	“失败恐惧感会阻碍我创业”	2001～2008 年 GEM 调查和 GLOBE（Global Leadership and Organizational Behavior Effectiveness，全球领导力与组织行为效能研究项目）研究：来自 42 个国家的 324 566 名被试	失败恐惧感对创业进入的负向影响被集体主义和不确定性规避文化调节
Wood 等（2014）	机会信念是如何个体化和形成的？	“在失败时感到羞愧的能力或倾向”（Atkinson，1957）	Conroy 等（2002）提出的 5 点利克特量表	联合实验：120 名创业者做出的 2880 个决策	失败恐惧感调节了企业创建率与投资决策的关系，同时也调节了解散率与投资决策的关系

资料来源：Cacciotti 和 Hayton（2015）

悲痛作为一种消极情绪，会影响创业者在信息处理过程中的注意力分配。深陷悲痛的创业者会将更多的注意力放在负面信息上（如企业注销的那一天），导致其忽视了对企业失败的反馈信息，不利于创业者从创业失败中学习。因此，创业者需要采取情绪调节策略加快恢复进程。Shepherd（2009）将创业失败后的情绪调节策略分为损失导向（loss orientation）、恢复导向（restoration orientation）和交替导向（oscillation orientation）。他认为交替导向最有利于创业者从悲痛中恢复，即交替采用损失导向与恢复导向，如先处理失败有关的信息，打破与失败主体之间的情感纽带，再思考生活的其他方面以减少因直面失败带来的悲痛。除了影响创业者从失败中学习，悲痛还会降低创业者的再次尝试动机（Shepherd and Cardon，2009）、情感承诺（Shepherd and Haynie，2009）等。

除了创业激情、失败恐惧和悲痛，还有其他类型创业情绪的零星研究，包括嫉妒（envy）（Biniari，2012）、内疚（guilt）（Yu et al.，2017）、羞耻（shame）（Goss，2005）等。这些情绪都对决策、行为甚至创业成败产生了重要影响。然而，一方面过往关于创业情绪的研究较少探究哪些创业情境可以产生哪些情绪，这些情绪为什么以及是如何产生的，也无法回答是哪些因素导致了创业情绪的个体差异。另一方面很少有研究证明创业情绪是如何对行为和决策产生影响的。打开这些黑箱的重要途径之一是从认知神经科学的层面探索创业情绪产生和发挥作用的脑机制。

4.3 创业情绪与情感的认知神经科学基础

本章检索了 UTD24[①]和 FT50[②]中的 52 本顶级管理学期刊以及 *Nature*、*Science*、*Proceedings of The National Academy of Sciences*、*Nature Reviews Neuroscience* 等 10 本顶级综合类期刊或神经科学和心理学交叉期刊，根据：①是否与创业情绪和情感相关；②研究主题能否为创业情绪和情感相关的主题（如激情、恐惧）带来启示；③实验设计能否为创业情绪和情感研究带来启示三个标准，最终选择了 5 篇代表性研究成果进行重点分析，提出未来利用认知神经科学的理论和方法研究创业情绪和情感的主要方向。

① UTD24 是美国德克萨斯大学达拉斯分校（The University of Texas at Dallas）所选出的经管类最顶尖的 24 本学术期刊，覆盖了一般大学商学院的主要专业，广受世界各大高校认可，普遍将其作为商学院排名、商学院教师职称晋升、各类项目与人才计划评审的主要依据。

② FT50 是《金融时报》（Financial Times，FT）认定的 50 本经管类权威期刊，是《金融时报》进行 FT 研究排名的重要依据，包括 Global MBA（global master of business administration，全球工商管理硕士）、EMBA（executive master of business administration，高级管理人员工商管理硕士）和 Online MBA（online master of business administration，在线工商管理硕士）等排名。

4.3.1 父与子？创业者与创业企业的情感联系

包括“连环创业”（serial entrepreneurship）、“创业坚持”（entrepreneurial persistence）、“创业失败”（entrepreneurial failure）等主题的创业研究，将创业者与企业的情感纽带作为逻辑起点，认为创业者会在创业过程中投入大量情感，并让他们与企业建立起像父母对孩子一样的情感纽带（Cardon et al.，2005），这种情感纽带促进创业者克服在创业过程中出现的威胁和挑战，是促使创业者保护和发展企业的重要资源。然而，已有研究对于“创业企业的情感纽带如何在创业者身上体现出来”以及“创业者对创业企业的情感纽带是否与父母对子女的情感纽带类似”这两个问题缺乏回答和检验。如果不回答这些问题，创业者是否以及为什么愿意一次次地做出冒险行为、创业者是否以及为什么在失败后会产生极高的消极情绪、创业者如何从创业失败的悲痛中恢复等一系列问题也无法得到解答。

2019 年，Lahti 与合作者在 *Journal of Business Venturing* 上发表了题为《创业者为何、如何与自己的企业形成情感纽带？创业者-企业纽带与父母-子女纽带的神经关联》（Why and how do founding entrepreneurs bond with their ventures? Neural correlates of entrepreneurial and parental bonding）的论文，首次对这一问题进行了回答。他们通过 fMRI，对比创业者在看到自己创建企业与创业者看到自己的孩子时激活的大脑区域来检验这种情感纽带的机制是否一致。

Lahti 等以创业者估计他们的企业在未来三年内年增长率超过 20%和企业年龄不超过 12 年作为筛选标准，选取了 21 位男性创业者[①]作为被试；以每天陪伴孩子时间不少于 3 小时和孩子年龄小于 12 周岁为筛选标准，选取了 21 位父亲作为被试。

实验开始之前，创业者被试需要提供 4～8 张照片：2～4 张自己公司的照片和 2～4 张熟悉的公司的照片；为了避免已知企业可能给被试带来的负面影响，被试不允许提供直接竞争对手的照片。父亲被试需要提供 4～8 张照片：2～4 张自己孩子的照片和 2～4 张熟悉的孩子的照片。为了保证创业者对他们企业的依恋和他们对孩子依恋程度有可比性，被试需要先完成基本的问卷调查，包括情感强度测试（affect intensity measure）、将他人纳入自我量表（inclusion of other in the self，IOS，用来测量心理距离）测试、自信程度测试及基本个人信息。

完成第一步后，被试需要在 fMRI 设备中完成实验任务。被试躺在 fMRI 设备的腔体中，观看屏幕上展示的之前提供的照片，每张照片展示 30 秒，两张照片间隔 30 秒，一共重复 6 轮。研究人员要求被试将注意力集中在他们所看到的照片上，

① 在 71 名创业者志愿者中仅有 5 名女性创业者符合被试需求，有 27 名男性创业者符合被试需求，因此，作者最终只研究了男性创业者。作者在研究局限和未来展望部分指出了该样本局限。

并思考与这些照片相关的事件。同时，为了减少携带效应（carry-over effects）①，照片间的间隔会在屏幕上显示一个四位数的数字（如 2426），并要求被试在数字出现过程中默算该数字减去 7 的结果。实验流程示意图如图 4-2 所示。

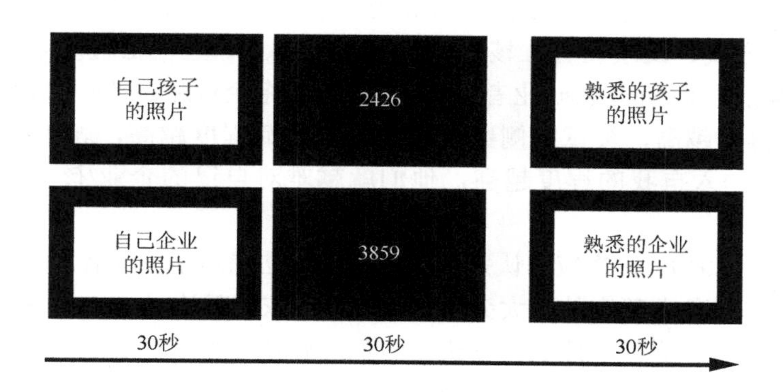

图 4-2　实验流程示意图

资料来源：Lahti 等（2019）

研究人员在实验过程中收集了被试与他们自己孩子/企业联系有关的行为结果，并通过 fMRI 记录被试在看到自己孩子或企业相关刺激时大脑的神经信号，这些数据共同构成了本实验的行为数据和神经数据。创业者被试和父亲被试的行为数据显示，在 IOS 得分（测量被试与孩子/企业的亲密程度和相互联系程度）、爱（测量被试与孩子/企业的情感关系，由情感纽带、激情和承诺三部分组成）、成功信念（测量被试对孩子/企业取得成功的信念）和需求（测量被试将孩子/企业需求置于自己需求之前的频率）四类得分中，两组没有显著差异。这表明创业者与企业的情感纽带和父母与孩子的情感纽带类似。

实验的神经数据主要包括纹状体、双侧脑岛（bilateral insula）、杏仁核（amygdala）、双侧颞顶联合区这四个脑区的激活程度。纹状体是奖赏系统对应的大脑区域，双侧脑岛与消极情绪体验②有关，杏仁核与焦虑和恐惧等有关，双侧颞顶联合区是负责批判性评估的神经区域。

研究发现，当被试看到自己孩子的照片或自己企业的照片时，纹状体被激活，且纹状体激活程度相比被试看到非自己企业/孩子照片时的激活程度更高。同时，当被试看自己孩子/企业的照片时，与消极情绪体验相关的双侧脑岛显著失活③。

① 上一个实验的效果会对下一个实验效果产生影响。

② 如难过（sadness）、厌恶（disgust）、沮丧（depression）、痛苦（pain）。

③ 当一个大脑区域被一个已知的企业/孩子的刺激所激活，而不是被自己的企业/孩子的刺激所激活，这种情况被称为失活。

这两项结果表明，创业者/父亲与企业/孩子之间的情感纽带在神经层面的表现为奖赏或快乐相关的神经区域被激活，以及与消极情绪相关的神经区域被抑制。当考虑创业者/父亲的自信程度时，研究结果表明不同的创业者/父亲与自己的企业/孩子具有不同的联结方式。缺乏自信的创业者/父亲表现出一种焦虑-矛盾的联结方式，反映在杏仁核区域的强烈活动上，且自信程度越低，杏仁核的激活越强烈。而当考虑创业者/企业多大程度将企业/孩子纳入自我时，研究发现 IOS 得分越高，被试双侧颞顶联合区的激活程度越高，表明创业者/父亲将企业/孩子纳入自我的程度越高，他们就越难对自己的企业/孩子做出批判性的评价。

Lahti 等（2019）首次应用认知神经科学的方法揭示了创业者对企业的情感的神经学机制，是创业研究的重大突破。该研究将依恋理论（attachment theory）拓展到创业者与企业之间的联系，增进了我们对企业家与其企业之间关系的理解。同时，该研究发现创业者对企业的情感类似于父亲对孩子的情感，不仅从神经层面探讨了创业者与企业之间情感联结的表现形式，回答了“创业者对创业企业的情感纽带是否与父母对子女的情感纽带类似”这一问题，也与过往关于创业者认知偏见的研究形成对话，表明企业家的决策也可能被情感所影响，验证了依恋理论在创业领域的适用性。

4.3.2 创始人的激情如何影响投资者?

激情如何影响投资者的决策是创业激情研究中的重要主题。既有研究发现，创业激情是吸引投资者对新创企业产生兴趣的关键因素，有助于说服投资者为新创企业提供资金支持。这类研究较多通过事后自我报告的方式测量投资者对创业激情的感知程度，无法测量投资者在观看路演过程的实时反应，导致既有结果受到回忆偏差等问题的干扰。投资者决策过程中的黑匣子亟待打开。

2020 年，Shane 和合作者在 *Journal of Business Venturing* 上发表了题为《创始人的激情，神经参与度和非正式投资者对创业的兴趣：一项 fMRI 研究》（Founder passion，neural engagement and informal investor interest in startup pitches：an fMRI study）的论文，通过 fMRI 探讨非正式投资者在观看路演视频过程中的神经活动，打开了投资者决策的“黑匣子”。

这项研究先招募 10 名演员录制创业者路演视频作为实验材料，每个演员根据设定的路演剧本录制两类视频，分别表现出较高程度和较低程度的创业激情，其中演员所讲述的企业均处于早期的概念提出阶段。在研究人员的指导下，演员通过控制声调、手势、面部表情等方式表现不同程度的激情，形成高程度激情组与低程度激情组两组视频素材，每段视频时长 1 分钟。为了证明视频材料的有效性，作者邀请 30 个人从语音变化、手势运动、面部表情、激情程度四个方面对路演视频进行评分，再邀请另外 28 个人基于激情展示量表（scale of displayed passion）对路演视频表现的激情打分，所得结果表明高激情组与低激情组在上述打分维度上均存在显著差异，证明了实验材料的有效性。

完成实验材料的制作后，作者招募了 19 位非正式投资者作为被试参加研究，其中 10 位是男性。在实验中，被试躺在 fMRI 扫描仪中并佩戴具有消除噪声功能的耳机观看创业者的路演视频。每位被试均观看 5 段高创业激情的路演视频与 5 段低创业激情的路演视频，且 10 段视频随机播放。在看完每段视频后，通过 5 个基于 1～7 利克特量表的问题测量被试对路演企业的感兴趣程度，包括“你多大程度上希望获得更多的路演企业信息”“你多大程度上有兴趣根据这些资料对这家公司投资”等。

投资者在观看路演视频过程中对创业项目的关注程度通过神经参与度进行测量。已有研究发现吸引人的内容（比如紧张的电影情节或优雅的演讲）会使不同个体的大脑以相似的方式运作，即个体之间的神经活动一致性越高，意味着内容越吸引人。这种个体之间的神经活动关联性可表征内容所获得的神经参与度。基于此，研究人员将所有被试观看同一路演视频所产生的大脑关联性作为每个视频所获得的神经参与度。

研究结果发现，相对于低创业激情，被试在观看高创业激情的路演视频时，其神经参与度水平提高了 39%，投资者对创业项目的兴趣提高了 26%，说明激情有助于提高投资者在观看路演过程对创业项目的关注度和兴趣；另外，激情和神经参与度均正向促进投资者对路演企业的兴趣，进一步验证了激情对于提高投资者兴趣的积极作用。具体而言，神经参与度提高一个标准差，会使投资者对初创公司的投资兴趣增加 8%。最后，研究人员根据研究结果推测，神经参与度在一定程度上可以中介创始人激情与投资者兴趣的关系。

Shane 等从认知神经科学的角度拓展了投资者投资决策和创业者激情的研究。首先，Shane 等考察了创始人激情对非正式投资者决策的影响，弥补了过往研究只关注正式投资者的不足；其次，Shane 等的研究严格地操纵和随机分配高/低激情的视频，使研究能够检验创业者激情对投资者投资兴趣的因果关系；最后，Shane 等从认知神经科学的角度为激情如何影响投资者提供了新的解释：激情影响了投资者的神经参与度，进而影响投资者对创业公司的兴趣。

Shane 等（2020）也讨论了认知神经科学对创业的意义与局限。一方面，认知神经科学为创业激情与投资者之间的关系提供了不同于过往的解释与新的视角，但创业中也有其他问题可能不太适合使用这些方法来解决，因而学者们不应将这些方法视为当前方法的替代品，而应视为一种补充。另一方面，在涉及高度情绪化内容的研究中，存在情绪携带效应（emotional carry-over effects）的风险。

也就是说，对高情绪刺激（如高激情的路演视频）的想法和感觉会影响大脑神经对中性刺激（如低激情的路演视频）的反应，这是类似实验的一个局限。尽管作者通过视频间隔时间、随机播放的方式降低了这种风险，但利用当前认知神经科学工具难以消除这个问题。Shane 等（2020）首次应用认知神经科学的研究方法探讨了创业激情相关问题，是发表于创业领域顶级期刊 *Journal of Business Venturing* 上的第二篇神经学研究[①]。

4.3.3 哪些决策导致“坏”情绪？

创业者在各种决策过程中不可避免地会面临权衡[②]困境，例如在两个或多个同等吸引力的机会中做出决策。Luce 等（2001）发现，当人们面临“二选一”的权衡时会产生消极情绪，而在权衡中引入第三个不相干选项（引入后人们依然只从原始的两个选项中做出选择，不相干选项也称为“诱饵”）会减少消极情绪。从前景理论和损失厌恶理论的角度来看，第三个选项的引入打破了平局的局面，为决策者提供了使用启发式或规则式决策的机会，产生了吸引效应[③]。那么，吸引效应如何产生？权衡决策存在哪些内在机制？

2009 年，Hedgcock 和 Rao 在 *Journal of Marketing Research* 上发表了题为《权衡规避对吸引效应的一种解释：一项 fMRI 研究》（Trade-off aversion as an explanation for the attraction effect：a functional magnetic resonance imaging study）的文章，从认知神经科学的角度对“为什么权衡选择会产生消极情绪”以及“这种情绪是否可以解释吸引效应”两个问题进行了正面回答和检验。

Hedgcock 和 Rao 共进行了两项实验研究。实验一招募了 48 位本科生被试。实验开始前 1 到 3 周，作者通过问卷的方式确定被试将两个选项视为无差异的属性值（每个选项只提供两个属性）。例如，在租房场景中，先告知被试“犯罪率为 1.5%的社区，租房的价格为 620 美元”，再要求被试给出“如果在犯罪率为 0.7%的社区中租同样的房子所愿意承受的价格”，通过这样的方式确定每个被试的偏好以设计第二阶段所需的权衡选择集。

正式实验阶段，被试需要对两个选项做出决策。选项呈现的方式分为三种：①只呈现两个选项，其中选项的属性值（如图 4-3“无诱饵”方框所示，方框内的“犯罪率”和“租金”是租房时需要考虑的两个重要属性）根据被试在第一阶段的

① 第一篇是 Lahti T，Halko M L，Karagozoglu N，et al. 2019. Why and how do founding entrepreneurs bond with their ventures？Neural correlates of entrepreneurial and parental bonding. Journal of Business Venturing，34(2)：368-388.

② 这里权衡（trade-off）指的是对两个选项进行考虑以从中选出一个。

③ 吸引效应（attraction effect）指的是在“二选一”困境中引入第三个不相干选项能够增加其中一个原始选项的吸引力。

回答进行设置，使提供的两个选项对被试来说具有等同的价值；②增加不对称诱饵（asymmetric decoy），且诱饵选项的属性 1 与其中一个原始选项的属性 1 一致，但其属性 2 劣于原始选项的属性 2（如图 4-3 中“不对称诱饵”方框所示，选项 3 为诱饵选项，其犯罪率与选项 2 相同，但租金高于选项 2 的租金）；③增加了次优诱饵（inferior decoy），诱饵选项的属性 1 劣于原始选项的属性 1，但诱饵选项的属性 2 略微优于原始选项的属性 2（如图 4-3 中“次优诱饵”方框所示，选项 3 的犯罪率比选项 2 高，但租金略微低于选项 2）。实验共有 4 个组块，每个组块包含 8 个决策情境。作者对所有包含诱饵选项的选择集进行计算[①]，发现诱饵选项引发了吸引效应，且诱饵选项最大程度能够为原始选项增加 20%选择率，证明了“吸引效应”的存在。

犯罪率	租金
（1）7‰	$700
（2）15‰	$620
（3）15‰	$634

不对称诱饵

犯罪率	租金
（1）7‰	$700
（2）15‰	$620
（3）不可选	

无诱饵

犯罪率	租金
（1）7‰	$700
（2）15‰	$620
（3）25‰	$605

次优诱饵

图 4-3　选项示例

资料来源：Hedgcock 和 Rao（2009）

实验二重复实验一流程并加入 fMRI 设备记录被试在决策过程中的大脑活动。实验共选取 18 位右利手本科生被试（除去不合规范的数据，最终得到 16 位本科生的实验数据）。实验开始前 1 到 3 周，作者先通过问卷的方式确定被试能够将两个选项视为无差异的属性值，此阶段形成了 72 个决策情境选项集。正式实验阶段，作者通过 fMRI 记录他们在做出决策过程中的大脑活动。如图 4-4 所示，任务流程与实验一类似，包括 6 个组块，每个组块包含 12 个决策情境。每个决策展示 15 秒，选项展示 28 秒，每个决策情境间隔 2 秒。

实验二的行为结果同样发现了“吸引效应”，即诱饵选项显著增加了原始选项的选择率，并且不对称诱饵比次优诱饵能够更多地增加原始选项的选择率。实验二的神经数据主要包括杏仁核、内侧前额叶（medial prefrontal cortex）、背外侧前额叶、前扣带回、顶叶皮层（parietal cortex）部分区域这五个脑区的激活程度。杏仁核是大脑中与消极情绪相关的区域，内侧前额叶与自我参照评估偏好相关，背外侧前额叶与使用决策规则相关，前扣带回与监控冲突相关，右顶下小叶与处理数值大小相关。

① 计算公式为：LOGIT（SHARE）＝35＋1.02DECOY− 36TASK − 15TASK×DECOY，其中 DECOY 表示是否为诱饵选项，TASK 表示哪一类诱饵（不对称诱饵或次优诱饵）。

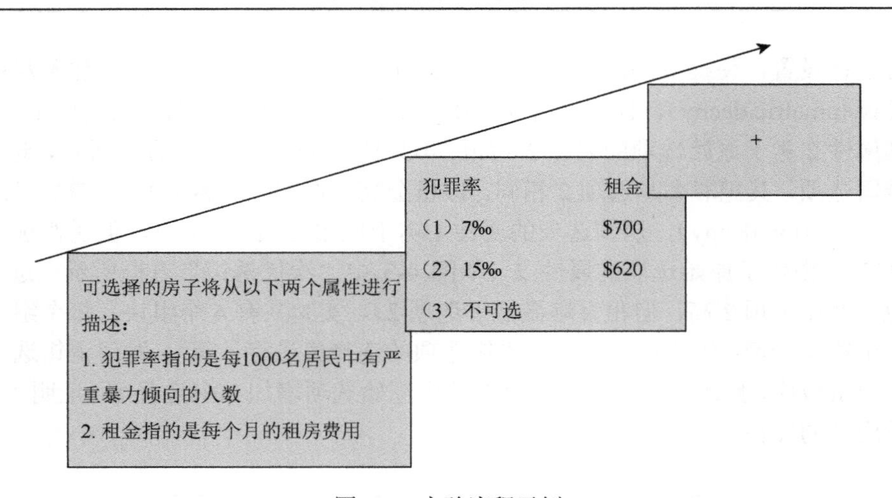

图 4-4　实验流程示例

资料来源：Hedgcock 和 Rao（2009）

与无诱饵决策集相比，被试在面对诱饵决策集[①]时，杏仁核、内侧前额叶、右顶下小叶的脑活动显著减少，背外侧前额叶、前扣带回的脑活动显著增加。研究结果表明，诱饵选项减少了被试在“二选一”决策情境时产生的消极情绪，同时诱饵选项减少了被试对自己偏好的评估。诱饵选项增加了基于启发式（heuristic-based）或基于规则（rule-based）的决策模式，同时增加了监控认知冲突的能力。

Hedgcock 和 Rao 的研究从认知神经科学的角度验证了“二选一”的权衡会产生的消极情绪，诱饵选项带来的吸引效应能够减少权衡困难引发的消极情绪。由于决策者所面临的选择问题的性质不同，在情感激活方面存在差异，吸引效应是一种权衡厌恶的表现。当面对“二选一”决策时，决策者通过使用一种“非补偿”启发式决策来避免权衡所带来的消极情绪，这种启发式决策不涉及计算要放弃多少属性来换取另一个属性的好处，而诱饵选项增加了基于启发式或规则的决策模式。同时，作者利用 fMRI 同步测量权衡决策潜在的神经机制，发现权衡决策与杏仁核、内侧前额叶、背外侧前额叶、前扣带回和顶叶皮层五个脑区密切相关，为后续创业决策相关神经学研究奠定基础。

4.3.4　失败是我的错吗？从眼动行为看创业者的内疚

创业失败研究认为，创业失败后创业者会产生消极情绪，同时在对创业失败原因进行分析过程中完成对失败事件的反省和学习，即失败的归因过程与消极情绪是

① 在脑成像结果上，不对称诱饵与次优诱饵所引发的大脑活动没有显著差异，表明两类诱饵的作用类似，因此作者在分析过程中将两类诱饵合并为一类进行分析。

相互缠绕的（于晓宇等，2018）。这些研究虽然从归因理论的视角发现和解释了失败后个体对失败事件的归因有差异，且这种差异会影响个体从失败中学习的程度，但是忽视了失败归因对个体消极情绪的潜在影响。例如，如果个体将失败的原因归于自己的努力，个体可能会感到内疚；如果个体将失败的原因归于自己的能力，个体可能感到羞耻。因此，需要探究不同类型消极情绪在创业过程中的功能和作用。

2017 年，Yu、Duan 和 Zhou 发表在 *Journal of Experimental Social Psychology* 上的文章《眼里的内疚：因内疚引起的社交回避的眼动和心理学证据》(Guilt in the eyes：eye movement and physiological evidence for guilt-induced social avoidance)，从眼动这一生理行为反应入手，对以上问题进行探索和回答。Yu 等（2017）认为眼神交流是最常用和最直接的社会互动渠道之一，内疚会带来眼动变化。Yu 等（2017）共进行两项实验，实验一旨在探究内疚对眼睛注视/接触模式的影响，实验二旨在探究眼神接触如何调节人际内疚的生理反应。

刺激材料为四位合作者录制的八段无声视频。在每一段视频中，互动游戏的搭档（合作者）把他的头放在下巴托上，做出受到皮肤电刺激时痛苦的表情。每个视频由四个片段组成，每个片段持续 15 秒。

实验一共选取 40 位视力/矫正后视力正常的本科生和研究生作为被试[①]。被试 A 与 3 位合作者 A1、A2、A3 进行一场互动游戏（4 位被试的性别相同）。4 位被试被分配在不同的房间里，且均被告知会在实验中受到不愉快的电击。实验开始前，被试被要求按照 1（不疼）到 8（无法忍受）的等级给疼痛感打分。为增加实验逼真度，被试会接受 6 级强度的疼痛刺激，并被告知在接下来的游戏中，被电击者会经历相同强度的刺激（被试 A 在正式实验中不会受到任何疼痛刺激）。被试 A 依次与合作者 A1、A2，A1、A3 和 A2、A3 进行互动游戏，每组完成四个组块，每个组块包含 10 轮点估计任务（dot-estimation task）。如果有玩家出现了 5 次或更多错误的选择，那么就要随机选择一位玩家接受疼痛刺激（疼痛刺激只会在合作者中选出）。如果因为被试 A 的错误而导致合作者受到疼痛刺激，即为“内疚组”，如果是两位合作者的错误导致疼痛刺激，即为“控制组”。被试 A 会看到合作者接受疼痛刺激时的视频剪辑。每次实验结束后，被试需要完成内疚和羞耻倾向问卷（guilt and shame proneness questionnaire，GASP），并指出自己愿意为合作者分担多少痛苦（作为补偿[②]）。实验收集了被试眼动数据和皮肤电导数据。

GASP 得分、眼动总注视时间、眼动注视次数和眼动平均注视时间[③]共同组成

① 8 名被试数据不符合实验要求被排除在外，最终的分析数据共 32 人。

② 这里的补偿是假设的，被试在完成任务后并未受到皮肤电刺激。

③ 总注视时间为整个视频观看期间关注区域（area of interest，AOI）内所有注视时间之和；注视计数是指在整个视频观看期间在 AOI 上检测到的注视次数；平均注视时间为每次注视的平均时间，计算方法为在一个特定的 AOI 内将总注视时间除以注视次数。

实验一的分析数据。眼动记录显示，在被试引起合作者疼痛刺激（高内疚）的情况下，被试对合作者眼睛的关注较少，对鼻子部位的关注更多。研究结果表明，内疚会引发被试对受罚合作者眼睛区域的注视减少，对鼻子区域注视增多。

实验二共选取 48 名本科生和研究生参与实验，其中 24 人进行眼睛组实验，另外 24 人进行鼻子组实验，48 名被试均未参与过实验一。实验流程与实验一相同，只是被试在观看视频片段时被要求注视合作者的眼睛（眼睛组）/鼻子（鼻子组）。对于鼻子组，视频进行了微调，即合作者的眼睛被一个黑色矩形覆盖。当被试观看视频时，他们的皮肤电反应（skin conductance response，GSR）水平被记录下来。

GASP 得分、眼动总注视时间、眼动注视次数和眼动平均注视时间、皮肤电数据共同组成实验二的分析数据。在高内疚条件下，眼睛组比低内疚条件下表现出更高的 GSR 水平，而鼻子组则没有这种差异。在眼睛组，男性被试的内疚与控制组之间的 GSR 差异比女性被试大，而鼻子组没有显著差异。这些结果表明，人的生理反应以及由此产生的内疚受注视位置的调节，这种调节作用在男性中表现得更为明显。

这项研究通过自然、真实的互动实验证明了眼神交流与社会情感之间的相互依赖关系，即在社会互动中，眼神交流既由情感内容引发，又受情感内容的调节。该研究使用眼动技术和皮肤电技术研究内疚这一具有社会属性的情绪，也为创业研究人员采用认知神经科学工具探讨内疚有关的研究问题提供启示，如因创业失败引发的内疚、因创业活动违背伦理道德引发的内疚等。

4.3.5 悲痛调节的神经机制

人们不仅仅在失去亲人时感到悲痛（grief），当一段亲密关系因分离而结束或者当一个人被迫放弃时，也会感到悲痛。企业是创业者的心血，创业失败就如同“丧失挚爱”，这种损失会让创业者感到痛苦、焦虑和沮丧等，过度悲痛会阻碍创业者从失败中学习。因此，探讨创业者如何更好地从悲痛中恢复至关重要。要解决这一问题，需要学者们深入了解“悲痛情绪产生的内在机制”以及“如何调节悲痛情绪”。

2009 年，Freed 和合作者在 *Biological Psychiatry* 上发表了题为《悲痛调节的神经学机制》（Neural mechanisms of grief regulation）的文章，解释了这一问题的神经学根源。Freed 等关注到挚爱的离世会给人们带来悲痛的情绪，表现在引起人们对挚爱的想念、难过以及与挚爱重新团聚的渴望。如果想要从悲痛中恢复，就需要减轻这些症状。作者假设这些表现可能与对逝者的注意力进行调节的能力有关，并使用 fMRI 探讨相关脑区的神经活动。

实验选取了 20 位在过去三个月内失去宠物狗或宠物猫的个体作为被试。实验开始之前，每位被试需要先完成基本的问卷调查，包括贝克抑郁自评量表（Beck depression inventory）[①]评估被试在实验前一周的情绪，悲痛量表（德州修订版）（Texas revised inventory of grief）测量被试的悲痛程度，事件影响量表（修订版）（impact of event scale-revised）测量两种悲痛症状（沉浸想念与回避想念[②]）。

实验第一步，进行情绪斯特鲁普（emotional Stroop）任务，被试需要忽略单词的语义，并尽可能快和准确地识别这些单词的颜色。单词分为两类，一类为非情绪词，会让被试想起他们的房子（如卧室、躺椅）；另一类为情绪词，会让被试想起他们的宠物（如小狗、犬吠）。实验任务采用组块的形式，每个组块包含 20 个单词，两类单词在组块中交替出现。被试躺在 fMRI 设备中准备好后，屏幕上开始呈现相应的单词，每个单词展示 1500 毫秒。

实验第二步，被试需要进行 8 分 40 秒的逝者相关的回忆，即自传体记忆任务（autobiographical memory task）。被试需要想象 5 个已逝挚爱还活着的情景和 5 个已逝挚爱死去的情景。为了保证有效性，实验过程中允许被试情绪的自然流露，而不是去故意放大情绪。任务结束后，被试进行情绪评估。被试需要识别在这 10 种情景中每一种情景的情绪体验，并在 10 级利克特量表上进行评分。实验流程如图 4-5 所示。

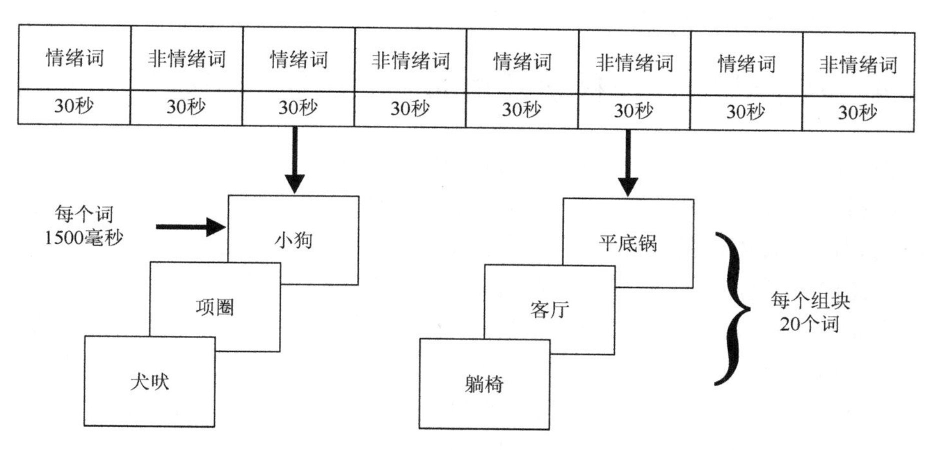

图 4-5　实验流程示意图

资料来源：Freed 等（2009）

① 贝克抑郁自评量表是专门评测抑郁程度的量表。整个量表包括 21 组项目，每组有 4 句陈述，每句之前标有的阿拉伯数字为等级分。可根据一周来的感觉，把最适合自己情况的一句话前面的数字圈出来。全部 21 组都做完后，将各组的圈定分数相加，便得到总分。依据总分，就能明白无误地了解自己是否有抑郁，抑郁的程度如何。

② 沉浸想念指时时刻刻回想丧失的挚爱；回避想念指努力为逃避回想丧失的挚爱。

实验过程中收集了被试对刺激单词的反应时间、被试在看到刺激单词时大脑的神经信号以及被试在完成自传体记忆任务时大脑的神经信号，这些数据共同构成了本实验的行为数据和神经数据。实验的行为数据显示，被试对逝者相关单词具有注意力偏向。具体而言，丧失挚爱的被试对逝者相关单词的反应时间更长、测试中错误率更高。

实验的神经数据主要包括杏仁核的激活程度以及杏仁核与喙部前扣带回（rostral anterior cingulate cortex，rACC）和背外侧前额叶之间的功能连接强度。对于逝者相关的单词，回避想念的被试的双侧背侧杏仁核失活，沉浸想念的被试的双侧腹侧杏仁核激活。在自传体记忆任务中情绪调节能力越强的被试，杏仁核和 rACC 的连接性越高。对于逝者相关的单词，被试的注意力控制程度越强，其杏仁核与背外侧前额叶连接性越强。这三项结果表明，悲痛程度与注意力调节有关，杏仁核与 rACC 的功能连接强度和杏仁核与背外侧前额叶的功能连接强度共同预测了个体的悲痛水平。

Freed 等（2009）的研究发现，在强烈的悲痛下，rACC 与杏仁核功能连接的增强有助于缓解悲痛症状；背外侧前额叶与杏仁核功能连接的增强有助于减少自身注意力偏向。这项研究从神经学层面解释了产生和调节悲痛的根源，启发研究人员从神经层面探讨创业者的悲痛恢复机制，为研究"创业者如何调节失败之后的悲痛"等问题带来重要启示。

4.4 基于认知神经科学视角的创业情绪与情感研究方向

为了深入探究情感和情绪在创业过程中的作用，众多创业学者多次呼吁从认知神经科学的视角研究其产生和作用机理。一方面，认知神经科学可以将创业研究深入到创业者内在的大脑层面，通过神经指标更加客观地测度构念（Nicolaou et al.，2019），进而有助于探索创业情绪与创业认知的交叉研究（Baron，2008）。另一方面，认知神经科学的方法可以弥补创业情绪与情感研究常用的回溯研究的不足（Cardon et al.，2012），有助于更为客观、深入地理解创业者的情绪与情感（Nicolaou et al.，2019）。创业领域顶级期刊 *Journal of Business Venturing* 在 2019 年连续发表两篇借助认知神经科学工具研究创业情绪的文章，这表明利用认知神经科学方法对创业情绪与情感进行研究受到越来越多创业学者和领域权威期刊的认可。

认知神经科学的既有研究为创业研究学者通过认知神经学工具探讨创业者的情绪与情感奠定了基础。一方面，针对某一情绪类型而言，已有研究揭示了不同情绪类型所对应的大脑功能区域，例如，恐惧与杏仁核的激活有关，快乐与基底神经节（basal ganglia）的激活有关，视觉刺激引起的情绪刺激涉及枕叶皮层

（occipital cortex）和杏仁核，而悲伤则涉及胼胝体扣带回（subcallosal cingulate）。另一方面，情绪还能够在个体间发生传染，涉及镜像神经元系统（mirror neuron system，MNS）、内侧前额叶、颞顶联合区等。情绪相关的脑区为创业研究学者通过认知神经科学工具客观地记录创业者的情绪变化创造了条件。我们在表 4-2 中对情绪相关的大脑区域及其功能进行了总结。

表 4-2　与情绪相关的脑区及其功能

主题	脑区	功能
消极情绪	杏仁核脑岛	杏仁核的激活与消极情绪有关（Hedgcock and Rao，2009），包括个体因亲友离世产生的悲痛（Freed et al.，2009），个体受到外部刺激而产生恐惧感（Ledoux，2003） 脑岛的激活与一系列的主观消极情绪体验有关，包括焦虑、厌恶、抑郁等（Lahti et al.，2019）
积极情绪	纹状体 腹内侧前额叶 中脑边缘多巴胺系统（mesolimbic dopamine system）	纹状体的激活与情感相关的奖赏和动机有关（Lahti et al.，2019），其中腹侧纹状体和背侧纹状体具有不同的功能，腹侧纹状体主要参与奖励处理和动机激发，背侧纹状体参与运动和认知控制（Acevedo et al.，2012） 腹侧纹状体与预期奖赏有关（Hedgcock and Rao，2009） 腹内侧前额叶皮层与获得奖赏结果有关（Hedgcock and Rao，2009） 中脑边缘多巴胺系统与情感相关的奖赏和动机有关（Acevedo et al.，2012）
共情	颞顶联合区 镜像神经元	颞顶联合区反映了个体理解他人的情绪和意图的能力，还被证明与评价公平、道德和对他人的共情有关（Lahti et al.，2019） 镜像神经元系统反映了个体对于模仿和动作理解的能力，有助于情绪传染的加工过程（Rizzolatti et al.，2001）
情绪调节	杏仁核 前额叶 前扣带回皮层	前额叶能够有效调节杏仁核的活动以提高杏仁核的适应性[①]，进而降低消极情绪。因此，前额叶与杏仁核之间的连接强度越强，个体情绪的调节和控制也就越强（Hare et al.，2008） 情绪有关的刺激（如恐怖面孔图片）会干扰认知过程，而前扣带回皮层自上而下地抑制杏仁核活动能够减少情绪对认知过程的干扰（Etkin et al.，2006）

资料来源：作者根据 Hedgcock 和 Rao（2009）、Freed 等（2009）、Ledoux（2003）、Acevedo 等（2012）、Hare 等（2008）、Etkin 等（2006）等文献总结

结合创业情境所具备的高不确定性、高风险性、资源约束等特点，创业学者可通过认知神经科学工具对创业研究的既有结论进行检验和拓展。未来创业情绪与情感的研究可以从以下三个方向探讨新的研究主题。

4.4.1　揭示创业情感的形成机制

创业研究学者普遍承认创业者与其企业之间存在情感联系，因为企业凝结了创业者的独特想法，也成为创业者自我的重要部分（Cardon et al.，2005）。正是

① 杏仁核适应性代表了杏仁核的活动是否会随着刺激的呈现而降低。杏仁核适应性由两次相邻试次杏仁核激活度的差值计算而得，差值越大，适应性越强。

情感联系促使创业者对企业持续地投入个人资源，即使遭遇困境也不轻易放弃（Yamakawa and Cardon，2017）；也是由于紧密的情感联系，创业者在失去企业时往往产生“丧亲之痛”，需要付出较大的努力和时间才能从中恢复（Shepherd，2009）。由此可见，理解创业者对企业的情感是理解创业过程的关键。然而，目前而言，既有研究对于创业情感的解释仍然处于表层，也缺乏直接的实证检验证据。已有研究发现人与人之间存在各类情感联系，如亲子之情、浪漫之情等，其产生机制与作用也各不相同（Simpson，1990；Zilcha-Mano et al.，2011）。那么，创业者与企业之间的情感联系具体有何表现？是否也存在不同的形式或类型？如何产生作用？目前，少有研究能够回答此类问题。

认知神经科学的方法为创业学者回答上述问题以揭示创业情感的深层内涵创造了条件。例如，在 Lahti 等（2019）的研究中，作者通过 fMRI 记录创业者对企业的感情在大脑层面上的表现，并将其与父亲对孩子的感情进行比较，发现创业者对企业的感情类似于亲子之情，揭示了创业情感的具体内涵。那么，所有创业者都对企业存在亲子之情吗？以机会型创业者与生存型创业者为例，前者因看到开发机会而主动选择创业，后者则因生存压力才踏入创业领域，在不同动机的驱使下，或许创业者并非均对自己的企业具有深刻的亲子之情。未来研究可利用认知神经科学工具（如 fMRI）进一步探讨创业者是否、如何对企业形成不同类型的情感，以揭示创业情感的丰富内涵，深化对于创业者与其企业关系的理解。

4.4.2　哪些因素影响创业过程的消极情绪？

越来越多的学者指出，理解创业过程的消极情绪具有重要意义，因为消极情绪阻碍创业者从经历中学习，削弱创业者的创业动机，甚至影响创业者的身心健康（Shepherd and Cardon，2009）。然而，消极情绪虽然在创业失败的相关研究中得到重视，但是受限于创业者不愿披露不利事件和自身的消极情绪，失败恐惧、悲痛等重要情绪很难被测量和深入研究，采用量表的测量方式存在严重自我回溯偏见。目前而言，既有研究对于创业者的消极情绪如何产生的问题仍知之甚少，认知神经科学的方法有助于较为客观地记录创业者的情绪体验，一定程度上减少了创业者刻意回避此类问题的局限，对既有研究做出补充和延伸。因此，未来研究可从认知神经科学的角度揭示创业者的消极情绪从何而来，为帮助创业者克服消极情绪的不利作用提供启示。

例如，参考 Hedgcock 和 Rao（2009），未来研究可深入揭示创业决策对消极情绪的影响作用。这项研究通过 fMRI 记录了个体在权衡决策情境下的大脑活动，发现“二选一”的决策往往导致个体的杏仁核激活，产生消极情绪。未来研究可参考这项研究从两个方面揭示创业决策如何产生消极情绪。一方面，创业过程涉及诸多典型的创业决策情境，包括机会开发决策、进入决策、创业退出决策等。例如，当创业者面对旗鼓相当的两个或多个决策时，也有可能会陷入权衡困境而产生消极情绪。在这样的情况下，此类消极情绪或许能够通过创业者引入“诱饵选项”的方式减少消极情绪，并促进基于启发式或基于规则的决策模式。另一方面，既有研究认为创业者和管理者相比，更倾向采取启发式决策（根据某些规则，如某些认知偏见，使用少量信息做出决策），这提高了决策的速度。Hedgcock 和 Rao（2009）的研究表明，少量信息（如决策只有两个选项）反而给个体造成消极情绪。这是不是说明，启发式决策也可能由于类似机制，让创业者较少产生消极情绪？例如，诱饵选项的加入，是否就属于某一类启发式决策，因此降低了消极情绪？

再如，情绪调节策略是有助于消除消极情绪的关键因素之一，Freed 等（2009）通过 fMRI 揭示了悲痛调节背后的神经机制，为学者研究创业者调节消极情绪提供了研究思路和实验设计上的启发。参考 Freed 等（2009）的实验设计，未来研究可以通过访谈了解创业者的失败经历，并从访谈录中选择失败相关的词汇作为情绪斯特鲁普任务的刺激材料，通过 fMRI 等认知神经科学技术记录被试在看到失败词语时的大脑活动，通过探讨创业者面对失败相关刺激后的杏仁核与喙部前扣带回的功能连接，为创业者为何难以恢复、如何快速恢复等问题提供神经学解释。

4.4.3　创业情绪在社会互动中的传递

创业不是创业者的孤身前行，而是创业者与利益相关者（如合伙人、员工、投资者等）之间的互动与相互影响过程（李雪灵等，2013）。情绪是人与人之间产生“化学反应”的重要表现，也是诸多创业结果的决定因素。例如，部分研究以创业团队作为整体，关注创业团队成员在创业情绪上的异同，发现团队成员在创业情绪上的“匹配”与否影响着团队的效率，甚至决定企业能否生存（Santos and Cardon，2018；de Mol et al.，2020）。部分研究聚焦于创业者与员工之间的情绪传递过程，发现员工的情绪体验在很大程度上由员工感知到的创业情绪所决定，而员工的情绪体验也进一步决定了员工对创业企业的承诺、绩效表现以及投入程度，这些因素都在企业的发展与生存过程中扮演着重要角色（Hubner et al.，2020）。还有研究关注创业者与投资者之间的互动过程，发现创业项目能否获得投资者的青睐取决于创业者所展现的激情程度与类型，表明情绪对于创业者获取资源而言具有不可忽视的作用（Chen et al.，2009；Li et al.，2017；Warnick et al.，2018）。

然而，既有创业研究虽然为情绪如何在创业者与他人之间的人际互动中产生作用提供了诸多解释，但所得结论始终局限于个体在有意识状态下的自我报告，未能揭示转瞬即逝的情绪具体如何发生传递。实际上，情绪能够在社会交互过程中传递，当个体与他人进行人际交流时，自身的情绪也会在无意识中受到对方情绪的感染。未来研究可进一步结合认知神经科学的方法深入刻画创业情绪的传递过程，揭示创业情绪传递的黑箱。如 4.3.2 节的认知神经科学实验中，Shane 等（2020）借助 fMRI 记录了创业者展示的激情程度如何影响投资者在神经层面上的参与度，更为客观、具体地表明创业激情通过影响投资者的神经反应来进行传递。参考这一研究，未来研究可进一步探讨其他人际互动情境下的情绪传递机制，例如创业者如何通过情绪展示来“操纵”员工的情绪、创业团队成员之间的不同情绪如何产生相互影响等。在 4.3.4 节中，Yu 等（2017）通过多人互动游戏，揭示了眼神交流与社会情感之间的相互依赖关系，表明眼神交流在人际交互过程中既由个体的情绪体验所影响，又传递着情绪相关的信息。那么，眼动行为会影响投资者吗？创业者与投资者的眼神交流能否增加投资者的神经参与度？未来研究可进一步结合多种认知神经科学技术探讨情绪在传递过程中的具体表现，包括具体脑区的大脑活动、眼动以及皮电、心电、肌电等生理反应，揭示创业情绪在传递过程中的内在机理（Hubner et al.，2020）。

中英术语对照表

中文	英文
情感	Affect
情感强度测试	Affect intensity measure
情感启动	Affect priming
情感即信息	Affect-as-information
情绪事件理论	Affective events theory
杏仁核	Amygdala
愤怒	Anger
前扣带回	Anterior cingulate cortex
不对称诱饵	Asymmetric decoy
自传体记忆任务	Autobiographical memory task
基底神经节	Basal ganglia
贝克抑郁自评量表	Beck depression inventory
双侧脑岛	Bilateral insula
携带效应	Carry-over effects
点估计任务	Dot-estimation task
情绪	Emotion
情绪斯特鲁普	Emotional Stroop

续表

中文	英文
事件影响量表（修订版）	Impact of event scale-revised
恐惧	Fear
感觉	Feeling
悲痛	Grief
内疚和羞耻倾向问卷	Guilt and shame proneness questionnaire
次优诱饵	Inferior decoy
喜悦	Joy
内侧前额叶	Medial prefrontal cortex
心境	Mood
枕叶皮层	Occipital cortex
将他人纳入自我量表	Inclusion of other in the self scale
顶叶皮层	Parietal cortex
喙部前扣带回	Rostral anterior cingulate cortex
难过	Sadness
激情展示量表	Scale of displayed passion
皮肤电反应	Skin conductance response
胼胝体扣带回	Subcallosal cingulate
悲痛量表（德州修订版）	Texas revised inventory of grief

参 考 文 献

李雪灵，马文杰，于晓宇，等. 2013. 中国新企业社会关系的特征与演化：情感性关系和工具性关系[J]. 吉林大学社会科学学报，53（1）：124-131.

许科，于晓宇，王明辉，等. 2013. 工作激情对进谏行为的影响：员工活力的中介与组织信任的调节[J]. 工业工程与管理，18（5）：96-104.

于晓宇，李小玲，陶向明，等. 2018. 失败归因、恢复导向与失败学习[J]. 管理学报，15（7）：988-997.

张秀娥，张坤. 2018. 创造力与创业意愿的关系：一个有调节的中介效应模型[J]. 外国经济与管理，40（3）：67-78.

Acevedo B P，Aron A，Fisher H E，et al. 2012. Neural correlates of long-term intense romantic love[J]. Social Cognitive and Affective Neuroscience，7（2）：145-159.

Anokhin S，Abarca K M. 2011. Entrepreneurial opportunities and the filtering role of human agency：resolving the objective-subjective-realized conundrum[J]. Frontiers of Entrepreneurship Research，31（15）：4.

Arenius P，Minniti M. 2005. Perceptual variables and nascent entrepreneurship[J]. Small Business Economics，24：233-247.

Atkinson J W. 1957. Motivational determinants of risk-taking behavior[J]. Psychological Review，64（6p1）：359-372.

Atkinson M M. 1996. The Formation of Collective Identity in French Colonial Societies：the Case of Guadeloupe[M]. Amherst：University of Massachusetts.

Autio E，Pathak S. 2010. Entrepreneur's exit experience and growth aspirations[J]. Frontiers of Entrepreneurship Research，30（5）：2.

Baron R A. 1998. Cognitive mechanisms in entrepreneurship：why and when entrepreneurs think differently than other people[J]. Journal of Business Venturing，13（4）：275-294.

Baron R A. 2008. The role of affect in the entrepreneurial process[J]. Academy of Management Review，33（2）：328-340.

Biniari M G. 2012. The emotional embeddedness of corporate entrepreneurship：the case of envy[J]. Entrepreneurship Theory and Practice，36（1）：141-170.

Bosma N，Schutjens V. 2011. Understanding regional variation in entrepreneurial activity and entrepreneurial attitude in Europe[J]. The Annals of regional science，47：711-742.

Bosman R，van Winden F. 2002. Emotional hazard in a power-to-take experiment[J]. The Economic Journal，112（476）：147-169.

Boudreaux C J，Nikolaev B N，Klein P. 2019. Socio-cognitive traits and entrepreneurship：the moderating role of economic institutions[J]. Journal of Business Venturing，34（1）：178-196.

Breugst N，Domurath A，Patzelt H，et al. 2012. Perceptions of entrepreneurial passion and employees' commitment to entrepreneurial ventures[J]. Entrepreneurship Theory and Practice，36（1）：171-192.

Brixy U，Sternberg R，Stüber H. 2012. The selectiveness of the entrepreneurial process[J]. Journal of Small Business Management，50（1）：105-131.

Cacciotti G，Hayton J C. 2015. Fear and entrepreneurship：a review and research agenda[J]. International Journal of Management Reviews，17（2）：165-190.

Cardon M S，Foo M D，Shepherd D A，et al. 2012. Exploring the heart：entrepreneurial emotion is a hot topic[J]. Entrepreneurship Theory and Practice，36（1）：1-10.

Cardon M S，Glauser M，Murnieks C Y. 2017. Passion for what？Expanding the domains of entrepreneurial passion[J]. Journal of Business Venturing Insights，8：24-32.

Cardon M S，Kirk C P. 2013. Entrepreneurial passion as mediator of the self-efficacy to persistence relationship[J]. Entrepreneurship Theory and Practice，39（5）：1027-1050.

Cardon M S，Wincent J，Singh J，et al. 2009. The nature and experience of entrepreneurial passion[J]. Academy of Management Review，34（3）：511-532.

Cardon M S，Zietsma C，Saparito P，et al. 2005. A tale of passion：new insights into entrepreneurship from a parenthood metaphor[J]. Journal of Business Venturing，20（1）：23-45.

Chen X P，Yao X，Kotha S. 2009. Entrepreneur passion and preparedness in business plan presentations：a persuasion analysis of venture capitalists' funding decisions[J]. Academy of Management Journal，52（1）：199-214.

Conroy D E. 2001. Progress in the development of a multidimensional measure of fear of failure：The Performance Failure Appraisal Inventory（PFAI）[J]. Anxiety，Stress and Coping，14（4）：431-452.

Conroy D E，Elliot A J，Hofer S M. 2003. A 2×2 achievement goals questionnaire for sport：evidence for factorial invariance，temporal stability，and external validity[J]. Journal of Sport and Exercise Psychology，25（4）：456-476.

Conroy D E，Willow J P，Metzler J N. 2002. Multidimensional fear of failure measurement：the performance failure appraisal inventory[J]. Journal of Applied Sport Psychology，14（2）：76-90.

de Clercq D，Honig B，Martin B. 2012. The roles of learning orientation and passion for work in the formation of entrepreneurial intention[J]. International Small Business Journal，31（6）：652-676.

de Mol E，Cardon M S，de Jong B，et al. 2020. Entrepreneurial passion diversity in new venture teams：an empirical examination of short-and long-term performance implications[J]. Journal of Business Venturing，35（4）：105965.

Dimoka A，Pavlou P A，Davis F D. 2011. Research commentary—NeuroIS：the potential of cognitive neuroscience for information systems research[J]. Information Systems Research，22（4）：687-702.

Dunsmoor J E，Prince S E，Murty V P，et al. 2011. Neurobehavioral mechanisms of human fear generalization[J]. NeuroImage，55（4）：1878-1888.

Ekore J O，Okekeocha O C. 2012. Fear of entrepreneurship among university graduates：a psychological analysis[J]. International Journal of Management，29（2）：515-524.

Estrada C A，Isen A M，Young M J. 1997. Positive affect facilitates integration of information and decreases anchoring in reasoning among physicians[J]. Organizational Behavior and Human Decision Processes，72（1）：117-135.

Etkin A，Egner T，Peraza D M，et al. 2006. Resolving emotional conflict：a role for the rostral anterior cingulate cortex in modulating activity in the amygdala[J]. Neuron，51（6）：871-882.

Foo M D，Uy M A，Baron R A. 2009. How do feelings influence effort？An empirical study of entrepreneurs' affect and venture effort[J]. Journal of Applied Psychology，94（4）：1086-1094.

Forgas J P. 1995. Mood and judgment：the affect infusion model（AIM）[J]. Psychological Bulletin，117（1）：39.

Freed P J，Yanagihara T K，Hirsch J，et al. 2009. Neural mechanisms of grief regulation[J]. Biological Psychiatry，66（1）：33-40.

George J M，Zhou J. 2002. Understanding when bad moods foster creativity and good ones don't：the role of context and clarity of feelings[J]. The Journal of Applied Psychology，87（4）：687-697.

Gielnik M M，Spitzmuller M，Schmitt A，et al. 2014. "I put in effort，therefore I am passionate"：Investigating the path from effort to passion in entrepreneurship[J]. Academy of Management Journal，58（4）：1012-1031.

Gielnik M M，Uy M A，Funken R，et al. 2017. Boosting and sustaining passion：a long-term perspective on the effects of entrepreneurship training[J]. Journal of Business Venturing，32（3）：334-353.

Goss D. 2005. Schumpeter's legacy？Interaction and emotions in the sociology of entrepreneurship[J]. Entrepreneurship Theory and Practice，29（2）：205-218.

Gray J A. 1971. The Psychology of Fear and Stress[M]. London：Weidenfeld and Nicolson.

Hare T A，Tottenham N，Galvan A，et al. 2008. Biological substrates of emotional reactivity and regulation in adolescence during an emotional go-nogo task[J]. Biological Psychiatry，63（10）：927-934.

Hedgcock W，Rao A R. 2009. Trade-off aversion as an explanation for the attraction effect：a functional magnetic resonance imaging study[J]. Journal of Marketing Research，46（1）：1-13.

Heider F. 1958. The Psychology of Interpersonal Relations[M]. New York：Psychology Press.

Helms M M. 2003. Japanese managers：their candid views on entrepreneurship[J]. Competitiveness Review：An International Business Journal，13（1）：24-34.

Henderson R，Robertson M. 1999. Who wants to be an entrepreneur？Young adult attitudes to entrepreneurship as a career[J]. Education + Training，41（5）：236-245.

Hessels J，Grilo I，Thurik R，et al. 2011. Entrepreneurial exit and entrepreneurial engagement[J]. Journal of Evolutionary Economics，21：447-471.

Hlady-Rispal M，Servantie V. 2016. Business models impacting social change in violent and poverty-stricken neighbourhoods：a case study in Colombia[J]. International Small Business Journal：Researching Entrepreneurship，35（4）：427-448.

Ho V T，Pollack J M. 2014. Passion isn't always a good thing：examining entrepreneurs' network centrality and financial performance with a dualistic model of passion[J]. Journal of Management Studies，51（3）：433-459.

Hubner S，Baum M，Frese M. 2020. Contagion of entrepreneurial passion：effects on employee outcomes[J]. Entrepreneurship Theory and Practice，44（6）：1112-1140.

Huyghe A，Knockaert M，Obschonka M. 2016. Unraveling the "passion orchestra" in academia[J]. Journal of Business Venturing，31（3）：344-364.

Isen A M. 2002. Missing in action in the AIM：positive affect's facilitation of cognitive flexibility，innovation，and problem solving[J]. Psychological Inquiry，13（1）：57-65.

Isen A M，Baron R A. 1991. Positive affect as a factor in organizational behavior[J]. Research in Organizational Behavior，13：1-54

Khefacha I，Belkacem L，Mansouri F. 2013. The decision to start a new firm：An econometric analysis of regional entrepreneurship in Tunisia[J]. IBIMA Business Review，2013：1-12.

Klaukien A，Patzelt H. 2009. Fear of failure and opportunity exploitation（summary）[J]. Frontiers of Entrepreneurship Research，29：11.

Koellinger P，Minniti M，Schade C. 2007. "I think I can，I think I can"：Overconfidence and entrepreneurial behavior[J]. Journal of Economic Psychology，28（4）：502-527.

Koellinger P，Minniti M，Schade C. 2013. Gender differences in entrepreneurial propensity[J]. Oxford Bulletin of Economics and Statistics，75（2）：213-234.

Kollmann T，Stöckmann C，Kensbock J M. 2017. Fear of failure as a mediator of the relationship between obstacles and nascent entrepreneurial activity—an experimental approach[J]. Journal of Business Venturing，32（3）：280-301.

Lafuente E，Vaillant Y，Rialp J. 2007. Regional differences in the influence of role models：Comparing the entrepreneurial process of rural Catalonia[J]. Regional Studies，41（6）：779-796.

Lahti T，Halko M L，Karagozoglu N，et al. 2019. Why and how do founding entrepreneurs bond with their ventures? Neural correlates of entrepreneurial and parental bonding[J]. Journal of Business Venturing，34（2）：368-388.

Langowitz N，Minniti M. 2007. The entrepreneurial propensity of women[J]. Entrepreneurship Theory and Practice，31（3）：341-364.

Laureiro-Martínez D，Brusoni S，Canessa N，et al. 2015. Understanding the exploration–exploitation dilemma：an fMRI study of attention control and decision-making performance[J]. Strategic Management Journal，36（3）：319-338.

Lazarus R S. 1991. Emotion and Adaptation[M]. New York：Oxford University Press.

Ledoux J. 2003. The emotional brain，fear，and the amygdala[J]. Cellular and Molecular Neurobiology，23（4/5）：727-738.

Li J J，Chen X P，Kotha S，et al. 2017. Catching fire and spreading it：a glimpse into displayed entrepreneurial passion in crowdfunding campaigns[J]. The Journal of Applied Psychology，102（7）：1075-1090.

Li Y. 2011. Emotions and new venture judgment in China[J]. Asia Pacific Journal of Management，28：277-298.

Luce M F. 1998. Choosing to avoid：coping with negatively emotion-laden consumer decisions[J]. Journal of Consumer Research，24（4）：409-433.

Luce R A，Barber A E，Hillman A J. 2001.Good deeds and misdeeds：A mediated model of the effect of corporate social performance on organizational attractiveness[J]. Business & Society，40（4）：397-415.

Luthans F，Vogelgesang G R，Lester P B. 2006. Developing the psychological capital of resiliency[J]. Human Resource Development Review，5（1）：25-44.

Mano H，Oliver R L. 1993. Assessing the dimensionality and structure of the consumption experience：evaluation， feeling，and satisfaction[J]. Journal of Consumer Research，20（3）：451-466.

Minniti M，Nardone C. 2007. Being in someone else's shoes：the role of gender in nascent entrepreneurship[J]. Small Business Economics，28：223-238.

Mitchell J R，Shepherd D A. 2010. To thine own self be true：images of self，images of opportunity，and entrepreneurialaction[J]. Journal of Business Venturing，25（1）：138-154.

Mitchell J R，Shepherd D A. 2011. Afraid of opportunity：The effects of fear of failure on entrepreneurial action[J]. Frontiers of Entrepreneurship Research，31（6）：1.

Mitteness C，Sudek R，Cardon M S. 2012. Angel investor characteristics that determine whether perceived passion leads to higher evaluations of funding potential[J]. Journal of Business Venturing，27（5）：592-606.

Morales-Gualdrón S T，Roig S. 2005. The new venture decision：An analysis based on the GEM project database[J]. The International Entrepreneurship and Management Journal，1：479-499.

Morris M H，Kuratko D F，Schindehutte M，et al. 2012. Framing the entrepreneurial experience[J]. Entrepreneurship Theory and Practice，36（1）：11-40.

Nawaser K，Khaksar S M S，Shakhsian F，et al. 2011. Motivational and legal barriers of entrepreneurship development[J]. International Journal of Business and Management，6（11）：112.

Nicolaou N，Lockett A，Ucbasaran D，et al. 2019. Exploring the potential and limits of a neuroscientific approach to entrepreneurship[J]. International Small Business Journal，37（6）：557-580.

Noguera M，Alvarez C，Urbano D. 2013. Socio-cultural factors and female entrepreneurship[J]. International Entrepreneurship and Management Journal，9：183-197.

Özdemir Ö，Karadeniz E. 2011 Investigating the factors affecting total entrepreneurial activities in Turkey[J]. METU Studies in Development，38：275-290.

Patzelt H，Shepherd D A. 2011. Negative emotions of an entrepreneurial career：self-employment and regulatory coping behaviors[J]. Journal of Business Venturing，26：226-238.

Ray D M. 1994. The role of risk-taking in Singapore[J]. Journal of Business Venturing，9（2）：157-177.

Rizzolatti G，Fogassi L，Gallese V. 2001. Neurophysiological mechanisms underlying the understanding and imitation of action[J]. Nature Reviews Neuroscience，2（9）：661-670.

Sánchez-Cañizares S M，Fuentes-García F J. 2010. Gender differences in entrepreneurial attitudes[J]. Equality，Diversity and Inclusion：An International Journal，29（8）：766-786.

Sandhu M S，Fahmi Sidique S，Riaz S. 2011. Entrepreneurship barriers and entrepreneurial inclination among Malaysian postgraduate students[J]. International Journal of Entrepreneurial Behavior & Research，17（4）：428-449.

Santos S C，Cardon M S. 2018. What's love got to do with it? Team entrepreneurial passion and performance in new venture teams[J]. Entrepreneurship Theory and Practice，43（3）：475-504.

Scott M G，Twomey D F. 1988. The long-term supply of entrepreneurs：students' career aspirations in relation to entrepreneurship[J]. Journal of Small Business Management，26（4）：5.

Shane S，Drover W，Clingingsmith D，et al. 2020. Founder passion，neural engagement and informal investor interest in startup pitches：an fMRI study[J]. Journal of Business Venturing，35（4）：105949.

Shepherd D A. 2003. Learning from business failure：Propositions of grief recovery for the self-employed[J]. Academy of Management Review，28（2）：318-328.

Shepherd D A. 2009. Grief recovery from the loss of a family business：a multi-and meso-level theory[J]. Journal of Business Venturing，24（1）：81-97.

Shepherd D A，Cardon M S. 2009. Negative emotional reactions to project failure and the self-compassion to learn from the experience[J]. Journal of Management Studies，46（6）：923-949.

Shepherd D A，Haynie J M. 2009. Family business，identity conflict，and an expedited entrepreneurial process：A process of resolving identity conflict[J]. Entrepreneurship Theory and Practice，33（6）：1245-1264.

Shinnar R S，Giacomin O，Janssen F. 2012. Entrepreneurial perceptions and intentions：the role of gender and culture[J]. Entrepreneurship Theory and Practice，36（3）：465-493.

Simpson J A. 1990. Influence of attachment styles on romantic relationships[J]. Journal of Personality and Social Psychology，59（5）：971-980.

Smilor R W. 1997. Entrepreneurship：reflections on a subversive activity[J]. Journal of Business Venturing，12（5）：341-346.

Stenholm P，Renko M. 2016. Passionate bricoleurs and new venture survival[J]. Journal of Business Venturing，31（5）：595-611.

Strese S，Keller M，Flatten T C，et al. 2018. CEOs' passion for inventing and radical innovations in SMEs：the moderating effect of shared vision[J]. Journal of Small Business Management，56（3）：435-452.

Vallerand R J，Blanchard C，Mageau G A，et al. 2003. Les passions de l'ame：on obsessive and harmonious passion[J]. Journal of Personality and Social Psychology，85（4）：756-767.

Verheul I，van Mil L. 2011. What determines the growth ambition of Dutch early-stage entrepreneurs？[J]. International Journal of Entrepreneurial Venturing，3（2）：183-207.

Volery T，Doss N，Mazzarol T，et al. 1997. Triggers and barriers affecting entrepreneurial intentionality：The case of western Australian nascent entrepreneurs[J]. Journal of Enterprising Culture，5（3）：273-291.

Wagner J. 2007. What a difference a Y makes-female and male nascent entrepreneurs in Germany[J]. Small Business Economics，28：1-21.

Wagner J，Sternberg R. 2004. Start-up activities，individual characteristics，and the regional milieu：Lessons for entrepreneurship support policies from German micro data[J]. The Annals of Regional Science，38（2）：219-240.

Warnick B J，Murnieks C Y，McMullen J S，et al. 2018. Passion for entrepreneurship or passion for the product？A conjoint analysis of angel and VC decision-making[J]. Journal of Business Venturing，33（3）：315-332.

Welpe I M，Spörrle M，Grichnik D，et al. 2012. Emotions and opportunities：The interplay of opportunity evaluation，fear，joy，and anger as antecedent of entrepreneurial exploitation[J]. Entrepreneurship Theory and Practice，36（1）：69-96.

Wennberg K，Pathak S，Autio E. 2013. How culture moulds the effects of self-efficacy and fear of failure on entrepreneurship[J]. Entrepreneurship & Regional Development，25（9-10）：756-780.

Wood M，McKinley W，Engstrom C L. 2013. Endings and visions of new beginnings：the effects of source of unemployment and duration of unemployment on entrepreneurial intent[J]. Entrepreneurship Research Journal，3（2）：171-206.

Wood M S，McKelvie A，Haynie J M. 2014. Making it personal：Opportunity individuation and the shaping of opportunity beliefs[J]. Journal of Business Venturing，29（2）：252-272.

Wood M S，Pearson J M. 2009. Taken on faith？The impact of uncertainty，knowledge relatedness，and richness of information on entrepreneurial opportunity exploitation[J]. Journal of Leadership & Organizational Studies，16（2）：117-130.

Wood M S，Rowe J D. 2011. Nowhere to run and nowhere to hide：the relationship between entrepreneurial success and feelings of entrapment[J]. Entrepreneurship Research Journal，1（4）：1-41.

Yamakawa Y，Cardon M S. 2017. How prior investments of time，money，and employee hires influence time to exit a distressed venture，and the extent to which contingency planning helps[J]. Journal of Business Venturing，32（1）：1-17.

Yu H B，Duan Y Y，Zhou X L. 2017. Guilt in the eyes：eye movement and physiological evidence for guilt-induced social avoidance[J]. Journal of Experimental Social Psychology，71：128-137.

Zilcha-Mano S，Mikulincer M，Shaver P R. 2011. An attachment perspective on human-pet relationships：conceptualization and assessment of pet attachment orientations[J]. Journal of Research in Personality，45（4）：345-357.

第5章　创业机会识别、评估与开发的认知加工过程

机会是创业活动发生的起点，也是创业过程的核心要素。创业是一个价值的创造过程，其中价值来源于机会识别，价值创造则来源于将潜在价值转变为现实价值的机会开发活动（Shane and Venkataraman，2000）。因此，研究创业者如何识别、评估与开发机会是揭开创业过程机制面纱的关键。

以创业机会为核心的创业研究已逐渐发展成一个独立的领域。既有研究围绕“创业机会识别—创业机会评估—创业机会开发”这一以创业机会为中心的理论框架展开了大量探索，从机会的角度为“为何有的人可以开展创业，有的人却不能开展创业”提供了答案。然而，虽然创业机会方面的研究已日渐丰富，但仍然存在一些研究局限。例如，既有关于机会识别的研究并未给出具体方法帮助创业者提高、培养警觉性；既有有关创业评估的研究多以创业者为分析单元，较少以创业团队作为分析单元；既有关于机会开发手段的研究不足等。

此外，多数关于机会识别、机会评估的相关研究采用问卷调查法，探索个体、环境、组织等因素对机会识别、评估的影响。这种方法存在一定程度的回溯偏见且很难检验变量之间的因果关系，很难发现创业者识别、评估与开发机会的深层规律。为数不多的研究曾经采用实验法对机会识别进行过测量，例如 Shepherd 和 DeTienne 于 2005 发表在 *Entrepreneurship Theory and Practice* 的研究，让评估者评估实验者在实验中识别出的机会数量和创新性，以探索创业者的先验知识对识别的机会数量、被识别机会创新性的影响。虽然实验法在一定程度上减少了外生变量对机会识别过程的干扰，但是依旧无法全面探索机会识别过程的潜在规律。由于创业机会的识别、评估可能是创业者潜意识的认知加工过程，运用自我报告法或行为观测法很难科学解释“创业者如何识别机会”“创业者如何评估机会”等问题。

认知神经科学的工具可以直接、客观测量个体认知加工过程的脑机制，探索个体从事管理活动、进行管理决策的认知过程，从而为揭示创业者识别、评估机会的神经学机制提供启发，为“创业者如何识别、评估机会”等问题提供更多的解答。

5.1　创业机会的相关研究

创业机会是未明确的市场需求或未充分使用的资源或能力，是预期能产生价

值的清晰的目标–手段的组合（Shane and Venkataraman，2000；Ardichvili et al.，2003）。创业机会的来源一直是学术界争论的焦点，目前有机会的发现论（discovery theory）与创造论（creation theory）两种解释机会来源的观点（Alvarez and Barney，2007；Goss and Sadler-Smith，2018），由此创业机会被划分为发现型机会和创造型机会（Alvarez and Barney，2007；Vaghely and Julien，2010）。前者认为机会是在创业活动开始之前就客观存在的，是可以被创业者发现的（Goss and Sadler-Smith，2018）；后者则认为发现型机会的观点忽视了创业者的创造性、主观能动性等（蔡莉等，2018），强调机会并不是在创业活动开始之前就存在的，而是创业者创造出来的（Ardichvili et al.，2003）。

创业机会的相关研究从最初认为"机会发现论与机会创造论是对立的"，到"创业机会可能是被发现的，也可能是被创造的"，再到"两类创业机会可以互相转化"逐步展开。既有研究对创造型机会的研究相对匮乏，仍处于探索阶段。本章将重点关注发现型机会研究。

Shane 和 Venkataraman 于 2000 年发表在 *Academy of Management Review* 上的文章[①]，提出了创业研究的理论分析框架。该研究提出的"创业机会识别—创业机会评估—创业机会开发"这一以创业机会为中心的理论框架，引发了后续创业研究对创业自身理论框架的探索，以 Shepherd、Baron 等为代表的创业领域学者探索"哪些因素影响创业者的机会识别？""哪些因素影响创业者的机会开发？""创业者该采用何种手段开发机会？"等研究问题，推动了创业研究的进一步发展。

继 Shane 和 Venkataraman（2000）研究之后，Ardichvili 与合作者于 2003 年，在 *Journal of Business Venturing* 发表了题为《创业机会的识别与开发理论》（A theory of entrepreneurial opportunity identification and development）[②]的文章，进一步将创业研究的理论框架进行了细化。他们强调：①创业机会识别并非一个简单的"识别"过程，可以被细化为"觉察—发现—创造"三个过程；②机会开发是一个不断评估机会的过程，是一个不断通过"阶段门"（stage-gate）[③]的过程，未通过任何一道"门"的机会将在随后阶段被修正甚至被放弃。该研究提出了先前知识、社会网络等因素通过影响创业警觉性进而左右机会识别与开发过程的综合概念模型。

---

① 截至 2023 年 1 月，谷歌被引次数达到 20 844 次，并获 2012 年《材料研究述评》（*Accounts of Materials Research*，AMR）的"十佳论文奖"。

② 截至 2023 年 1 月，谷歌被引次数达到 4464 次。

③ "阶段门"是一种机会评估程序，机会在开发过程中能否通过这道"门"，取决于创业者所面临的限制和约束（如风险偏好、财务资源、个体目标等）。

5.1.1 机会识别

机会识别包括三个过程：感知或识别市场需求或未充分开发的资源；识别或发现特定市场需求与特定资源间的“匹配”；创造商业概念，建立需求与资源之间的新匹配（Ardichvili et al.，2003）。既有关于创业机会识别的研究主要围绕“如何识别机会”这一问题，提出了一系列有价值的细分问题。研究人员主要围绕“哪些因素影响机会识别”这一问题展开探索。影响机会识别（数量、质量等结果）的因素主要有个体认知因素（如先验知识、创业警觉性）（Shane and Venkataraman，2000；Ardichvili et al.，2003；Shepherd and DeTienne，2005；Baron，2006）、社会网络因素（如关系强度、结构洞）（Ardichvili et al.，2003；杨隽萍等，2017）、组织因素（如组织学习、失败学习行为、交互记忆系统）（Lumpkin and Lichtenstein，2005；于晓宇等，2019；于晓宇和陈依，2019）、环境因素（如环境不确定性）等（Schmitt et al.，2018）。

在影响机会识别的因素中，创业警觉性是最关键的要素。创业警觉性（entrepreneurial alertness）是指创业者对信息的敏感程度和关注倾向（Ardichvili et al.，2003）。创业警觉性常被视为一种个体禀赋，是个体准确洞察、判断市场环境变化并解读市场信息的能力，是影响创业识别过程的重要因素（Gaglio and Katz，2001；Ardichvili et al.，2003）。创业警觉性最早是由奥地利学派的经济学家 Kirzner 提出以解释创业者如何识别机会（Kirzner，1973；Gaglio and Katz，2001；Ardichvili et al.，2003）。随后，学界开始探索创业警觉性对机会识别的作用，并就“创业警觉性是提高机会被识别可能性的关键”逐渐达成一致。2001 年，Gaglio 和 Katz 在 *Small Business Economics* 发表了关于创业机会识别和创业警觉性的奠基性研究，解构了创业警觉性与创业机会识别过程的关系，并提出了警觉性的图式模式（alertness schema）以及关于创业警觉性的若干命题，启发未来研究继续深化对创业警觉性与机会识别的关系的探索。随后，Ardichvili 等（2003）提出社会网络因素（如关系强度）、个体特征（如创造力）、先验知识等因素都是通过影响创业警觉性进而影响机会识别，揭示了创业警觉性在机会识别过程中的核心地位。2009 年，Ucbasaran 等探索了“创业老手”和“创业新手”的机会识别（数量与创新性）差异，揭示了先前创业经验可以通过塑造创业警觉性进而影响机会识别，结果发现创业经验与机会识别数量呈倒“U”形关系，与创新性呈正向相关关系，肯定了创业警觉性的核心作用。

5.1.2 机会评估

机会评估是指创业者根据机会能产生的经济价值以及自身资源禀赋、外部资源可获得性、成本、来源渠道等综合评估是否开发机会的过程（Ardichvili et al.，2003）。创业机会评估的研究主要围绕“哪些因素影响机会评估”这一问题展开探索。既有研究发现个体特征（如个体认知、拥有的财务资源、目标、先前经验、角色、创业激情）（Ardichvili et al.，2003；Klaukien et al.，2013；Gruber et al.，2015；Mathias and Williams，2017）、机会特征（如机会的潜在价值、开发成功的概率、开发机会所需的知识和创业者自身知识的相关度、机会窗口）（Mitchell and Shepherd，2010；Welpe et al.，2012）、环境因素（如潜在机会的数量[①]）（Mitchell and Shepherd，2010）等都会影响机会评估。简言之，机会评估实际上是创业者对机会的潜在价值、风险性以及个人资源匹配性的分析过程。

在影响机会评估的因素中，个体的认知偏见是决定是否开发机会的关键。2000 年，Simon 等在 *Journal of Business Venturing* 发表了题为《认知偏见，风险感知和企业形成：为何个体决定创业》（Cognitive biases，risk perception，and venture formation：how individuals decide to start companies）的文章，以 MBA 学生为研究对象，发现控制错觉、偏信小数定律（belief in the law of small numbers）会使个体感知到较小的风险，进而促进个体开展创业。该研究从认知视角为“为何一些人选择创业，而其他人没有”这一问题提供了实证解释，也为从认知视角探索机会评估的影响因素奠定了基础。随后，Keh 等于 2002 年在 *Entrepreneurship Theory and Practice* 发表的文章《在风险条件下的机会评估：创业者的认知过程》（Opportunity evaluation under risky conditions：the cognitive processes of entrepreneurs），以中小型企业创业者为研究对象，既重复了 Simon 等的研究，也对其研究做出了拓展。该研究不仅探索了过度自信、控制错觉、偏信小数定律这三类认知偏好对机会评估的影响机制，还探索了计划谬误（planning fallacy）这一认知偏见对机会评估的影响机制。研究发现创业者的控制错觉可以通过降低其感知到的风险进而影响机会评估；偏信小数定律会直接影响创业者的机会评估。

5.1.3　机会开发

机会开发是创业者获取资源并加以整合创造价值的过程（Shane and Venkataraman，2000），该阶段意味着创业者开始实质性创建新企业或开发新产品、新服务等（Choi et al.，2008）。既有关于机会开发的研究主要围绕“机会开发的决策—组织机会开发的模式—机会开发的过程—机会开发的结果”这一条逻辑线展开。由于本章已将机会开发的决策纳入到机会评估过程中，因此此处不再赘述。

---

① 本书 4.3.3 节“哪些决策导致‘坏’情绪？”中曾分析过，加入某些特征的决策选项之后会影响创业者的情绪，进而影响最终决策。

沿着机会开发研究的逻辑线，有关机会开发的研究首先提出了不同类型的组织机会开发模式，包含创办新企业、通过市场化方式将机会卖给其他企业的模式（Shane and Venkataraman，2000）以及建立新企业、在已有企业内开发机会的模式（Wiklund，2015）。在探索完不同类型的组织机会开发模式后，创业研究开始系统研究机会开发的过程，首先，研究人员围绕“机会开发的手段有哪些”这一基础问题，提出根据机会的类型（模仿性机会还是创新性机会），创业者可以运用探索（exploration）和利用（exploitation）、因果推理（causation）和效果推理（effectuation）、创新型机会开发和均衡型机会开发等手段来开发机会（Schindehutte and Morris，2009；Short et al.，2010；Sarasvathy，2001；陈海涛和于晓宇，2011）。随后，部分研究还围绕“哪些因素影响机会开发战略”“哪些因素影响机会开发结果”等问题展开探索。例如，Choi 等（2008）运用动态最优停止理论（dynamic optimal-stopping theory），指出自创业者发现机会开始，存在一个开发机会的最优时机。研究提出当机会新颖性较低时，创业者应选择快速开发机会；创业者开发机会的时机还取决于创业者的知识管理导向（knowledge management orientation）和竞争对手的学习能力，即选择隐性知识管理导向的创业者应该推迟开发新颖性较高的机会；当竞争对手的学习能力较低时，创业者应该推迟开发新颖性较低的创业机会。

虽然创业机会方面的研究日渐丰富，但仍然存在一些研究局限。第一，既有研究发现创业警觉性是机会识别的核心影响因素（Gaglio and Katz，2001；Ardichvili et al.，2003），然而没有回答创业警觉性的形成机制这一问题，因此，过往研究无法给出具体方法帮助创业者提高警觉性。未来研究可以利用认知神经科学方法探索创业警觉性的神经学机制，丰富创业警觉性的相关研究。

第二，个体认知偏见是影响机会评估的关键因素（Keh et al.，2002），大多采用自我评估的方式测量认知偏见，这存在一定程度的回溯偏见。个体的认知偏见和脑机制研究密切相关①，未来研究可运用认知神经科学实验进一步延伸创业者认知偏见与机会评估的关系研究。

此外，既有有关创业评估的研究多以创业者为分析单元，较少以创业团队作为分析单元，分析其在机会评估过程中的认知机制（Mitchell and Shepherd，2010）。实际上，机会价值在很多时候是由创业团队成员集体讨论而得到，未来研究可以进一步分析创业团队的机会评估过程，丰富既有创业机会评估的研究。

第三，机会开发手段是机会开发研究中的基础问题。虽然既有研究已经发现了探索、利用、效果推理等是机会开发的重要方法，但是这方面的研究依旧较少。因此，未来研究需要继续丰富既有关于机会开发手段的研究。

此外，创业机会开发过程、结果等与资源获取与合理配置密不可分，如机会

---

① 本书 3.2.1 节“控制错觉与赌徒谬误的交互作用”中分析了控制错觉、赌徒谬误等认知偏见的神经学机制。

开发的手段与创业者的先验知识、搜集的独特信息、购买到的稀缺资源等有直接联系。但是既有研究却较多将机会和资源分割成两个独立的变量（蔡莉等，2019）。未来研究需要从整合的角度系统研究机会开发与资源开发的一体化行为，以便深入理解创业行为的本质。

5.2 创业机会的认知神经科学基础

本章搜索了 *Nature*、*Science*、*NeuroImage*、*Strategic Management Journal* 等 45 个心理学、神经学、管理学顶级期刊，依据①是否与创业机会相关；②研究主题能否为创业机会相关的主题（如创业警觉性、机会开发手段等）带来启示；③实验设计能否为创业机会研究带来启示三个标准，最终选择了 4 篇代表性研究成果进行重点分析，提出未来利用认知神经科学的理论和方法研究创业机会识别、评估和开发的主要方向。

5.2.1 固有警觉性和位相性警觉性的神经学机制

创业警觉性是个体准确洞察、判断市场环境变化并解读市场信息的能力，是创业者识别机会的关键（Gaglio and Katz，2001；Ardichvili et al.，2003）。有的创业者对创业机会具有一种天然的敏感性，善于在还未明确的市场需求中识别机会，比如史蒂夫·乔布斯（Steve Jobs）在模糊的市场需求中颠覆性地创造了 iPhone，重新定义了手机市场；有的创业者需要受到一定外部刺激后才能识别机会，如马云观察到在美国的互联网中无法搜索到中国商品后，才产生了创办中国黄页的想法。创业者的这种创业警觉性差异与认知神经科学中固有警觉性（intrinsic alertness）和位相性警觉性（phasic alertness）的概念非常相似。其中，固有警觉性是大脑中内在的、长期存在的对唤醒水平[①]的控制，位相性警觉性是指大脑受外部刺激信号影响后唤醒水平的提升（Sturm and Willmes，2001）。认知神经科学领域对固有警觉性和位相性警觉性的研究可以为探索“创业者如何识别机会”这一问题带来启发。

Wolf 等于 2012 年在 *Human Brain Mapping* 上发表了《亨廷顿病[②]前期患者在固有警觉性和位相性警觉性状态时的大脑激活和功能连接[③]》（Brain activation and functional connectivity in premanifest Huntington’s disease during states of intrinsic

① 唤醒水平是一种生理和心理活动的准备状态。唤醒水平是一个连续变化的过程，其一端为困倦或睡眠状态，另一端为高度觉醒的兴奋状态。

② 亨廷顿病（Huntington’s disease），又称亨廷顿舞蹈症，是一种罕见的常染色体显性遗传病，患者一般在中年发病，常伴随出现运动障碍、认知功能障碍及精神障碍等症状。

③ 功能连接是指分析空间分离的脑区之间是否存在神经生理学上的联系。

and phasic alertness）一文，利用 fMRI 探索了亨廷顿舞蹈症前期患者在完成两类警觉性任务过程中的大脑活动。

该研究的实验组选取了 18 名亨廷顿舞蹈症前期患者作为被试，并进一步根据预估的被试出现运动障碍的发病时间长短，划分为远期组（被试距离预估发病时间的均值为 33 年，9 人）与近期组（被试距离预估发病时间的均值为 10.8 年，9 人）。这项研究还选取了 18 名健康被试作为对照组，对照组被试与实验组被试的年龄相仿、学历相近。该研究设计了两类警觉性任务，测量被试在固有警觉性和位相性警觉性状态下的大脑活动（图 5-1）。

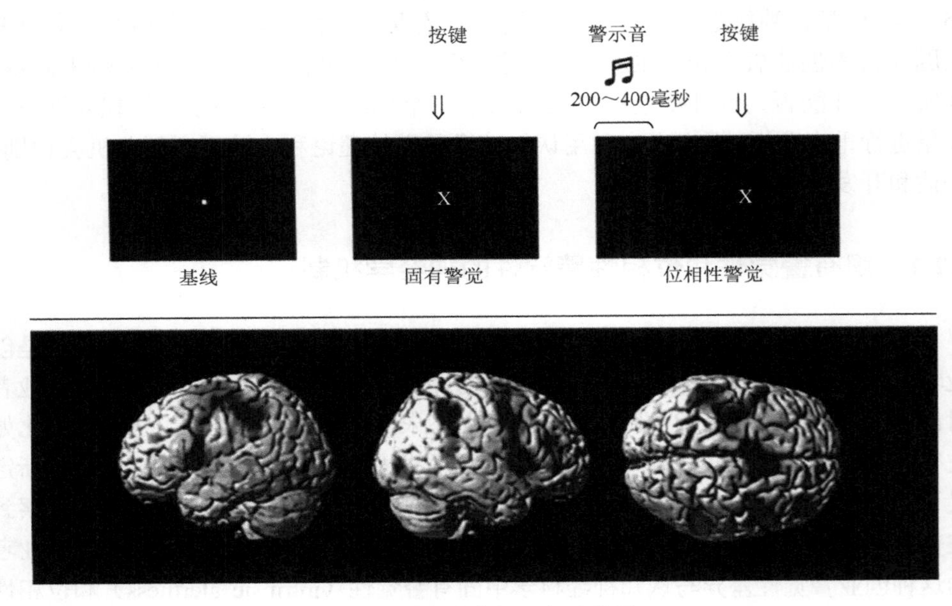

图 5-1　实验流程及实验结果

资料来源：Wolf 等（2012）

（1）固有警觉性任务。在这一任务中，被试的屏幕首先会出现一个白色的小圆点。经过一段随机的时间间隔后，屏幕的白色小圆点会变成白色的 X 字形图案，被试需要在 X 字形图案出现时迅速按下按钮。每次实验会持续 2155 毫秒，每十次实验记为一组实验。

（2）位相性警觉性任务。在这一任务中，被试的屏幕首先会显示一个白色的小圆点。经过一段随机的时间间隔后，被试会听到一段频率为 1000 赫兹的音频信号，作为提示音。又经过一个短暂的时间间隔后，屏幕出现一个白色的×字形图案，被试需要在×字形图案出现时迅速按下按钮。每次实验会持续 2155 毫秒，每十次实验记为一组实验。

每个被试需要进行的实验组顺序为：固有警觉性任务 1—位相性警觉性任务 1—位相性警觉性任务 2—固有警觉性任务 2—固有警觉性任务 3—位相性警觉性任务 3—位相性警觉性任务 4—固有警觉性任务 4，每两组实验间会有 22 秒的休息时间。在进行正式实验前，研究人员会让被试参加测试实验，在确认被试都明白规则后开始正式实验。

行为分析结果显示，被试在位相性警觉性任务中的反应速度比固有警觉性任务更快；实验组与对照组在两类警觉性任务中的反应时间没有显著差异。

神经学结果显示，两类警觉性任务与右外侧前额叶（right lateralized lateral prefrontal cortex）、顶叶（parietal lobe）、颞叶（temporal lobe）、枕叶（occipital lobe）和皮层下区域（subcortical regions）相关。在固有警觉性任务中，远期实验组、近期实验组与对照组的大脑激活程度没有显著差异；在位相性警觉性任务中，近期实验组在右背外侧前额叶（right dorsolateral prefrontal cortex，DLPFC）、左额内侧回（left medial frontal gyrus）、右侧壳核（right putamen）的激活程度低于对照组；近期实验组在右侧舌回（right lingual gyrus）、右侧壳核的激活程度低于远期实验组；远期实验组的大脑激活程度与对照组之间没有显著差异。

研究进一步探索了被试大脑激活程度和反应时间之间的关系，亨廷顿舞蹈症前期患者在两类警觉性任务中，右侧壳核的激活程度越高，被试的反应时间越短。亨廷顿舞蹈症前期患者距离预估运动症状发病时间越久，在位相性警觉性任务中大脑壳核的活跃度越高。

这项研究的结果表明，亨廷顿舞蹈症前期患者与健康被试只在执行位相性警觉性任务期间的大脑激活程度存在差异，患者的大脑壳核的激活程度与警觉性任务中的反应时间相关。这项研究给创业机会识别的研究带来了一定的启发。例如，可以借鉴 Wolf 等（2012）的方法设计实验探讨不同创业者在固有创业警觉性和位相性创业警觉性上的差异，从而回答“为什么有的创业者善于在还未明确的市场需求中识别机会，而有的创业者需要在受到一定外部刺激后才能识别机会”这一问题。此外，既有创业研究发现，注意缺陷多动障碍（attention deficit hyperactivity disorder，ADHD）对创业者的创业活动具有一定的积极影响（Wiklund et al.，2016），未来研究可以借鉴 Wolf 等（2012）的方法进一步探讨具有注意缺陷多动障碍的创业者与健康的创业者在固有创业警觉性和位相性创业警觉性上的差异，从神经学角度回答“为什么创业者识别机会的方式存在差异”等问题。

5.2.2　好点子与好故事的神经学机制

尽管学界对于机会是由创业者发现的还是创造的观点仍存在争议，但不可否认的是，无论是发现机会还是创造机会，创业者都必须创造性地整合信息、资源等要素，形成独特的商业想法并制订可行的商业计划。因此，探究创业者如何创造性地产生商业想法（“好点子”）与可行的商业计划（“好故事”）具有重要的理论价值与实践意义。

Shah 等于 2013 年在 *Human Brain Mapping* 上发表了文章《创意写作的神经关联：一项 fMRI 研究》（Neural correlates of creative writing：an fMRI study），利用 fMRI 来探索个体在“头脑风暴”与“创意写作”过程的神经学机制。

该研究选取了 14 位男性和 14 位女性作为被试。每个被试都需要先后进行两轮实验（实验素材 A、B 均由 120 个左右的单词组成），每轮实验分为四步进行（图 5-2）。

图 5-2　实验流程图

资料来源：作者根据 Shah 等（2013）的实验介绍绘制

（1）阅读阶段：被试需要在 60 秒内仔细阅读屏幕上出现的文本（A 或 B 中的一个）。

（2）抄写阶段：被试需要在 60 秒内用记号笔抄写先前阅读文本的第一段内容（约 35 词）。

（3）头脑风暴阶段：屏幕上会展示先前阅读文本的前 30 个单词，被试需要在 60 秒内围绕这 30 个单词思考如何有创意地续写所展示的内容，但不允许写字。

（4）创意写作阶段：被试需要在 140 秒内为所展示内容写出一个新奇的、有创意的续集。

神经学结果显示“头脑风暴”主要激活了大脑额顶颞叶网络（parieto-frontal-temporal network），这一脑区与认知、语言和创造性等功能相关；“创意写作”激活了双侧海马体（bilateral hippocampi）、双侧颞极[①]（bilateral temporal poles）、双侧后扣带回（bilateral posterior cingulate cortex），这些脑区与情景记忆检索、自由联想、自发认知以及语义整合相关。

此外，该研究采用了专家评分以及言语创造力测试两种方法对被试的创造力进行评定，得到了每个被试的创造力评分。根据创造力评分与“创意写作”过程中的神经学结果分析，创造力评分高的被试在“创意写作”过程中更强地激活了左侧额下回（left inferior frontal gyrus）、左侧颞极（left temporal pole）组成的左侧额颞叶网

① 颞极（temporal pole）位于外侧裂下方，负责处理听觉信息，也与记忆和情感有关。

络（left fronto-temporal network），这些脑区涉及言语和语义记忆、语义集成等功能。

综上，该研究表明“头脑风暴”阶段与“创意写作”阶段分别激活了大脑的不同区域，这给创业机会的研究带来了重要的启发。例如，未来研究可以继续探讨创业者从有好的商业想法（“头脑风暴”阶段），到撰写商业计划（创意写作阶段），分别激活了哪些大脑区域，以回答“创业者如何产生新颖的商业概念”“为什么有的创业者能够产生新颖的创业想法，却无法形成完备的创业计划”等问题。

5.2.3　信息处理速度的神经学机制

创业活动具有高度的复杂性、不确定性，这要求创业者能够快速地处理大量的信息。特别在“信息爆炸”的时代，信息处理能力对创业者发现、评估机会至关重要（于晓宇等，2019）。信息处理速度是指个体处理一组信息所需的时间或在一定单位时间内可以处理的信息量，信息处理速度在记忆、注意力、执行功能[①]等认知活动中发挥着重要的作用（Silva et al.，2019）。探究信息处理速度的神经学机制，对帮助创业者识别机会、评估机会具有重要启发。

2019 年，Silva 等在 *NeuroImage* 发表的《符号数字模态测试评估的信息处理速度背后的大脑功能与有效连接性》（Brain functional and effective connectivity underlying the information processing speed assessed by the symbol digit modalities test）一文中，利用 fMRI 探索了与信息处理速度相关的神经网络结构。

这项实验选择了 16 名健康的被试进行符号数字模态测试（symbol digit modalities test）。任务规定了一些特殊符号以及每一个符号所对应的数字，要求被试在规定时间内根据出现的特殊符号写出其对应的数字。该实验由交替进行的六轮控制组实验与五轮实验组实验组成。在实验组实验中，屏幕中心每隔 2 秒会显示一个特殊符号，被试需要根据屏幕上方显示的“符号-数字对应表”的内容，读出每一个符号所对应的数字，每轮实验显示 15 个符号。在控制组测试中，屏幕每隔 2 秒显示一个数字，被试只需要读取该数字即可，每轮实验显示 15 个数字。实验流程见图 5-3。

神经学结果表明，信息处理速度与两套交互的神经系统相关。一套神经系统由额顶（fronto-parietal）和额枕（fronto-occipita）组成，它们与目标导向系统（goal-directed）相关。另一套神经系统由颞顶（temporoparietal）和额下皮层（inferior frontal cortices）组成，它们与刺激驱动（stimulus-driven）系统相关。此外，大脑默认网络（default-mode network）也会影响个体的信息处理速度。上述神经系统组成了与信息处理速度相关的神经网络。

① 执行功能是指个体对思想和行动进行有意识控制的能力。

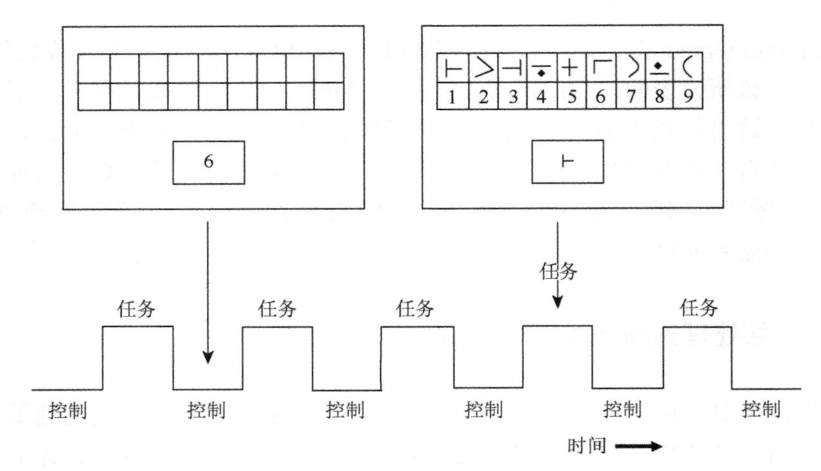

图 5-3　实验流程图

资料来源：Silva 等（2019）

该研究发现了大脑中与信息处理速度相关的神经网络结构，对“创业者如何处理信息”“创业者如何评估机会”等研究带来了一定的启发。例如，未来研究可以探索创业者在信息处理过程中的神经学机制，并据此探讨哪些创业教育能够增强相关脑区之间的神经网络，提高创业者处理抽象字符类信息的能力。此外，在创业过程中，创业者要处理信息的复杂程度远高于数字符号，未来研究还可以进一步探索创业者在处理如情感等复杂信息时所对应的神经学机制。

5.2.4　探索-利用的困境

“探索”与“利用”是机会开发的两种常用手段。为了适应复杂多变的环境，创业者既需要利用既有知识，又需要拓展新知识领域，因此如何同时采取“探索”和“利用”两种策略对创业者意义重大。“探索”在认知神经科学领域被定义为脱离当前任务并寻找替代品的行为，“利用”被定义为优化当前任务的行为（Laureiro-Martínez et al.，2015）。探究创业者“探索”与“利用”背后的神经学机制，有助于更好地理解机会开发手段的本质，从而为帮助创业者实现双元[①]提供启发。

2015 年，Laureiro-Martínez 等在 *Strategic Management Journal* 发表了文章《理解“探索”与“利用”的窘境：一项与注意力控制和决策绩效有关的 fMRI 研究》（Understanding the exploration–exploitation dilemma：an fMRI study of attention control and decision-making performance）。该研究讨论了专家型管理者“探索”和“利用”行为所激活的大脑区域，以及部分管理者取得高绩效的原因。

① “双元”指的是同时实现“探索”和“利用”。

该研究邀请了 63 名具有一定管理经验的专家型管理者，利用 fMRI 进行四臂决策任务模拟实验，实验流程见图 5-4。实验由四台决策任务模拟器组成，每台决策任务模拟器对应着不同的游戏规则。在每一轮实验中，被试需要在规定时间内选择一台决策任务模拟器，而后这台决策任务模拟器会根据其规则显示出被试的本轮得分。如果在规定时间内被试没有做出选择，则表示被试放弃本轮实验，屏幕上会出现红色的叉。被试不会被告知这些决策任务模拟器的具体规则，他们只能通过主动尝试来猜测每台决策任务模拟器的规则。实验分四个阶段进行，每个阶段被试需要完成 75 轮实验。研究人员在分析数据时会剔除每一阶段的前四轮实验结果。

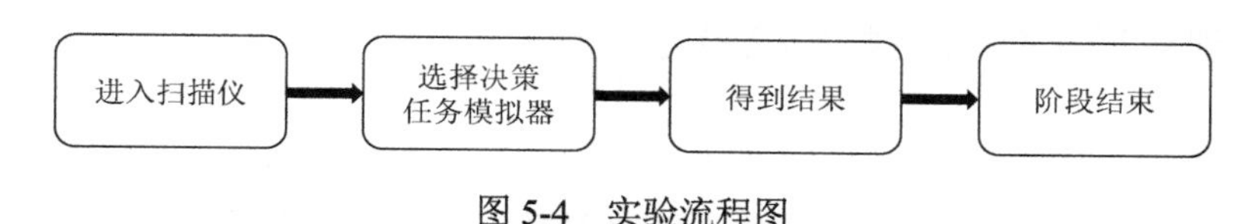

图 5-4　实验流程图

资料来源：作者根据 Laureiro-Martínez 等（2015）的实验介绍绘制

这项研究将每一阶段实验中，第五轮实验以后选择与前一轮实验相同机器的行为记录为“利用”行为，选择与前一轮不同机器的行为记录为“探索”行为，通过被试在全部的 300 次实验中累计的总分来衡量决策绩效。

神经学结果显示，与“探索”相比，“利用”更强烈地激活了脑皮层边缘（mesocorticolimbic）区域，包括内侧前额叶（medial prefrontal cortex）和海马体（hippocampus），这些脑区通常与寻求奖励（reward seeking）和个体自下而上的学习过程①相关；与“利用”相比，“探索”更强烈地激活了由双侧顶叶（bilateral parietal）和额叶组成的回路，这些脑区通常与注意力控制和个体自上而下的学习过程②相关；“探索”还更强烈地激活了个体的脑岛，这个脑区与负面情绪相关，因此 Laureiro-Martínez 等认为“探索”可能激发了人体的焦虑与恐惧感，这些负面情绪可能是由个体在面对不确定的选择时产生的。

行为数据表明，被试得分与“探索”和“利用”的相对数量无关；取得高得分的个体的大脑中与注意力控制相关的区域得到了显著的激活，这些区域与被试在不同决策间切换有关。因此，这项研究证明了个体合理选择在“利用”和“探索”间切换的时机，可以帮助管理者取得良好的决策绩效。

Laureiro-Martínez 等（2015）发现了“探索”与“利用”的神经学机制，研究结果表明注意力控制对个体取得高绩效具有重要作用；“探索”和“利用”与个

① 自下而上的学习过程是指个体直接地从经验中积累知识。

② 自上而下的学习过程是指个体主动地进行学习获取知识。

体的学习过程相关；“探索”会引发个体的负面情绪等。这项研究为未来创业研究探索其他机会开发手段的神经学机制提供启示，也启发未来研究进一步探讨机会开发过程与创业学习、创业情绪与情感之间的关系。

5.3 基于认知神经科学视角的创业机会研究方向

借助认知神经科学的研究方法和工具，未来研究可从以下四个方向拓展和延伸创业机会识别、评估与开发的相关研究。

5.3.1 创业警觉性与注意力缺陷

创业警觉性是机会识别过程的核心影响因素。既有认知神经学研究将警觉性细分为固有警觉性和位相性警觉性，分别探究了两类警觉性相关的神经学机制。Wolf 等（2012）探索了亨廷顿舞蹈症前期患者在执行两类警觉性任务期间的神经学机制，为探究创业者的创业警觉性研究带来了一定的启发。首先，未来研究可以借鉴 Wolf 等（2012）的研究，探讨创业者的固有创业警觉性和位相性创业警觉性，从而回答“为什么有的创业者对创业机会保持着天然的敏感性，而有的创业者却需要一定的情境刺激才能灵光乍现”这一问题。

其次，Wolf 等（2012）利用音频作为刺激信号，使被试进入了位相性警觉状态，表现出了更快的反应速度。然而 Herrmann 等（2008）的研究利用视觉信息作为刺激信号，却并未使被试进入位相性警觉状态，反应速度并没有得到提升。这说明了不同的刺激信号对个体位相性警觉性状态的刺激作用存在异质性，未来研究可以进一步探讨“哪些市场信息或其他刺激能够诱发创业者的位相性创业警觉性”，帮助创业者能更快识别创业机会。

再次，认知神经科学研究提出可以用“赛车游戏”等方式训练个体的警觉性（Sturm et al.，2004）。未来研究可以在这些训练方式的基础上，探索“如何强化创业者的创业警觉性”以及“如何利用认知神经科学的方式评估这些训练方式的训练成果”。

最后，Wiklund 等（2016）发现注意缺陷多动障碍对创业者的创业活动具有一定的积极影响。具有注意缺陷多动障碍的创业者更加冲动、缺乏耐心、具有旺盛的精力，这些特质使创业者能够更加适应充满不确定性的创业环境。警觉性是注意力形成的基础，未来研究可以结合认知神经科学工具进一步探讨创业者出现缺乏警觉性或警觉过度等症状会对创业活动带来哪些积极与消极影响，以及创业者该如何最大化这些症状的积极影响，最小化消极影响。

5.3.2　商业想法、商业计划的形成机制

根据 Ardichvili 等（2003）的研究，机会识别是创业者建立匹配市场中未充分开发的需求与资源的商业想法的过程，即建立商业想法是机会识别过程的最终结果。从神经学的角度探究创业者如何建立商业想法，有助于我们更好地理解创业者的机会识别过程。未来研究可以借鉴 Shah 等（2013）对“头脑风暴”阶段的神经学机制研究的实验设计，探索创业者建立商业想法对应的神经学机制，并可以结合行为数据进一步探索哪些神经学机制与创业者形成更具创造性的商业想法相关联，从而建立起增强创业者机会识别能力的训练方法。

此外，Shah 等（2013）还指出个体“头脑风暴”阶段与“创业写作”阶段分别激活了不同的脑区，以此类比，创业者从产生商业想法（“头脑风暴”），到形成商业计划（“创意写作”），可能对应着不同的神经机制。这启发未来研究进一步探讨创业者撰写商业计划所对应的神经学机制，从而回答“为什么有的创业者能够形成‘好想法’，却难以撰写‘好计划’”这一问题。

5.3.3　机会评估与信息处理

机会评估是创业者对机会的潜在价值、风险性以及个人资源匹配性等信息的分析与评估过程（Ardichvili et al.，2003）。分析创业者信息处理的神经学机制对理解创业者的信息评估过程具有重要的意义。Silva 等（2019）的研究利用符号数字模态测试探究了与个体信息处理速度相关的神经机制，为探究创业者的信息处理过程的神经机制提供了一定的启发。然而创业者在机会识别、评估与开发的过程中，需要处理的信息远比符号、数字等信息复杂得多。这启发未来研究进一步探究与创业者处理情感、人际关系等复杂信息相关的神经学机制，从而为提高创业者的信息处理能力提供启发，为创业教育做出贡献。

此外，根据 Simon 等（2000）的研究，个体的认知偏见是影响创业者机会评估结果的关键因素。这启发未来研究在 Silva 等（2019）的研究的基础上进一步设置控制条件，利用认知神经科学的方法探究控制错觉、偏信小数定律等认知偏见如何影响创业者的信息处理过程，建立起认知偏见对机会评估的神经学机制。

最后，在很多创业企业中，机会评估并非创业者一个人的工作，而是创业团队成员集体讨论的过程（Mitchell and Shepherd，2010）。未来研究可以在 Silva 等（2019）的研究基础上，进一步分析在创业者单独处理信息与创业团体协作处理信息这两种不同的情境下，创业者的信息处理过程在模式、速度等方面有何差异；

还可以进一步延伸探讨“创业者在哪些情境下适宜单独处理信息，哪些情境下适宜进行集体决策”。

5.3.4 机会开发战略

对于创业机会开发过程，创业研究关注的基础问题是“机会开发的手段及其效果”。“探索”与“利用”是两种关键的机会开发手段，Laureiro-Martínez 等（2015）探究了“探索”与“利用”的神经学机制，发现注意力是影响“探索”与“利用”的重要因素。然而这项研究尚未对如何加强创业者的机会开发能力给出具体的建议。因此，未来研究首先可以针对这一研究空白，探讨注意力控制对创业者机会开发能力的作用机制，并据此探索增强机会开发能力的具体方法。

其次，除“探索”与“利用”外，因果推理、效果推理等方法也是机会开发过程中的重要手段。未来研究可以结合本书第 6 章创业行为与决策部分的内容，深入地研究其他机会开发手段的神经学机制。

再次，创业过程是一个创业者不断学习和试错的过程（Minniti and Bygrave，2001）。Laureiro-Martínez 等（2015）的研究发现，大脑中与“探索”和“利用”相关联的脑区同时也与个体的学习过程相关，这启发未来研究可以进一步探讨创业者在机会开发过程中的学习行为。未来研究可以结合 Laureiro-Martínez 等（2015）以及本书第 8 章创业学习部分的内容，探讨不同的机会开发手段与创业学习行为之间的神经学关联。

最后，机会开发是一个需要创业者在高度不确定的环境中进行决策的过程，创业者难以预测每项决策可能带来的收益或损失，这会使创业者产生如焦虑、恐惧等情绪（Laureiro-Martínez et al.，2015）。未来研究可以结合本书第 4 章创业情绪部分的内容，进一步探索不同的机会开发手段所引发的情绪成本，并结合着创业情绪与情感的相关研究，探讨创业者如何在机会开发的过程中正确管理情绪。

中英术语对照表

中文	英文
注意缺陷多动障碍	Attention deficit hyperactivity disorder
偏信小数定律	Belief in the law of small numbers
双侧海马体	Bilateral hippocampi
双侧顶叶	Bilateral parietal
双侧后扣带回	Bilateral posterior cingulate cortex
双侧颞极	Bilateral temporal poles

续表

中文	英文
因果推理	Causation
创造论	Creation theory
默认网络	Default-mode network
发现论	Discovery theory
动态最优停止理论	Dynamic optimal-stopping theory
效果推理	Effectuation
创业警觉性	Entrepreneurial alertness
利用	Exploitation
探索	Exploration
额枕	Fronto-occipita
额顶	Fronto-parietal
目标导向	Goal-directed
海马体	Hippocampus
亨廷顿病	Huntington’s disease
额下皮层	Inferior frontal cortices
固有警觉性	Intrinsic alertness
知识管理导向	knowledge management orientation
左侧额颞叶网络	Left fronto-temporal network
左侧额下回	Left inferior frontal gyrus
左额内侧回	Left medial frontal gyrus
左侧颞极	Left temporal pole
脑皮层边缘	Mesocorticolimbic
枕叶	Occipital lobe
顶叶	Parietal lobe
额顶颞叶网络	Parieto-frontal-temporal network
位相性警觉性	Phasic alertness
计划谬误	Planning fallacy
寻求奖励	Reward seeking
右背外侧前额叶	Right dorsolateral prefrontal cortex
右外侧前额叶	Right lateralized lateral prefrontal cortex
右侧舌回	Right lingual gyrus
右侧壳核	Right putamen

续表

中文	英文
刺激驱动	Stimulus-driven
皮层下区域	Subcortical regions
符号数字模态测试	Symbol digit modalities test
颞叶	Temporal lobe
颞顶	Temporoparietal

参 考 文 献

蔡莉，葛宝山，蔡义茹. 2019. 中国转型经济背景下企业创业机会与资源开发行为研究[J]. 管理学季刊，（2）：44-62，134.

蔡莉，鲁喜凤，单标安，等. 2018. 发现型机会和创造型机会能够相互转化吗？：基于多主体视角的研究[J]. 管理世界，34（12）：81-94，194.

陈海涛，于晓宇. 2011. 机会开发模式、战略导向与高科技新创企业绩效[J]. 科研管理，32（12）：61-67，73.

杨隽萍，于晓宇，陶向明，等. 2017. 社会网络、先前经验与创业风险识别[J]. 管理科学学报，20（5）：35-50.

于晓宇，陈依. 2019. 调节定向、交互记忆系统与项目失败中的机会识别[J]. 系统管理学报，28（6）：1001-1013.

于晓宇，陶向明，李雅洁. 2019. 见微知著？失败学习、机会识别与新产品开发绩效[J]. 管理工程学报，33（1）：51-59.

Alvarez S A，Barney J B. 2007. Discovery and creation：alternative theories of entrepreneurial action[J]. Strategic Entrepreneurship Journal，1（1/2）：11-26.

Ardichvili A，Cardozo R，Ray S. 2003. A theory of entrepreneurial opportunity identification and development[J]. Journal of Business Venturing，18（1）：105-123.

Baron R A. 2006. Opportunity recognition as pattern recognition：how entrepreneurs “connect the dots” to identify new business opportunities[J]. Academy of Management Perspectives，20（1）：104-119.

Choi Y R，Lévesque M，Shepherd D A. 2008. When should entrepreneurs expedite or delay opportunity exploitation？[J]. Journal of Business Venturing，23（3）：333-355.

Gaglio C M，Katz J A. 2001. The psychological basis of opportunity identification：entrepreneurial alertness[J]. Small Business Economics，16（2）：95-111.

Goss D，Sadler-Smith E. 2018. Opportunity creation：entrepreneurial agency，interaction，and affect[J]. Strategic Entrepreneurship Journal，12（2）：219-236.

Gruber M，Kim S M，Brinckmann J. 2015. What is an attractive business opportunity？An empirical study of opportunity evaluation decisions by technologists，managers，and entrepreneurs[J]. Strategic Entrepreneurship Journal，9（3）：205-225.

Herrmann M J，Woidich E，Schreppel T，et al. 2008. Brain activation for alertness measured with functional near infrared spectroscopy（fNIRS）[J]. Psychophysiology，45（3）：480-486.

Keh H T，Der Foo M，Lim B C. 2002. Opportunity evaluation under risky conditions：the cognitive processes of entrepreneurs[J]. Entrepreneurship Theory and Practice，27（2）：125-148.

Kirzner I M. 1973. Competition and Entrepreneurship[M]. Chicago：University of Chicago Press.

Klaukien A，Shepherd D A，Patzelt H. 2013. Passion for work，nonwork-related excitement，and innovation managers' decision to exploit new product opportunities[J]. Journal of Product Innovation Management，30（3）：574-588.

Laureiro-Martínez D，Brusoni S，Canessa N，et al. 2015. Understanding the exploration–exploitation dilemma：an fMRI study of attention control and decision-making performance[J]. Strategic Management Journal，36（3）：319-338.

Lumpkin G T，Lichtenstein B B. 2005. The role of organizational learning in the opportunity–recognition process[J]. Entrepreneurship Theory and Practice，29（4）：451-472.

Mathias B D，Williams D W. 2017. The impact of role identities on entrepreneurs' evaluation and selection of opportunities[J]. Journal of Management，43（3）：892-918.

Minniti M，Bygrave W. 2001. A dynamic model of entrepreneurial learning[J]. Entrepreneurship Theory and Practice，25（3）：5-16.

Mitchell J R，Shepherd D A. 2010. To thine own self be true：images of self，images of opportunity，and entrepreneurial action[J]. Journal of Business Venturing，25（1）：138-154.

Sarasvathy S D. 2001. Causation and effectuation：toward a theoretical shift from economic inevitability to entrepreneurial contingency[J]. Academy of Management Review，26（2）：243-263.

Schindehutte M，Morris M H. 2009. Advancing strategic entrepreneurship research：the role of complexity science in shifting the paradigm[J]. Entrepreneurship Theory and Practice，33（1）：241-276.

Schmitt A，Rosing K，Zhang S X，et al. 2018. A dynamic model of entrepreneurial uncertainty and business opportunity identification：exploration as a mediator and entrepreneurial self-efficacy as a moderator[J]. Entrepreneurship Theory and Practice，42（6）：835-859.

Shah C，Erhard K，Ortheil H J，et al. 2013. Neural correlates of creative writing：an fMRI study[J]. Human Brain Mapping，34（5）：1088-1101.

Shane S，Venkataraman S. 2000. The promise of entrepreneurship as a field of research[J]. Academy of Management Review，25（1）：217-226.

Shepherd D A，DeTienne D R. 2005. Prior knowledge，potential financial reward，and opportunity identification[J]. Entrepreneurship Theory and Practice，29（1）：91-112.

Short J C，Ketchen Jr D J，Shook C L，et al. 2010. The concept of "opportunity" in entrepreneurship research：past accomplishments and future challenges[J]. Journal of Management，36（1）：40-65.

Silva P H R，Spedo C T，Baldassarini C R，et al. 2019. Brain functional and effective connectivity underlying the information processing speed assessed by the Symbol Digit Modalities Test[J]. NeuroImage，184：761-770.

Simon M，Houghton S M，Aquino K. 2000. Cognitive biases，risk perception，and venture formation：how individuals decide to start companies[J]. Journal of Business Venturing，15（2）：113-134.

Sturm W，Longoni F，Weis S，et al. 2004. Functional reorganisation in patients with right hemisphere stroke after training of alertness：a longitudinal PET and fMRI study in eight cases[J]. Neuropsychologia，42（4）：434-450.

Sturm W，Willmes K. 2001. On the functional neuroanatomy of intrinsic and phasic alertness[J]. NeuroImage，14（1）：S76-S84.

Ucbasaran D，Westhead P，Wright M. 2009. The extent and nature of opportunity identification by experienced entrepreneurs[J]. Journal of Business Venturing，24（2）：99-115.

Vaghely I P，Julien P A. 2010. Are opportunities recognized or constructed?：an information perspective on entrepreneurial opportunity identification[J]. Journal of Business Venturing，25（1）：73-86.

Welpe I M，Spörrle M，Grichnik D，et al. 2012. Emotions and opportunities：the interplay of opportunity evaluation， fear，joy，and anger as antecedent of entrepreneurial exploitation[J]. Entrepreneurship Theory and Practice，36（1）：69-96.

Wiklund J. 2015. Opportunity Exploitation[M]//Cooper C L. Wiley Encyclopedia of Management. 3rd ed. New York：John Wiley & Sons，Ltd.

Wiklund J，Patzelt H，Dimov D. 2016. Entrepreneurship and psychological disorders：how ADHD can be productively harnessed[J]. Journal of Business Venturing Insights，6：14-20.

Wolf R C，Grön G，Sambataro F，et al. 2012. Brain activation and functional connectivity in premanifest Huntington's disease during states of intrinsic and phasic alertness[J]. Human Brain Mapping，33（9）：2161-2173.

第6章 创业行为与决策的脑机制

如第3章所述，基于创业特质论，早期研究人员致力于识别创业者和非创业者之间的差异，试图回答“谁是创业者”的问题，但一直未取得突破性进展。随后，学者们开始探索创业者或创业企业通过哪些创业行为实现企业的创立和发展。Gartner等（1992）认为，探索组织的创建和发展过程是创业研究的主要任务，因此创业行为的研究具有重要意义。然而，也有部分学者认为创业行为是不同决策逻辑的结果（Cyert and March，1963）。因此，作为创业行为的底层逻辑，创业决策也成为创业研究关注的另一重点（杨俊，2014），为揭示创业者如何思考和决策等问题提供重要启发。

在创业行为与决策研究中，研究方法已成为限制研究发展的一大掣肘。这是因为既有研究方法，如问卷调查法，很难深入揭示创业者究竟如何思考和决策进而表现出不同的创业行为。随着认知神经科学的兴起，学者们发现认知神经科学的研究方法和工具在揭示创业决策和行为机制方面表现出巨大潜力。将认知神经科学应用于创业行为与决策研究有利于进一步加深我们对创业者如何思考、做出决策、开展行动等问题的理解。因此，本章首先介绍创业行为与决策的研究现状，其次介绍创业行为与决策相关的认知神经科学研究基础，最后基于认知神经科学视角提出创业行为与决策的未来研究方向。

6.1 创业行为与决策的相关研究

创业行为视角的代表性人物Gartner在其题为《谁是创业者？这是一个错误的问题》（“Who is an entrepreneur？” is the wrong question）的文章中指出，创业与其他学科的根本区别在于新组织的形成，因此创业研究应该聚焦“创业者做了什么”而非“谁是创业者”的问题（Gartner，1988）。该视角将组织作为主要分析单元，并将创业者视为实施创业行为以促进组织形成和发展的主体（Gartner，1988）。创业行为研究的基本逻辑是寻找特定情境下创业者的最佳行为组合，然而现实表明创业者不会拘泥于固定的行为模式，其特定情境下的创业行为也可能产生不同的结果（Moroz and Hindle，2012）。基于这一考量，部分学者将创业行为研究深入到创业者的认知过程研究中（即探索创业者如何思考和决策）。他们的研究主要以Simon的决策理论为基础（杨俊等，2015）。该理论指出决策主体在有限理性（bounded rationality）和信息不充分条件下寻求“满意决策”（Simon，1960），这在很大程度上对新古典经济学的完全理性和信息充分的决策前提提出挑战，为独特情境下（高度不确定性、资源约束性、目标模糊性）的创业决策研究提供了重要参考。相关研究表明，创业者往往依靠既有经验和有限信息进行决策（Baron，2000；Busenitz and Barney，1997；Hayward et al.，2006）。例如，Alvarez 和 Busenitz（2001）认为创业者往往依据自身直觉做出决策，而不是理性地开展系统调查。

图 6-1 梳理了创业行为与决策研究脉络和重点文献。总的来看，创业行为与决策的研究可以分为两个方面：一是促进组织形成和发展的创业行为研究，二是独特创业情境下的创业决策研究。

6.1.1 促进组织形成的创业行为

在创业行为方面，过往研究主要包括以下四个方面。

第一，创业行为的概念与范围。从 20 世纪 80 年代开始，创业行为研究逐步兴起，相关研究开始对创业行为的概念或类别进行界定（Gartner，1988；Gartner et al.，1992；Bhave，1994；Bird，2012），关注整合资源、创建新企业（Bhave，1994）、配置人员（Shepherd et al.，2000）等各类创业行为。此外，1998 年，创业研究联盟（Entrepreneurship Research Consortium）发起了“创业动态跟踪研究项目”（panel study of entrepreneurial dynamics，PSED[①]），尝试回答“谁在实施创业活动”“如何实施创业活动”“哪些创业活动更可能促成新企业诞生”等问题（杨俊和张玉利，2007）。上述研究将创业行为视为个体层面的行为，然而随着研究的开展，部分学者也将创业行为拓展到企业/组织层面进行探索，如创业企业的即兴行为等（买忆媛等，2015；叶竹馨等，2018）。

第二，创业行为的前因变量。既有研究从心理（Brockhaus and Horowitz，1986）、经济（Kahneman et al.，1982）、社会文化（Orser et al.，2006）等视角探索了创业行为的前置因素。例如，基于心理视角的研究表明创业者的成就需要、冒险倾向、风险容忍、内控特质、独立性等特质均能够促进机会识别、开发及后续创业行为（Johnson，1990；Shane et al.，2003）。

---

① PSED 于 1998 年由美国百森商学院保罗·雷诺兹（Paul Reynokls）教授发起，目的在于深入认识创业过程特征及结果决定因素。2009 年，以南开大学张玉利教授为代表的中国学者实施了“中国创业动态跟踪研究项目”（Chinese panel study of entrepreneurial dynamics，CPSED）。在 PSED 的基础上，CPSED 重点考虑了中国制度转型与文化传统等特殊因素，以揭示中国情境下的创业行为规律。CPSED 的具体研究成果可参考张玉利教授等编著的《中国创业活动透视报告——中国新生创业活动动态跟踪调研（CPSED）报告（2009—2011 年）》一书。2018 年，CPSED Ⅱ数据联合开发学术研讨会在天津组织召开。

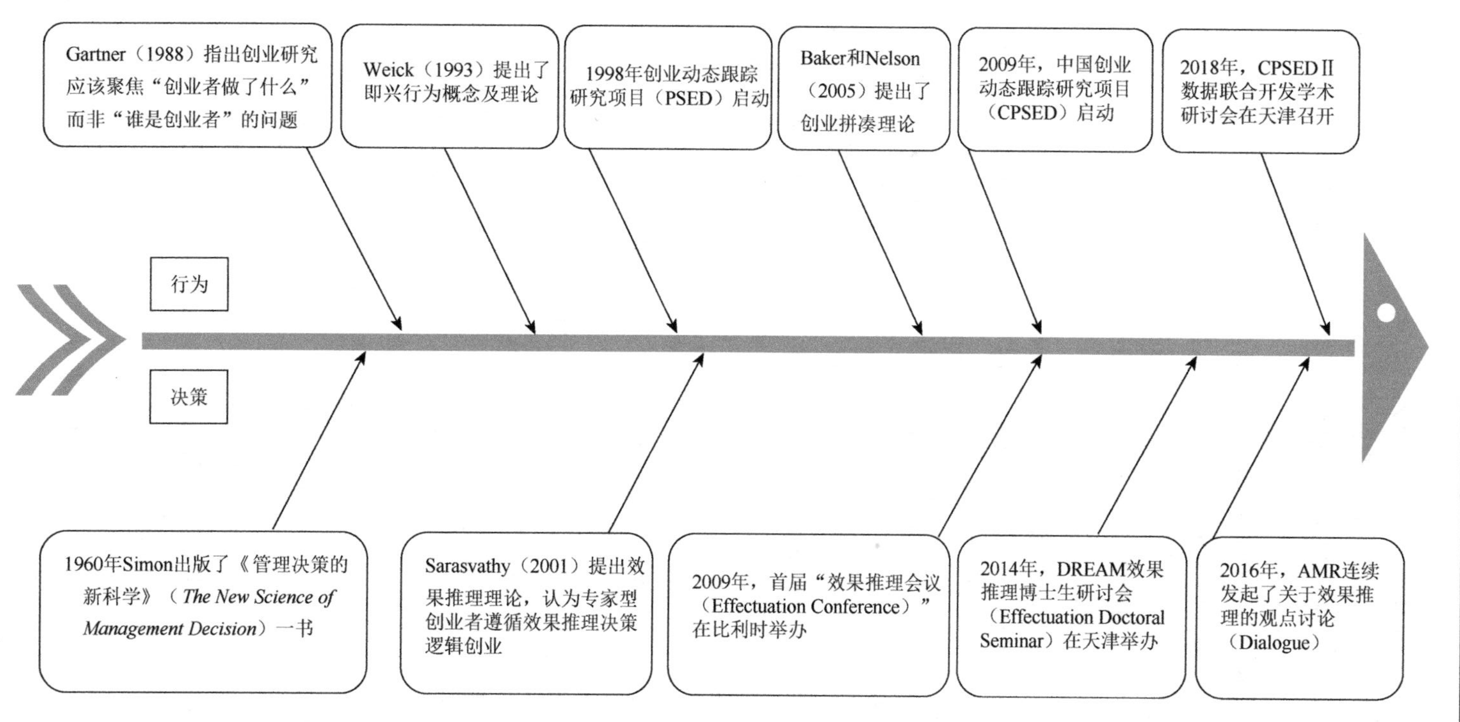

图 6-1　创业行为与决策研究脉络与重点文献鱼骨图

第三，创业者行为的结果变量。既有研究基于资源基础理论、战略适应理论等研究视角，探索了创业行为对于新企业创建（Romanelli，1989）、创业活动终止（Shane and Delmar，2004）、创业企业绩效（Sandberg and Hofer，1987）等创业结果的影响。

第四，创业情境下的典型创业行为。由于高度的环境不确定性和资源约束性，创业活动表现出较强的情境独特性（杨俊，2014）。例如，Baker 和 Nelson（2005）提出了创业拼凑这一典型的创业行为，指出创业者在资源约束的情境下通常会对手头资源进行创造性重组，以突破资源约束，从而实现企业的生存和发展。

绝大多数创业活动在资源约束、环境高度不确定、目标模糊的条件下开展，因此创业主体无法套用以成熟企业为框架的管理手段，也难以按照既有计划开展创业活动。经历长期的理论探索后，即兴（improvisation）行为、创业拼凑（entrepreneurial bricolage）等独特的创业行为成为学者们的研究重点，引导创业行为研究进一步深化。

Weick（1993）在 *Administrative Science Quarterly* 发表了题为《组织中意义建构的崩溃：曼恩峡谷灾难》（The collapse of sensemaking in organizations: the Mann Gulch disaster）的文章。这一研究指出在突发情况面前，组织事前准备的计划往往无效，即兴行为成为管理者赖以生存和发展的应变策略。即兴行为强调创作和执行同时进行或存在较短的时间间隔（Weick，1993），强调行动者通过手头资源进行即兴发挥。在环境不确定和资源约束的条件下，创业者或创业企业更加需要依赖即兴行为以适应外部环境，追寻创业机会（叶竹馨等，2018）。即兴行为挑战了过往研究所认为的"创业者的行为具有明确目标、符合预期且理性"的观点，为揭示创业者如何及时应对突发情况或环境变化提供了重要的理论视角（Baker et al.，2003）。

2000 年，Baker 和 Aldrich 描述了创业主体用于突破资源约束的两类策略：一是利用手头资源，即资源拼凑（resource bricolage）；二是寻找新的资源，即资源搜寻（resource seeking）。其中，资源拼凑这一能够即刻应对资源约束的创业行为受到学者的广泛关注。2005 年，Baker 和 Nelson 在《无中生有：通过创业拼凑建构资源》（Creating something from nothing: resource construction through entrepreneurial bricolage）一文中详细阐述了创业拼凑的概念。创业拼凑是指在资源约束情境下，创业者重组手头资源以解决新问题和开发新机会的行为或行为方式。创业拼凑包括三个关键特征，即即刻行动（making do）、手头资源（the resource at hand）、有目的的资源重组（recombining resources for new or novel purposes）（Baker and Nelson，2005；于晓宇等，2017）。它挑战了资源基础理论所强调的企业依靠有价值的、稀缺的、难以模仿的、不可替代的资源获取竞争优势的观点，对资源约束情境下的创业行为研究具有重要启发。

6.1.2　独特创业情境下的创业决策研究

创业活动具有高度不确定、资源稀缺等特点，而创业决策的核心问题正是创业主体在此条件下如何进行决策。对此，研究主要围绕以下三个方面展开：一是创业者与非创业者（Busenitz and Barney，1997）、不同创业群体之间的决策思维差异（Baron，2006）；二是组织内部设计或制度如何影响个体的创业决策（Kacperczyk，2012）；三是在不确定、资源稀缺、目标模糊等典型创业情境下的决策机制（Baron，2008；Mullins and Forlani，2005；Reymen et al.，2015）。其中，效果推理被认为是创业决策研究中最重要的基础性理论突破之一（Sarasvathy，2001；于晓宇和陶奕达，2018）。

2001 年，Sarasvathy 在 *Academy of Management Review* 发表了题为《因果推理与效果推理：从经济必然性到创业偶然性的理论转变》（Causation and effectuation：toward a theoretical shift from economic inevitability to entrepreneurial contingency）的文章。在此文章中，Sarasvathy 将其导师 Simon 的决策理论、人工科学（the sciences of the artificial）以及西方实用主义哲学（pragmatism）运用到创业研究中，提出效果推理这一决策逻辑。

效果推理理论认为创业主体在既有手段的可能结果中进行选择决策，并强调四个原则：一是可承受损失（affordable loss），效果推理者需要在预先设定可承受的损失范围内进行实验；二是战略联盟（strategic alliances），效果推理者将战略联盟和预先承诺作为降低不确定性、建立进入壁垒的手段；三是利用意外事件（exploitation of contingencies），效果推理者会在意外事件中识别并开发机会；四是控制不可预测的未来（control of an unpredictable future），效果推理的基本逻辑是决策者在一定程度上可以控制未来，便无须预测未来。效果推理挑战了以目标为导向的传统决策逻辑，为不确定、资源约束以及目标模糊下的创业决策提供了重要启示。

创业行为与决策是创业研究中的一个重要研究分支，至今已经取得了较为丰硕的成果。未来研究可运用认知神经科学实验进一步延伸创业行为与决策研究。实验法是研究创业行为与决策的重要方法之一，但既有实验研究较少结合认知神经科学工具和方法（于晓宇等，2019）。认知神经科学可以将观察层面深入到创业者内在的大脑层面（de Holan et al.，2013），并通过神经指标更加客观地测度构念、探索创业行为与决策的神经学机制（Lahti et al.，2019；de Holan et al.，2013；Nicolaou and Shane，2014）。同时，认知神经科学已被证明可以用来研究情绪（Gregor et al.，2014）、认知（Minas et al.，2014）、创造性思维（Fink et al.，2009）、合作（Jahng，2017）等创业行为与决策研究领域的构念，为未来继续深化创业行为与决策研究提供了理论基础。

6.2 创业行为与决策的认知神经科学基础

通过检索 *Nature*、*Science*、*NeuroImage*、*Proceedings of the National Academy of Sciences*、*Nature Neuroscience* 等重要神经学期刊，本章识别了 12 篇和创业行为与决策相关的认知神经科学论文。根据“代表性和重要性”（即是否和创业行为与决策的重要研究问题相关）、“理论抽样”（即填补已有创业行为与决策研究的理论空白或发展新理论）、“兼顾目标与对象的适配性”（即实验设计能否为创业决策和行为的研究提供启发）这三个原则，本章选择了三篇代表性论文重点分析，探讨认知神经科学如何为创业行为与决策研究赋能。

6.2.1 创业新手和老手即兴行为的神经学差异

创造力在生活的诸多方面都扮演着重要角色（Simonton，2000）。面对日益激烈的全球化竞争和快速发展的科学技术，创业企业必须不断地生产出新颖且符合市场需求的新产品。因而，对于创业者而言，创造力的重要性毋庸置疑。

即兴行为是非常典型的创业行为。即兴行为强调创造力的发挥，鼓励创业者在面临突发情况时，创造性地实时调整自身行为或战略方向，以应对环境不确定性带来的挑战（Weick，1993）。因此，创造力是激发即兴行为的底层基础，亟待研究人员深入了解。创造力被定义为创造新颖、有用和具有生成性的作品的能力（Sternberg and Lubart，1996），主要表现在原创的、有价值的和被社会接受的思想、产品或艺术作品中。创造力可以通过个体在创造性思维任务或心理测试中的表现进行评估，这些测试通常要求个体想象常规物品的新用途（替代性用途测试，alternative uses test，AUT）、就给定的问题提出新的解决方案（托兰斯创造性思维测验，Torrance tests of creative thinking；Torrance，1966）等。

认知神经科学工具［如脑电图（EEG）或 fMRI］能够帮助研究人员观察被试在完成不同创造性思维任务时的大脑活动，推动越来越多的研究对创造性思维的神经学机制进行探索。2009 年，Fink 等在 *NeuroImage* 上发表了题为《创造性思维的脑机制：专业舞者和新手舞者的脑电图 α 波活动》（Brain correlates underlying creative thinking：EEG alpha activity in professional vs. novice dancers）一文，从神经学的层面探索创造性思维的脑机制。

在该研究中，Fink 等（2009）在过往创造力的认知神经科学研究基础上，招募与创造力更为相关的被试，即芭蕾舞或现代舞舞者，运用 EEG 技术探索了舞者的 α 波和其他频率波的变化是否与其发散性思维（创造力）有关。

该研究选取了 34 名健康（无既往神经或精神疾病史）且均为右利手的被试。研究人员在排除两名存在严重 EEG 伪影被试的数据后，比较了 15 名专业舞者（即在芭蕾舞或现代舞领域有多年的专业经验）和 17 名新手舞者（只有基本的舞蹈经验，没有完成该领域的综合培训）脑部 α 波的活动情况。该研究包括三个固定顺序的实验任务。

（1）替代性用途测试。在这一任务中，研究人员要求被试在脑海中想象一些日常用品的非常规/非原始用途。具体的，被试需要依次想象锡、砖、袜子、圆珠笔四种物品的新用途，每种物品的想象时长为 3 分钟。例如，砖的新用途可以是烛台、空手道训练等。当被试想象出屏幕上显示物品的新用途时，就按下身旁控制台的创意“IDEA”按钮。按下键后，屏幕上出现一条提示信息，让被试说出想到的新用途。被试叙述完新用途之后，按下开始“ENTER”按钮进行确认。

（2）华尔兹任务。在这一任务中，研究人员要求被试在脑海中想象表演一支华尔兹（奥地利著名的标准舞，创造性要求较低）。被试同样需要想象自己置身于一个宽敞明亮的大厅，并按照预先确定的华尔兹舞步跳舞。

（3）即兴舞蹈任务。在这一任务中，被试被要求在脑海中想象表演一段即兴舞蹈，并且要求舞蹈具有原创性、独特性或创造性。具体来说，被试需要想象自己置身于一个宽敞明亮的大厅里，并想象出新颖的舞蹈动作。

替代性用途测试时间为 12 分钟，后两个实验任务的持续时间为 3 分钟。在实验过程中，研究人员需要记录被试的 EEG 信号。在实验结束后，研究人员对被试进行访谈，询问被试所想象的常规物品的新用途以及舞蹈（如舞蹈姿势、动作描述、动态方面、风格等）。

行为分析结果显示，专业舞者在个性维度上对新体验的开放性表现出更高的得分；在替代性用途测试任务中，专业舞者比新手舞者产生了更多的想法。

EEG 结果表明，被试的 α 同步化从额叶到顶枕区（parieto-occipital areas）逐渐增加，其右半球的 α 同步化高于左半球。具体而言，①在即兴舞蹈任务中，专业舞者右脑后脑区（posterior brain regions），即中顶（centroparietal），顶颞和顶枕（parieto-occipital）显示出的 α 波的事件相关同步化（event-related synchrony）比新手舞者更显著，这表明专业舞者在即兴任务中的创造性思维更强；②在华尔兹任务中，两组被试未见明显差异；③在替代性用途测试任务中，与新手舞者相比，专业舞者后顶叶脑区（posterior parietal brain regions）的 α 波事件相关同步化更显著。

Fink 等（2009）的研究通过对比专业舞者与新手舞者，发现创造力思维较强的个体大脑的 α 波事件相关同步化更显著，补充和扩展了关于 EEG α 波活动和创造性思维间关系的发现。未来研究可将此类创造性思维的认知神经科学研究扩展到创业行为与决策领域。理论方面，可通过认知神经科学的方法比较创业新手和创业老手创造性思维的差异，丰富关于创业先前经验与即兴行为关系的研究，揭示创业老手为何以及如何采取即兴行为等。实践方面，创业者可通过培训和练习，激活创造性思维所对应的大脑区域，进而提升即兴发挥的能力。

6.2.2 面对面能促进合作？合作意愿的神经动力学

创业活动面临着高度的不确定性、目标模糊性，使得决策难度大大提高（杨俊，2014）。作为效果推理的重要原则之一，合作（战略联盟）能够帮助创业企业有效应对不确定性和模糊性。然而，由于合作双方难以完全掌握对方的真实信息，合作过程往往是在非对称信息下进行，合作双方需要反复权衡合作效用（即收益与成本）。深入挖掘和分析非对称信息下合作博弈的神经学机制具有重要研究价值。

Jahng 等（2017）在 *NeuroImage* 上发表了题为《在囚徒困境博弈中两名玩家使用非语言线索来判断合作意愿时的神经动力学研究》（Neural dynamics of two players when using nonverbal cues to gauge intentions to cooperate during the prisoner's dilemma game）的论文，从神经学层面探索合作决策的脑机制。在该研究中，Jahng 等（2017）认为个体在做出合作决策时需要评估其他人的决策，即对方是否也会选择合作，并使用囚徒困境（prisoner's dilemma）来研究合作决策背后的脑机制。

该研究选取了 64 名来自韩国忠南大学（Chungnam National University）的健康男性，均为右利手，无神经或精神健康方面的病史。研究人员将 64 名被试以两人一组分成 32 组，让被试在面对面或面部遮挡的情况下参加囚徒困境游戏，并使用 EEG 来识别个体“合作”决策的大脑区域和神经活动。

实验的具体流程如下。

（1）研究人员在两个面对面坐着的被试之间放置不透明墙板，防止他们在玩游戏之前看到对方［图 6-2（a）］。

（2）研究人员向被试详细解释游戏规则：在每一轮游戏中，被试都可以选择合作或背叛。如果双方都选择合作，将各自获得 5000 韩元，但如果双方都选择背叛，每人将只获得 3000 韩元。如果一方选择合作，另一方选择背叛，只有背叛者能获得 10 000 韩元，而选择合作的被试将一无所获［如图 6-2（b）中的收益矩阵所示］。研究人员在确认被试都明白规则后开始游戏。

（3）对于面对面组，研究人员将墙板移除；而对于面部遮挡组，墙板保持原位［图 6-2（c）］。在面对面的情况下，每个被试坐在另一个被试的显示器旁，使得被试可以充分观察到另一个被试及其显示器。研究人员告知被试，除了面对面情况下的眼神交流外，其他任何互动都不被允许。

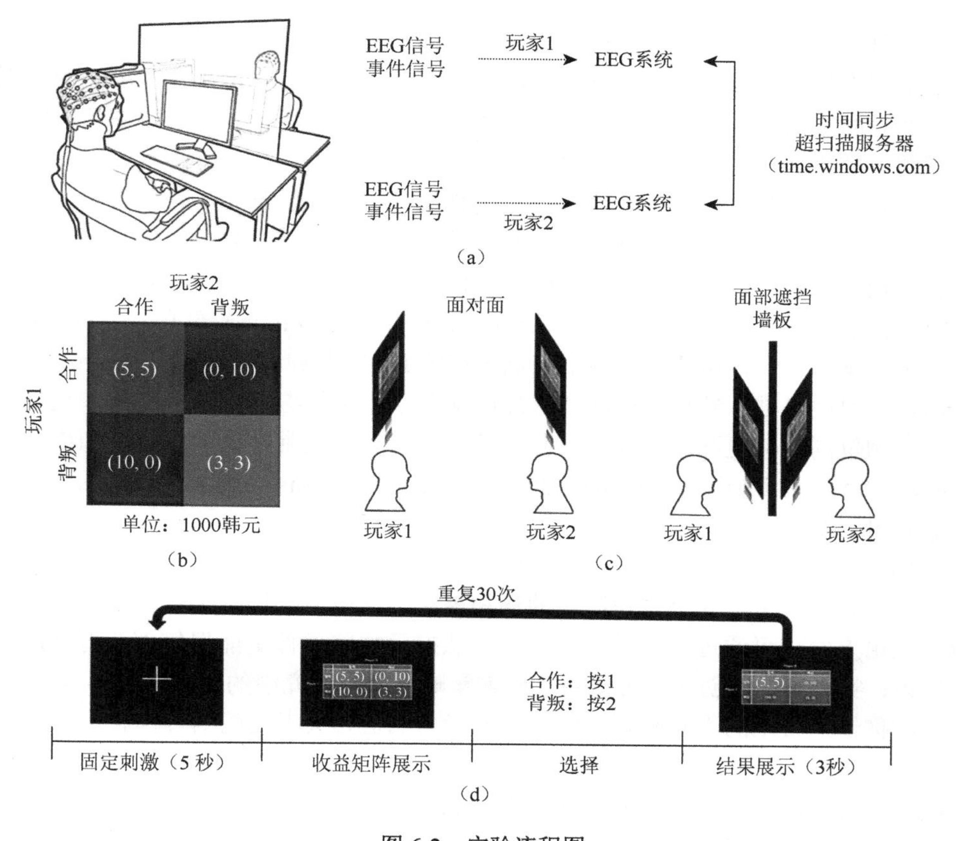

图 6-2　实验流程图

资料来源：Jahng 等（2017）

（4）游戏开始时，黑屏中央将出现一个白色的十字作为注视点［图 6-2（d）]，并持续 5 秒。随后，被试进入到支付矩阵。被试需要通过按键做出选择：键 1 表示合作，键 2 表示背叛。两名被试需要在 5～10 秒内做出选择。当被试按下其中一个按键后，结果会在屏幕上显示 3 秒。在这 3 秒内，被试可以看到搭档赚了多少钱，以及搭档的选择。随后，屏幕上再次出现注视点（十字），表明游戏进入下一轮。

为了进行分析，研究人员在每一轮游戏中都对三种基本的可能策略进行了分类。第一种是合作策略（cooperation strategy，CS），即被试在前一轮选择合作之后依旧选择合作，或被试在其搭档选择背叛之后仍然选择合作。第二种是背叛策略（defection strategy，DS），即被试连续选择背叛，或者当选择合作的被试在其搭档选择合作时选择背叛。第三种策略是以牙还牙策略（tit-for-tat strategy，TS），即被试的选择与其搭档之前的选择相同。因此，每轮游戏中，双方都有六种可能的策略组合：CS-CS、CS-DS、CS-TS、DS-DS、DS-TS 和 TS-TS。

该研究共设置了 30 轮游戏，以更好模拟现实世界中合作次数的不可知性。行为分析结果显示，在面对面的情况下，被试更有可能做出合作决策。可能的原因是，面对面提供的线索有助于被试对其搭档的随后行为进行社会认知评估，同时也有助于激活被试的社会情感处理过程。

EEG 结果表明，①面对面组和面部遮挡组的被试在看到上一轮结果后，其右侧颞顶区域（right temporo-parietal，RTP）的 α 波（8～13 赫兹）会产生显著差异，并且这种差异能够预测被试下一轮的“合作”决策。②相较于面部遮挡组，面对面组被试的脑间相位同步化（inter-brain phase synchronization）更高。具体来说，当两个被试选择合作策略时，两个被试大脑的 RTP 和额叶区域（frontal areas）的脑活动一致性更强。当两个被试选择背叛策略时，两个被试大脑的 RTP 和顶枕区的脑间相位同步化更强。因此，右脑颞顶区域交界处通常被认为是解读和推断他人心理状态的关键脑区（Adolphs，2009；Saxe，2006；Saxe and Kanwisher，2003；Tang et al.，2016）。

Jahng 等（2017）的研究表明，α 波和脑间相位同步化是个体合作决策的重要神经指标。未来可将此类合作决策的认知神经科学研究扩展到创业行为与决策领域：理论方面，可通过认知神经科学的方法揭示哪些条件更能促使创业者做出合作决策；实践方面，创业者可使用非语言策略（如本研究中的“面对面”）减少信息不对称性所带来的不利影响，促进创业者与利益相关者之间的合作。

6.2.3　稀缺心态下决策的神经处理机制

资源稀缺性是创业活动的典型特征之一，也是创业决策的重要前提和条件。深入挖掘和分析资源稀缺情境下个体决策的神经学机制具有重要研究价值，且已有研究进行了一定的探索。

Huijsmans 等（2019）在 *Proceedings of the National Academy of Sciences* 发表了《稀缺心态改变消费者决策过程中潜在的神经处理过程》（A scarcity mindset alters neural processing underlying consumer decision making）一文。在该文中，作者首创性地开发了一项与 fMRI 实验相兼容的任务，以探讨稀缺心态所引发的目标导向决策（goal-directed decision making）的神经机制。

目标导向决策涉及不同的可能行动之间的价值比较过程，进而选择主观价值最高的选项。考虑到眶额皮层（orbitofrontal cortex，OFC）和背外侧前额叶（DLPFC）是目标导向决策的关键神经节点，研究人员将消费者决策置于目标导向决策的认知框架中。

该研究选取了 76 名消费者作为被试，并使用“阶段游戏”（stage games）进行研究。该游戏包含三个阶段的任务，分别是点比较任务（dot comparison task）、形状匹配任务（shape matching task）和点计数任务（dot counting task）（图 6-3）。每个任务的具体操作流程如下。

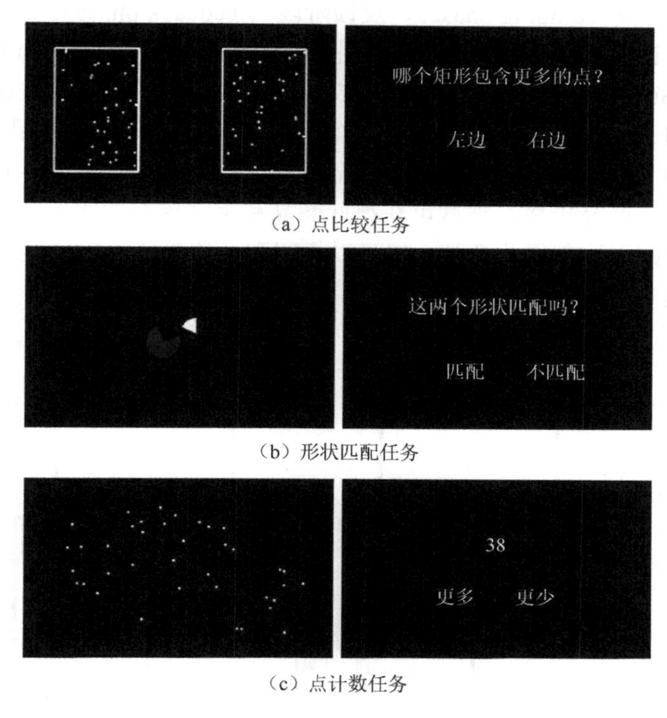

（a）点比较任务

（b）形状匹配任务

（c）点计数任务

图 6-3　阶段游戏任务的三个认知/感知任务

资料来源：Huijsmans 等（2019）

（1）点比较任务。在这一任务中，研究人员向被试展示两个充满圆点的矩形，在屏幕上持续显示 1 秒。让被试判断哪个矩形包含更多的点（实际上，两个矩形总是充满 30～40 个相等数量的点）。

（2）形状匹配任务。在这一任务中，研究人员向被试展示两个形状，在屏幕上持续显示 1 秒，并让被试判断这两个形状是否能构成一个完整的圆（实际上，没有一个形状能够构成完整的圆）。

（3）点计数任务。在这一任务中，计算机随机抽取 30～40 个均匀分布的点，在屏幕上持续显示 1 秒，并让被试判断点的数量大于还是小于计算机给出的数字。

在整个实验过程中，所有被试需要分别在初始筹码为 1 和 10 的情况下完成任务。在初始筹码为 1 的情况下，被试通过游戏获得的筹码将始终在 1 个筹码左右，从而引发被试的稀缺心态。而在初始筹码为 10 的情况下，被试通过游戏获得的筹码总是在 10 个以上，从而引发被试的充裕心态。

被试在完成每一阶段任务之后，需要参与竞价任务（图 6-4），以评估稀缺和充裕心态对消费者决策的影响。该任务分为三个阶段，分别是估价阶段（evaluation phase）、竞价阶段（bidding phase）、反馈阶段（feedback phase）。在竞价任务中，研究人员向被试展示 72 张食品的图片［包括 36 张实用型食品（utilitarian food products）和 36 张享乐型食品（hedonic food products）的图片］。被试需要使用研究人员给定的 3 个筹码，在 0～3 欧元的滑块上选择他们对每类食品的出价金额，增量为 0.05 欧元。被试标好价后，屏幕显示被试的出价是否高于计算机生成的价格。若出价高于商品价格，被试可获得此商品和手中剩余的筹码；若出价低于商品价格，被试则无法获得此商品，但可以保留剩余的筹码。1～2 周后，研究人员将被试邀请到实验室，以评估他们对产品的偏好。

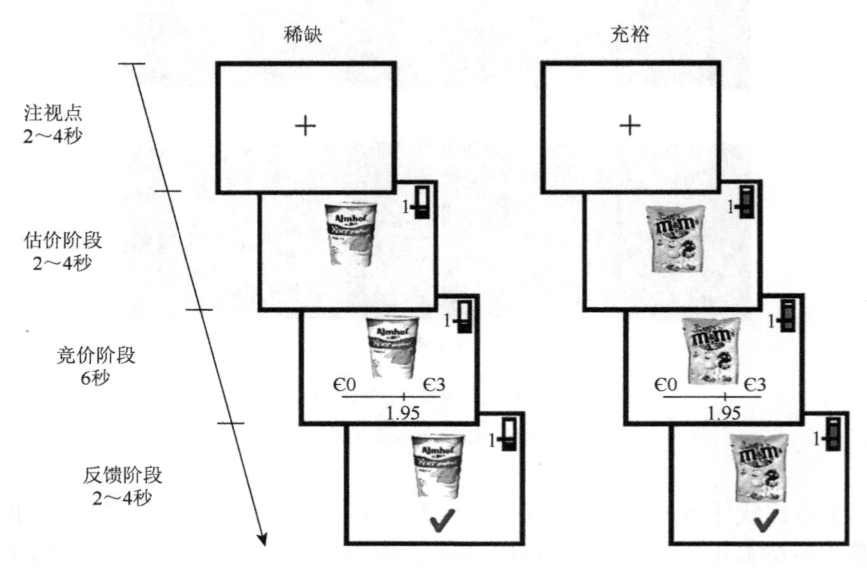

图 6-4　竞价任务的时间结构

资料来源：Huijsmans 等（2019）

该研究表明，稀缺心态导致被试更多地参与到涉及稀缺资源的决策问题中，而忽视了对其他问题的关注。行为分析结果显示，被试的行为受到商品零售价格的影响，稀缺心态对这一效应起调节作用。并且，在稀缺性条件下，被试的出价金额比充裕时更符合商品的零售价格。

fMRI 结果表明，在估价阶段，处于稀缺心态的被试的 OFC 脑活动增加，同时，对于享乐型或实用型食品，被试的 OFC 脑活动并无差异，也不依赖于稀缺和充裕心态的呈现顺序；在竞价阶段，被试竞价金额的支付意愿与 DLPFC 脑活动正相关。另外，与一开始就经历稀缺心态的被试相比，经历充裕心态再经历稀缺心态的被试会大大降低 DLPFC 的激活程度；在反馈阶段，被试获得他们是否赢得竞品的反馈，积极的反馈（即赢得产品）表现出更强的神经活动。

研究结果表明，OFC 脑活动存在于产品估价过程中，DLPFC 活动存在于产品竞价过程中。当被试处于稀缺心态时，其 OFC 脑活动增加，而该脑区通常与评估过程有关；与充裕心态相比，稀缺心态减少了 DLPFC 脑活动，而该脑区与目标导向决策相关。对于先经历充裕心态后又经历稀缺心态的被试来说，DLPFC 脑活动减少效应更强。这表明，在充裕心态的对比之下，稀缺心态的影响得以放大。研究结果显示了稀缺心态的神经基础，并证明了特定功能脑区的脑活动变化是目标导向决策的基础。

Huijsmans 等（2019）首次系统地诱导了稀缺心态，并探索了稀缺心态如何影响个体行为及其大脑活动。该研究使用阶段实验任务成功诱发被试的稀缺心态和充裕心态。研究发现，个体决策的潜在神经过程受稀缺心态的影响，稀缺心态减少了 DLPFC 的脑活动。这表明稀缺心态可以影响基于价值的目标导向决策过程，对理解资源稀缺性对效果推理的影响具有重要启发。未来研究可借鉴 Huijsmans 等（2019）的研究设计诱发创业者的稀缺心态，并研究资源稀缺情境下创业决策的神经机制。同时，该研究发现在稀缺性条件下，被试的出价金额更加准确，这启发未来研究探讨创业者在稀缺心态下是否影响创业者对创业机会的识别和评估。

6.3　基于认知神经科学视角的创业行为与决策研究方向

借助认知神经科学的研究方法和工具，未来研究可从以下五个方向拓展和延伸创业行为与决策的相关研究。

6.3.1　不同类型即兴行为的神经学机制

经过创业学者的长期探索，即兴行为的内涵、触发因素、发生条件以及结果等均取得了重要研究进展。在认知神经科学领域，即兴行为也是一个重要的话题。例如，前文提及 Fink 等（2009）使用 EEG 识别了专业舞者和新手舞者在即兴舞蹈任务中的神经学差异。认知神经科学领域的相关研究大多将即兴行为视为一个整体概念，较少将即兴行为进行分类。而在创业领域，学者已对即兴行为进行分类，如基于市场法规的创业即兴与基于社会关系的创业即兴（叶竹馨等，2018）、探索式即兴与开发式即兴（叶竹馨和买忆媛，2018）。通过借鉴认知神经科学领域的研究，未来研究可进一步探索不同类型即兴行为的神经学机制，为培养不同类型的即兴行为提供神经学依据。

具体而言，研究人员可将创业者分为两组，在提供既有产品的基础上要求两组创业者即刻为新企业设计新产品。不同的是，一组创业者需要基于现有的产品、技术等进行改进从而设计新产品（开发式即兴行为）；而另一组创业者必须即刻想出全新的产品（探索式即兴行为）。随后，研究人员分别对两组创业者的脑活动进行分析，探索两类即兴行为的神经学机制。同时，研究人员可增设不同实验条件，如告知创业者实验任务对错误的包容性较强、鼓励冒险等，进而分析这些条件是否能够激发被试产生更多的探索式或开发式即兴行为，从而探索不同类型即兴行为的前因（Hmieleski et al.，2013）。

此外，Fink 等（2009）的研究也表明，一个领域的专家会在允许更多自由联想思维的实验任务中产生更高程度的 α 波同步化（即创造力思维更强）。这也启发创业者应在公司创造更为自由的氛围，从而提高员工的即兴行为能力。

6.3.2 创业拼凑的神经学机制

经过十多年的发展，创业拼凑研究在概念内涵与测量、前因变量、结果变量、情境因素等方面均有突破。例如，Garud 和 Karnøe（2003）的研究通过对比丹麦和美国风力涡轮机的技术开发过程（表 6-1），揭示了在复杂非线性的技术创业中，基于拼凑的技术开发路径可能更优于基于突破的技术开发路径。

表 6-1 拼凑与突破：丹麦和美国风电技术路径比较

行动者	丹麦	美国
设计师和生产者	以农业设备经验为基础的启发式设计；关注焦点在于可靠性；注重设计师、生产者和供应商之间的合作网络；具有纵向扩展的步骤安排，在纵向扩展步骤中努力进行产品研发	以航空航天框架体系为基础的工程科学；关注焦点在于空气动力效率；缺乏设计师、生产者和供应商之间的合作网络；缺乏纵向扩展的步骤安排，在纵向扩展步骤中几乎没有产品研发
用户	面向各方用户，开展直接学习；为了鼓励提供关键投入，采取了激励措施；动员并成立协会，发布风力涡轮机性能的比较效果	面向有限用户群，开展间接学习；对提供关键投入，缺乏激励措施；和生产者组成协会，游说政府
评估者	合作开发机制；高度重视风力涡轮机效果的监测比较；检测标准和正在开发的技术协同演进	选择性机制；不太重视风力涡轮机效果的检测比较；检测标准基于通用工程科学设计知识，且二者没有协同演进
监管者	战略性引导各行动方的活动；政策促使行动者更多地参与风力涡轮机的开发；对市场机制进行调整	创造了但意外关闭了巨大的机会；政策并没有促使行动者参与风力涡轮机的开发；不定期地干预研发进程

资料来源：Garud 和 Karnøe（2003）、李华晶（2016）

然而，创业拼凑研究还存在进一步丰富的空间。例如，创业拼凑的提出者Baker和Nelson（2005）及量表开发者Senyard等（2010）认为，现有的创业拼凑量表仍然存在改进空间，同时也鼓励学者采用其他方式对创业拼凑进行测量（Davidsson et al.，2017）。Fink等（2009）的研究发现，专业舞者和新手舞者在识别常规事物的新颖用途时（替代性用途测试），呈现出较大差异的α波同步化程度。创业拼凑的概念与要求被试识别常规事物新用途的替代性用途测试十分吻合，因此，Fink等（2009）的研究可为创业拼凑行为的神经机制提供启发。借助认知神经科学实验，未来研究可对创业拼凑的前因、后果、情境、边界条件等作进一步探讨。

关于创业拼凑的前因，过往研究强调先前经验是创业拼凑的重要影响因素（Senyard et al.，2010）。借鉴替代性用途测试，未来研究可进一步比较创业新手和创业老手所识别的创业资源新用途的差异及其在拼凑过程中所产生的脑机制。同时，探索创业拼凑在不同情境下的表现是创业拼凑研究的另一重要话题。Davidsson等（2017）强调了创业拼凑的情境化测量，并呼吁研究人员对创业拼凑的适用情境进行更为深入和细化的挖掘。就此，Gras和Nason（2015）研究了创业拼凑在印度贫民窟发挥的重要作用，为研究贫困地区小微企业绩效提供了有益参考；于晓宇等（2018）探索了创业拼凑在小成本电影创作中发挥的重要作用，为文创工作者提供了重要启发。未来研究亦可借助替代性用途测试探索更多情境下的创业拼凑行为。例如，未来研究可招募贫困地区的创业者（如农民创业者）和文创产业的创业者（如电影制作人）作为被试，要求被试回答其手头资源（如农作物、电影道具）的新用途。

再者，过往研究强调创业拼凑在不确定性较高、包容性较强的环境下的重要作用（Baker and Nelson，2005；于晓宇等，2017，2018；Yu et al.，2019b）。据此，未来研究可比较被试在想象高科技产品（较高不确定性产业）、袜子（较低不确定性产业）等产品新用途时的差异。同时可增加实验条件，如告知被试产品的新用途可以“钻空子”，分析这些情境是否能够激发被试产生更多的创业拼凑行为，以及带来更好的拼凑结果（如更容易被客户接受、新用途的创新性更高），丰富和拓展创业拼凑的情境因素。

过往研究表明替代性用途测试任务完成得更好的被试大脑不同脑区之间的功能连接存在差异。具体而言，这些被试更擅长同时使用通常不会共同工作的大脑系统，并且声称自己拥有更多富有创造力的爱好和成就（Plucker，1999；Beaty et al.，2018）。以音乐为例，无论是充满“想象”的乔布斯、拥有“朋友”的马云、追逐“蓝莲花”的俞敏洪，还是高喊“向天再借五百年”的王健林，在创业过程中，总有好的音乐激发创业者的创造力，鼓励其走下去（李华晶，2015）。这启发创业者通过参加创造性活动，诸如绘画、作曲、写诗等活动或课程，来增强大脑相关脑区之间的功能连接强度，激活那些通常分开工作的大脑网络，从而提高其资源整合和创业拼凑的能力。

6.3.3 机会共创

机会共创主要是指创业企业将客户等利益相关者引入到机会开发的过程中，共同创造并开发机会（Alvarez et al.，2015）。在认知神经科学研究中，Jahng 等（2017）的研究发现 α 波和脑间相位同步化是合作的重要神经指标。该研究启发研究人员借助认知神经科学实验，以解答创业者如何通过合作与利益相关者共同创造机会。

具体而言，研究人员可借鉴 Jahng 等（2017）的实验设计，让佩戴脑电帽的被试分别扮演创业者和客户，并在面对面及面部遮挡的两种情况下进行囚徒困境游戏，并赋予四种不同的决策结果以不同的金钱激励，以评估创业者/创业企业和客户所面临的囚徒困境能否通过面对面这一沟通策略得以缓解，从而打破企业与顾客之间的边界，实现机会共创，并探索其背后的神经学机制。

Huijsmans 等（2019）的研究表明，处于稀缺心态被试的出价金额更加准确。这一发现启发未来研究探讨创业者稀缺心态对于创业机会评估的影响。机会评估是创业者对机会的潜在价值、风险性以及个人资源匹配性的分析过程（具体可参照本书第 5 章创业机会识别、评估与开发的相关内容）。既有研究关于个体特征对于创业机会评估的影响主要聚焦于个体目标、先前经验、角色身份、创业激情（Ardichvili et al.，2003；Klaukien et al.，2013；Gruber et al.，2015；Mathias and Williams，2017），忽视了部分创业者在识别和评估机会时处于资源稀缺状态/心态。过往研究表明，创业者在资源稀缺条件下识别到新机会时，或者选择获取资源开发机会，或者选择放弃机会（Baker and Nelson，2005），从而影响其机会开发行为。未来研究可借鉴 Huijsmans 等（2019）的研究，诱发创业者的稀缺心态，进一步拓展创业机会评估的前因。

6.3.4 非对称信息下的合作与背叛

由于新进入缺陷，创业企业往往很难获得企业赖以生存的资源（Stinchcombe，1965）。就此，部分创业者利用信息不对称优势来获取合法性，以克服新进入缺陷（Rutherford et al.，2009）。例如，由于创业者比外部利益相关者更了解自身的企业信息，因而可能会向利益相关者（特别是投资者）虚假陈述，以获得外部资源。信息不对称等因素使创业者/创业企业和利益相关者（如创业者与投资者、创业团队成员之间、创业企业和客户、创业企业和供应商）之间出现道德风险和逆向选择问题，从而影响创业企业的生存和成长（陈逢文等，2013）。

在创业投资的情景下，由于存在信息不对称，投资者大多采取阶段性投资的方式以降低投资风险（劳剑东和李湛，2001）。这一投资方式使得创业者需要与投资者保持良性互动以持续获得资金支持。然而，信息不对称性使得双方都存在机会主义的风险。由于双方的利益诉求存在差异，双方很可能利用信息不对称性为自身利益而牺牲对方的利益。未来可借鉴相关研究，进一步探索投资者和创业者在非对称信息下动态博弈的脑机制。具体而言，研究人员可借鉴 Jahng 等（2017）的实验设计，让创业者和投资者佩戴脑电帽进行囚徒困境游戏，分析投资者和创业者"合作"与"背叛"的策略选择，并评估双方决策背后的神经学机制。同时，研究人员也可将创业者和投资者划分成面对面组与面部遮挡组，检验创业者和投资者面临的囚徒困境能否通过面对面这一沟通策略得以缓解。研究人员也可将此实验拓展到众筹情境，探索投资者在众筹情境下决策的神经学机制（具体可参照本书第 10 章创业融资的相关实验内容）。

除了创业者和投资者，创业团队成员之间也可能存在非对称信息。未来研究可借鉴 Jahng 等（2017）的实验，招募同一企业的创业团队成员作为囚徒困境的实验被试，分别在面对面和面部遮挡的情况下探索双方合作与背叛决策以及相应的脑机制。值得一提的是，在数字时代下，异地创业逐渐兴起，这一情况加大了信息的不对称性以及由其引发"背叛"的可能性。未来研究可进一步考察是否存在其他面对面沟通策略（如视频通话），以缓解非对称信息带来的弊病。

6.3.5　因果推理还是效果推理？

Sarasvathy（2001）将效果推理定义为创业者在既有手段（"我是谁""我知道什么"和"我认识谁"）创造的可能结果中进行选择的决策逻辑。资源稀缺性是效果推理的重要前因变量之一，过往研究发现创业者对资源稀缺性的感知越高时，越倾向采取效果推理的决策逻辑（Reymen et al.，2015）。Huijsmans 等（2019）探究了稀缺心态对目标导向决策影响的神经机制，研究发现眶额皮层和背外侧前额叶是目标导向决策的关键神经节点。Huijsmans 等（2019）在研究中指出，个体在进行目标导向决策时，会对不同的可能行动进行价值比较，并选择主观价值最高的选项。这与因果推理所强调的创业主体预先设定目标，再选择手段以达成目标相类似。未来研究可借鉴 Huijsmans 等（2019）的研究设计，通过控制被试获得的筹码数量，诱发创业者的稀缺/充裕心态，并检验在稀缺心态下，创业者更倾向于采取因果推理还是效果推理的决策逻辑，对既有研究进行补充和拓展。同时，未来研究还可以分析效果推理和因果推理决策所对应的脑区，并探讨因果推理与其他类似概念（如目标导向决策）在神经学层面的区别和联系。

中英术语对照表

中文	英文
可承受损失	Affordable loss
替代性用途测试	Alternative uses test
竞价阶段	Bidding phase
创业拼凑	Entrepreneurial bricolage
中顶	Centroparietal
控制不可预测的未来	Control of an unpredictable future
背外侧前额叶	Dorsolateral prefrontal cortex
点比较任务	Dot comparison task
点计数任务	Dot counting task
事件相关同步化	Event-related synchrony
利用意外事件	Exploitation of contingencies
反馈阶段	Feedback phase
额叶区域	Frontal areas
目标导向决策	Goal-directed decision making
创业老手	Habitual entrepreneurs
实用型食品	Utilitarian food products
即兴	Improvisation
脑间相位同步化	Inter-brain phase synchronization
即刻行动	Making do
眶额皮层	Orbitofrontal cortex
顶枕区	Parieto-occipital areas
后脑区	Posterior brain regions
后顶叶脑区	Posterior parietal brain regions
囚徒困境博弈	Prisoner’s dilemma game
右侧颞顶区域	Right temporo-parietal
形状匹配任务	Shape matching task
阶段游戏	Stage games
战略联盟	Strategic alliances
托兰斯创造性思维测验	Torrance tests of creative thinking
享乐型食品	Hedonic food products

参 考 文 献

陈逢文，李偲琬，张宗益. 2013. 创业企业融资合约：基于互补效应的视角[J]. 管理工程学报，27（4）：92-96.
劳剑东，李湛. 2001. 非对称信息下的创业投资决策[J]. 预测，20（4）：40-43.
李华晶. 2015. 创业大佬们的“演唱会”（下）[J]. 中欧商业评论，（8）：32-36.
李华晶. 2016. 像 DJ 那样创业[J]. 中欧商业评论，（2）：80-85.
买忆媛，叶竹馨，陈淑华. 2015. 从“兵来将挡，水来土掩”到组织惯例形成：转型经济中新企业的即兴战略研究[J]. 管理世界，（8）：147-165.
杨俊. 2014. 创业决策研究进展探析与未来研究展望[J]. 外国经济与管理，36（1）：2-11.
杨俊，张玉利. 2007. 国外 PSED 项目研究述评及其对我国创业研究的启示[J]. 外国经济与管理，29（8）：1-9.
杨俊，张玉利，刘依冉. 2015. 创业认知研究综述与开展中国情境化研究的建议[J]. 管理世界，（9）：158-169.
叶竹馨，买忆媛. 2018. 探索式即兴与开发式即兴：双元性视角的创业企业即兴行为研究[J]. 南开管理评论，21（4）：15-25.
叶竹馨，买忆媛，王乐英. 2018. 创业企业即兴行为研究现状探析与未来展望[J]. 外国经济与管理，40（4）：16-29，55.
于晓宇，蔡莉. 2013. 失败学习行为、战略决策与创业企业创新绩效[J]. 管理科学学报，16（12）：37-56.
于晓宇，李雅洁，陶向明. 2017. 创业拼凑研究综述与未来展望[J]. 管理学报，14（2）：306-316.
于晓宇，渠娴娴，陶奕达，等. 2019. 实验法在创业研究中的应用：文献综述与未来展望[J]. 外国经济与管理，41（5）：31-43，57.
于晓宇，陶奕达. 2018. 效果推理研究前沿探析与未来展望[J]. 预测，37（6）：73-80.
于晓宇，吴祝欣，李雅洁. 2018. 小成本大制作背后的“拼凑理论”[J]. 中欧商业评论，（6）：18-27.
Adolphs R. 2009. The social brain：neural basis of social knowledge[J]. Annual Review of Psychology，60：693-716.
Alvarez S A，Busenitz L W. 2001. The entrepreneurship of resource-based theory[J]. Journal of Management，27（6）：755-775.
Alvarez S A，Young S L，Woolley J L. 2015. Opportunities and institutions：a co-creation story of the king crab industry[J]. Journal of Business Venturing，30（1）：95-112.
Ardichvili A，Cardozo R，Ray S. 2003. A theory of entrepreneurial opportunity identification and development[J]. Journal of Business Venturing，18（1）：105-123.
Baker T，Aldrich H E. 2000. Bricolage and resource-seeking：improvisational responses to dependence in entrepreneurial firms[D]. Raleigh：University of North Carolina at Chapel Hill.
Baker T，Miner A S，Eesley D T. 2003. Improvising firms：bricolage，account giving and improvisational competencies in the founding process[J]. Research Policy，32（2）：255-276.
Baker T，Nelson R E. 2005. Creating something from nothing：resource construction through entrepreneurial bricolage[J]. Administrative Science Quarterly，50（3）：329-366.
Baron R A. 2000. Counterfactual thinking and venture formation：the potential effects of thinking about “what might have been”[J]. Journal of Business Venturing，15（1）：79-91.
Baron R A. 2008. The role of affect in the entrepreneurial process[J]. Academy of Management Review，33（2）：328-340.
Baron R A，Ensley M D. 2006. Opportunity recognition as the detection of meaningful patterns：evidence from comparisons of novice and experienced entrepreneurs[J]. Management Science，52（9）：1331-1344.
Beaty R E，Kenett Y N，Christensen A P，et al. 2018. Robust prediction of individual creative ability from brain functional

connectivity[J]. Proceedings of the National Academy of Sciences，115（5）：1087-1092.

Bhave M P. 1994. A process model of entrepreneurial venture creation[J]. Journal of business venturing，9（3）：223-242.

Bird B，Schjoedt L，Baum J R. 2012. Editor's introduction. entrepreneurs' behavior：elucidation and measurement[J]. Entrepreneurship Theory and Practice，36（5）：889-913.

Brockhaus R H，Horowitz P S. 1986. The Psychology of the entrepreneur[J]. Entrepreneurship Theory and Practice，23（1）：29-45.

Busenitz L W，Barney J B. 1997. Differences between entrepreneurs and managers in large organizations：biases and heuristics in strategic decision-making[J]. Journal of Business Venturing，12（1）：9-30.

Cyert R，March J. 1963. The behavioral theory of the firm [R]. Champaign：University of Illinois at Urbana-Champaign's Academy for Entrepreneurial Leadership Historical Research Reference in Entrepreneurship.

Davidsson P，Baker T，Senyard J M. 2017. A measure of entrepreneurial bricolage behavior[J]. International Journal of Entrepreneurial Behavior & Research，23（1）：114-135.

de Holan P M，Ortiz-Teran E，Turrero A，et al. 2013. Towards neuroentrepreneurship? Early evidence from a neuroscience study（summary）[J]. Frontiers of Entrepreneurship Research，33：12.

Delmar F，Shane S. 2004. Legitimating first：organizing activities and the survival of new ventures[J]. Journal of Business Venturing，19（3）：385-410.

Fink A，Graif B，Neubauer A C. 2009. Brain correlates underlying creative thinking：EEG alpha activity in professional vs. novice dancers[J]. NeuroImage，46（3）：854-862.

Gartner W B. 1988. "Who is an entrepreneur? " is the wrong question[J]. American Journal of Small Business，12（4）：11-32.

Gartner W B，Bird B J，Starr J A. 1992. Acting as if：differentiating entrepreneurial from organizational behavior[J]. Entrepreneurship Theory and Practice，16（3）：13-32.

Garud R，Karnøe P. 2003. Bricolage versus breakthrough：distributed and embedded agency in technology entrepreneurship[J]. Research Policy，32（2）：277-300.

Gras D，Nason R S. 2015. Bric by bric：the role of the family household in sustaining a venture in impoverished Indian slums[J]. Journal of Business Venturing，30（4）：546-563.

Gregor S，Lin A C H，Gedeon T，et al. 2014. Neuroscience and a nomological network for the understanding and assessment of emotions in information systems research[J]. Journal of Management Information Systems，30（4）：13-48.

Gruber M，Kim S M，Brinckmann J. 2015. What is an attractive business opportunity? An empirical study of opportunity evaluation decisions by technologists，managers，and entrepreneurs[J]. Strategic Entrepreneurship Journal，9（3）：205-225.

Hayward M L A，Shepherd D A，Griffin D. 2006. A hubris theory of entrepreneurship[J]. Management Science，52（2）：160-172.

Hmieleski K M，Corbett A C，Baron R A. 2013. Entrepreneurs' improvisational behavior and firm performance：a study of dispositional and environmental moderators[J]. Strategic Entrepreneurship Journal，7（2）：138-150.

Huijsmans I，Ma I，Micheli L，et al. 2019. A scarcity mindset alters neural processing underlying consumer decision making[J]. Proceedings of the National Academy of Sciences，116（24）：11699-11704.

Jahng J，Kralik J D，Hwang D U，et al. 2017. Neural dynamics of two players when using nonverbal cues to gauge intentions to cooperate during the Prisoner's Dilemma Game[J]. NeuroImage，157：263-274.

Johnson B R. 1990. Toward a multidimensional model of entrepreneurship：the case of achievement motivation and the entrepreneur[J]. Entrepreneurship Theory and Practice，14（3）：39-54.

Kacperczyk A J. 2012. Opportunity structures in established firms：entrepreneurship versus intrapreneurship in mutual funds[J]. Administrative Science Quarterly，57（3）：484-521.

Kahneman D，Slovic P，Tversky A. 1982. Judgment Under Uncertainty：Heuristics and Biases[M]. Cambridge：Cambridge University Press.

Klaukien A，Shepherd D A，Patzelt H. 2013. Passion for work，nonwork-related excitement，and innovation managers' decision to exploit new product opportunities[J]. Journal of Product Innovation Management，30（3）：574-588.

Lahti T，Halko M L，Karagozoglu N，et al. 2019. Why and how do founding entrepreneurs bond with their ventures? Neural correlates of entrepreneurial and parental bonding[J]. Journal of Business Venturing，34（2）：368-388.

Mathias B D，Williams D W. 2017. The impact of role identities on entrepreneurs' evaluation and selection of opportunities[J]. Journal of Management，43（3）：892-918.

Maxwell A L，Lévesque M. 2014. Trustworthiness：a critical ingredient for entrepreneurs seeking investors[J]. Entrepreneurship Theory and Practice，38（5）：1057-1080.

Minas R K，Potter R F，Dennis A R，et al. 2014. Putting on the thinking cap：using NeuroIS to understand information processing biases in virtual teams[J]. Journal of Management Information Systems，30（4）：49-82.

Moroz P W，Hindle K. 2012. Entrepreneurship as a process：toward harmonizing multiple perspectives[J]. Entrepreneurship theory and Practice，36（4）：781-818.

Mullins J W，Forlani D. 2005. Missing the boat or sinking the boat：a study of new venture decision making[J]. Journal of Business Venturing，20（1）：47-69.

Nicolaou N，Shane S. 2014. Biology，neuroscience，and entrepreneurship[J]. Journal of Management Inquiry，23（1）：98-100.

Orser B J，Riding A L，Manley K. 2006. Women entrepreneurs and financial capital[J]. Entrepreneurship Theory and Practice，30（5）：643-665.

Plucker J A. 1999. Is the proof in the pudding？Reanalyses of torrance's（1958 to present）longitudinal data[J]. Creativity Research Journal，12（2）：103-114.

Reymen I M M J，Andries P，Berends H，et al. 2015. Understanding dynamics of strategic decision making in venture creation：a process study of effectuation and causation[J]. Strategic Entrepreneurship Journal，9（4）：351-379.

Romanelli E. 1989. Environments and strategies of organization start-up：effects on early survival[J]. Administrative Science Quarterly，34（3）：369-387.

Rutherford M W，Buller P F，Stebbins J M. 2009. Ethical considerations of the legitimacy lie[J]. Entrepreneurship Theory and Practice，33（4）：949-964.

Sandberg W R，Hofer C W. 1987. Improving new venture performance：the role of strategy，industry structure，and the entrepreneur[J]. Journal of Business Venturing，2（1）：5-28.

Sarasvathy S D. 2001. Causation and effectuation：toward a theoretical shift from economic inevitability to entrepreneurial contingency[J]. Academy of Management Review，26（2）：243-263.

Saxe R. 2006. Uniquely human social cognition[J]. Current Opinion in Neurobiology，16（2）：235-239.

Saxe R，Kanwisher N. 2003. People thinking about thinking people. The role of the temporo-parietal junction in "theory of mind" [J]. NeuroImage，19（4）：1835-1842.

Senyard J，Davidsson P，Steffens P. 2010. Venture creation and resource processes：using Bricolage in sustainability ventures[R]. Brisbane：The 7th AGSE International Entrepreneurship Research Exchange.

Shane S，Delmar F. 2004. Planning for the market：business planning before marketing and the continuation of organizing efforts[J]. Journal of Business Venturing，19（6）：767-785.

Shane S，Locke E A，Collins C J. 2003. Entrepreneurial motivation[J]. Human Resource Management Review，13（2）：257-279.

Shepherd D A，Douglas E J，Shanley M. 2000. New venture survival：ignorance，external shocks，and risk reduction strategies[J]. Journal of Business Venturing，15（5/6）：393-410.

Simon H A. 1960. The New Science of Management Decision[M]. New York：Harper.

Simonton D K. 2000. Creativity：cognitive，personal，developmental，and social aspects[J]. The American Psychologist，55（1）：151-158.

Sternberg R J，Lubart T I. 1996. Investing in creativity[J]. American Psychologist，51（7）：677-688.

Stinchcombe A L. 1965. Social structure and organizations[M]//March J G. Handbook of Organizations. Chicago：Rand McNally & Company：142-193.

Tang H H，Mai X Q，Wang S，et al. 2016. Interpersonal brain synchronization in the right temporo-parietal junction during face-to-face economic exchange[J]. Social Cognitive and Affective Neuroscience，11（1）：23-32.

Torrance E P. 1966. Torrance tests of creative thinking：the question of its construct validity [J]. Thinking Skills and Creativity，3：53-58.

Weick K E. 1993. The collapse of sensemaking in organizations：the Mann Gulch disaster[J]. Administrative Science Quarterly，38（4）：628-652.

Yu X Y，Li Y J，Chen D Q，et al. 2019a. Entrepreneurial bricolage and online store performance in emerging economies[J]. Electronic Markets，29（2）：167-185.

Yu X Y，Li Y J，Su Z F，et al. 2019b. Entrepreneurial bricolage and its effects on new venture growth and adaptiveness in an emerging economy[J]. Asia Pacific Journal of Management，37：1141-1163.

Yu X Y，Tao Y D，Tao X M，et al. 2018. Managing uncertainty in emerging economies：the interaction effects between causation and effectuation on firm performance[J]. Technological Forecasting and Social Change，135（10）：121-131.

Zimmerman M A，Zeitz G J. 2002. Beyond survival：achieving new venture growth by building legitimacy[J]. Academy of Management Review，27（3）：414-431.

第 7 章　创业失败的认知反应

创业失败是一个大概率事件，但创业失败研究还处于起步阶段。自 McGrath（1999）在 *Academy of Management Review* 撰文阐述创业失败的价值，强调需重视创业失败的理论与实践意义以来，越来越多的研究人员开始关注创业失败。既有创业失败研究大多承认创业者是具有重要价值的研究对象（Gimeno et al.，1997；McGrath，1999）。围绕创业者这一研究对象，当前创业失败研究主要有两个核心问题：第一，如何最大化创业失败的价值，最小化创业失败的成本，即关心创业者如何管理失败；第二，为什么有的创业者在失败后变得更加积极，而有的创业者变得更加消极，即关心创业者如何从失败中成长。

在当今这个个体崛起的时代，每一个人都是潜在的创业者，都可能经历不同程度的创业失败。研究如何管理创业失败甚至比研究如何获得成功更重要。本章首先介绍了创业失败研究的理论发展和前沿。其次，介绍与失败相关的认知神经科学研究基础。最后，提出将认知神经科学应用于创业失败研究的突破方向。

7.1　创业失败的相关研究

7.1.1　创业失败研究的理论发展

创业失败是指创业企业由于无法达到目标或无法偿还债务，而被迫中止的情景（Shepherd et al.，2009）。早期的创业研究存在“反失败偏见”（anti-failure bias），研究人员主要探索创业成功的规律。自 McGrath 呼吁重视创业失败的价值以来，众多学者投入到创业失败的研究领域，“创业失败”相关主题的会议受到越来越多的研究人员关注。创业失败的研究进展如图 7-1 所示。

当前的创业失败研究主要从实物期权理论、悲痛恢复理论、学习相关理论、制度理论、前景理论、自我验证理论等方面展开。

1. 实物期权理论

实物期权理论（real options theory）是创业研究的重要理论视角。哥伦比亚大学商学院（Columbia Business School）战略学教授丽塔・冈瑟・麦格拉思（Rita G.

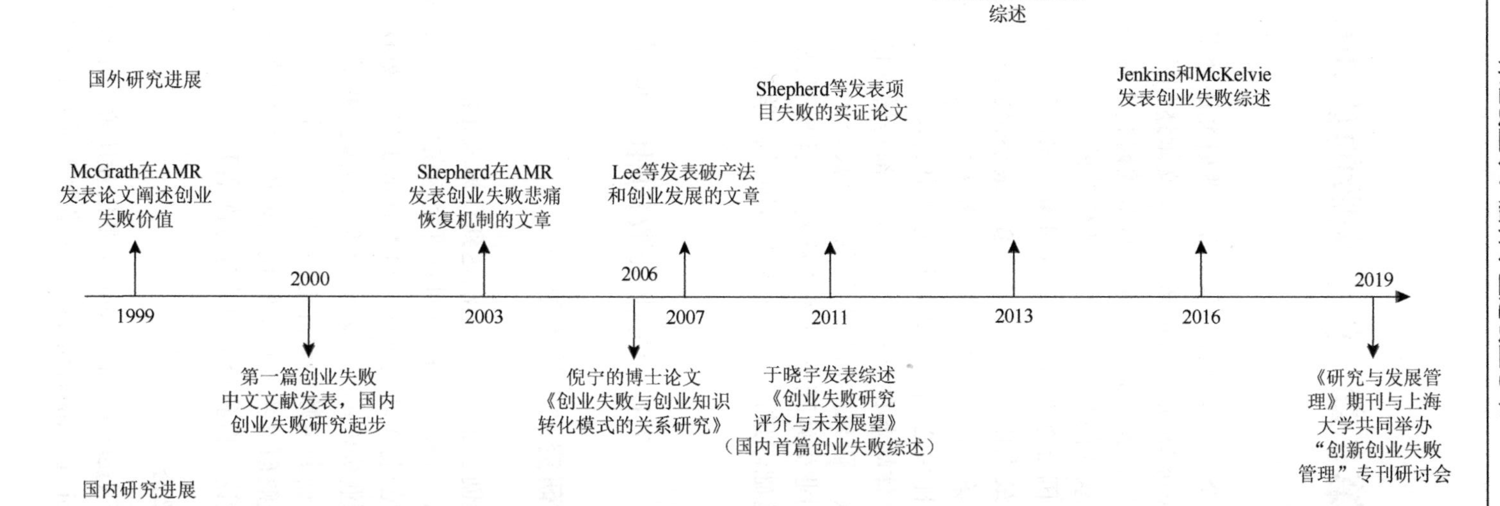

图 7-1　创业失败研究进展

AMR 表示 *Academy of Management Review*

McGrath）是实物期权理论的代表性学者。McGrath 教授是创新与成长领域的专家，2013 年 Thinkers50[①]中战略领域的获得者。McGrath 于 1999 年在管理学顶级期刊 *Academy of Management Review* 上发表《向前倒：实物期权推理和创业失败》（Falling forward：real options reasoning and entrepreneurial failure）[②]一文，率先从实物期权视角对创业失败的价值进行了深入探讨。

McGrath 在文中强调创业研究领域一直存在“反失败偏见”。该研究基于实物期权理论不仅揭示了反失败偏见对成功与失败之间关系的束缚，还为失败可能带来的价值提供了理论解释。首先，在实物期权视角下，创业者对失败的判断标准有其独特性。此时，创业者对失败的评估阈值包括对备选方案的主观评估。因此，如果存在更有利可图的其他活动，或者当前项目的增长潜力有限等不利存在时，创业者就可能会解散一个经济上有利可图的企业。其次，实物期权理论强调从期权组合的视角来看待具体期权的价值。从组合视角来看，某次成功的创业可能得益于此前的一次失败的创业经历。因此，仅仅用成功生存下来的企业为研究对象来理解失败的价值是不充分的。实物期权理论表明，关键问题不是避免失败，而是管理失败成本。创业者应该关注如何最小化创业失败的成本，并最大化创业失败的价值，将失败视为“逼近”成功的重要手段。

创业过程中存在诸多不确定性，相较于传统理论，实物期权理论有其明显的优势（Kogut，1991）。Lee 等（2007）基于实物期权理论，从破产法视角提出了如何创业的六个命题（详见第 4 部分制度理论）。还有研究从企业层面识别失败研发项目的期权价值，并从实物期权视角提出失败研发项目团队的激励政策（高峻峰等，2011）。但是，目前基于实物期权理论开展的创业失败研究较为有限，未来仍有较大的研究空间。

2. 悲痛恢复理论

悲痛恢复理论（grief recovery theory）的代表性学者是圣母大学门多萨商学院（University of Notre Dame Mendoza College of Business）创业学教授迪安·谢泼德（Dean A. Shepherd），曾担任创业领域顶级期刊 *Journal of Business Venturing* 主编（2009～2017）。他于 2003 年在 *Academy of Management Review* 发表《从商业失败中学习：关于自雇悲痛恢复的命题》（Learning from business failure：propositions of grief recovery for the self-employed）[③]一文，从悲痛恢复视角刻画了创业者从失败中恢复的过程，创业失败所造成的损失会使创业者感到悲痛，进而干扰创业者从

① Thinkers50 于 2001 年建立，是全球首个管理思想家排行榜，该榜单每两年评选一次。

② 截至 2023 年 1 月，谷歌被引次数达到 2067 次。

③ 截至 2023 年 1 月，谷歌被引次数达到 1817 次。

失败中学习的能力，从悲痛中恢复与创业失败学习是一个相互缠绕交织的过程。

随后，Shepherd 与合作者运用悲痛恢复理论，探究项目失败后自我效能感、自我怜悯对悲痛情绪与失败学习的调节作用，研究发现当创业者拥有较高自我效能感、表现出自我怜悯时，越容易从悲痛情绪中恢复，进而从失败中学习（Shepherd et al.，2009；Shepherd and Cardon，2009）。随着研究的不断深入，研究人员开始关注不同类型的负面情绪，如耻辱感（shame）、混乱（disorganization）、分离与绝望（detachment and despair）（Shepherd et al.，2013；Wang et al.，2018），更精准地刻画失败给创业者带来的情绪成本。

然而，从负面情绪中恢复并不容易。为了应对负面情绪，Shepherd（2009）从创业失败引起的悲痛情绪出发，提出了损失导向、恢复导向两种恢复策略，他认为交替使用这两种策略可以降低负面情绪的干扰。《从创业失败中学习》（Learning from Entrepreneurial Failure）一书对创业者如何从失败后的负面情绪中恢复进行了详细探讨（Shepherd et al.，2016）。例如，创业者可以通过自我怜悯（self-compassion）来减少负面情绪的影响，提高从失败中学习的能力。郝喜玲等（2018b）认为创业失败后的情绪及其恢复与创业者采取的反事实思维有关。他们发现，创业者在失败后采取上行反事实思维，易产生后悔情绪；采取下行反事实思维则会缓解失败带来的悲痛等负面情绪。上述研究进一步丰富了悲痛恢复理论在创业失败研究领域的应用。

3. 学习相关理论

学习相关理论的代表性学者是思克莱德大学（University of Strathclyde）亨特创业研究中心（Hunter Centre for Entrepreneurship）高级讲师 Jason Cope[①]，他于 2005 年在 *Entrepreneurship Theory and Practice* 发表了《创业的动态学习视角》（Toward a Dynamic Learning Perspective of Entrepreneurship）[②]一文，他认为创业者从失败中学习的模式包括双环学习（double-loop learning）（改变心智模式和框架，重新定义创业者的行动纲领）、变革式学习（transformative learning）（由困境或危机导致创业者产生深刻自我变化）和成长式学习（generative learning）（通过失败知道哪些方式有效或无效，对类似危机形成认知预警系统）三类，不同的学习模式对创业者后续行为决策有重要影响。

除了学习模式，创业者能从失败中学到什么，即创业失败的学习内容（Cope，2005），也是研究人员关注的重点。Schutjens 和 Stam（2006）将创业失败学习的

---

① Jason Cope 于 2010 年 10 月 1 日去世，他的代表作 Entrepreneurial learning from failure: an interpretative phenomenological analysis 发表在 *Journal of Business Venturing*，2011 年第 26 卷第 6 期。

② 截至 2023 年 1 月，谷歌被引次数达到 1204 次。

内容分为内部学习与外部学习。内部学习指的是创业者经历了从新企业创建、拥有、管理和关闭的各个环节中学习的内容；外部学习指的是创业者通过经历失败提高对机会的警觉性所学习的内容。Cope（2011）从经验学习、组织学习等理论出发，将创业失败学习的内容划分为自我学习（包括自身优势、劣势，角色转换等方面知识）、商业学习（包括商业需求、成长要求以及行业规则等方面知识）、管理学习（包括运营并控制新企业等方面知识）、网络与关系学习（包括客户、供应商与竞争对手等利益相关者关系管理等方面知识）四类。Shepherd 等（2011）将失败情境下的学习内容分为与人相关的知识、与项目相关的知识，并提出交替使用损失导向和恢复导向可以促进创业者从失败中学习。

创业学习研究有着明显的个人主义色彩（Wang and Chugh，2014），以失败为研究情境的相关研究大多默认创业者是创业失败学习的唯一主体。但是已有部分学者对这一研究偏见表示担心。例如，Ucbasaran 等（2013）指出员工、团队等其他主体也能够从失败中学习，尤其是需要关注创业团队对失败的集体性意义建构（collective sense-making）。Shepherd 等（2013）探索了员工在新产品开发失败情境下的学习行为，发现员工从项目失败中积累的负面情绪越多，越不利于失败学习，而从项目失败中学习得越少，再次失败的概率就越大，进而陷入项目失败的恶性循环。

4. 制度理论

制度理论（institutional theory）的代表性学者是得克萨斯大学达拉斯分校纳文金达尔管理学院（Naveen Jindal School of Management）教授彭维刚（Mike W. Peng）和百森商学院（Babson College）创业学副教授安弘山川（Yasuhiro Yamakawa）①。2007 年，彭维刚和合作者在 *Academy of Management Review* 发表题为《破产法和创业发展：基于实物期权视角》（Bankruptcy law and entrepreneurship development：a real options perspective）②一文，以破产法为切入点探究对创业者友好的破产法如何在社会层面鼓励创业发展的问题，并提出以下六个方面的命题：①将破产重组（而不是庭外和解和破产清算）作为破产企业的一种可能选择；②减少破产程序所需的时间；③通过破产法，让创业者

① Yasuhiro Yamakawa 有多篇创业失败相关论文获得重要奖项，他的论文 Entrepreneurship and the barrier to exit：how does an entrepreneur-friendly bankruptcy law affect entrepreneurship development at a societal level? 获美国小企业管理局（U.S. Small Business Administration）促进办公室（Office of Advocacy）最佳论文奖，论文 How does experience of previous entrepreneurial failure impact future entrepreneurship? 入围卡罗琳·德克斯特奖（Carolyn Dexter Award），论文 Revitalizing and learning from failure for future entrepreneurial growth 获得艾琳·麦卡锡最佳论文奖（The Irene M. McCarthy Best Paper Award）。

② 截至 2023 年 1 月，谷歌被引次数达到 441 次。

能够拥有“新起点”（债权人只对剩余资产进行索赔）；④通过破产法规定资产的自动终止程序（债务人申请破产后，债权人的追债行为必须自动中止，破产程序结束时，自动中止程序才会结束）；⑤在申请破产时，允许现任管理者继续留在工作岗位上，而不是任命外部代理人；⑥允许创业者不对企业的债务承担个人责任。随后，Yamakawa 在研究中也多次强调破产法对创业发展的重要作用。大量研究也证明，宽松的、对企业家友好的破产法与创业发展水平显著正相关（Lee et al.，2011）。郑馨等（2019）通过分析 56 个国家 7 年混合数据发现，相较于改善对社会规范的支持程度、风险投资的可得性程度，改善破产法的友好程度对创业失败后再创业的积极影响更大。

上述研究表明完善制度设计，尤其是破产法对激活高质量的连环创业具有重要的意义。2019 年 6 月 22 日，国家发改委等十三部门联合印发《加快完善市场主体退出制度改革方案》（以下简称《方案》）。《方案》明确提出，研究建立个人破产制度，逐步推进建立自然人符合条件的消费负债可依法合理免责，最终建立全面的个人破产制度。《方案》可有效完善我国破产制度，对推动企业破产退出，尤其是对个体工商户与个人独资企业退出具有积极作用。

5. 前景理论

Mitchell 等（2007）认为，如果不能在后续创业情境下考察创业失败的影响，那么创业失败恢复与学习研究就失去了实践意义。前景理论（prospect theory）为探究创业者在面临失败或损失后的行为决策提供了理论基础。Kahneman 和 Tversky（1979）认为大多数人在面临收益时做出的决策往往是风险厌恶的，而在面临损失时会更加追求风险。

Hsu 和合作者在 *Entrepreneurship Theory and Practice* 发表了《成功、失败与创业再进入：自我效能理论与前景理论准确性的实验法评估》（Success，failure，and entrepreneurial reentry：an experimental assessment of the veracity of self-efficacy and prospect theory）[①]一文，检验了自我效能理论和前景理论在预测创业者失败后再进入的边界条件，调和了这两个理论相反的预测结果。

文章通过两项实验研究发现，对于自我效能是中等或较低水平的创业者而言，他们在失败后拥有较高的再进入意愿。前景理论能够对研究结论做出较好的理论解释。作者在文末呼吁更多研究人员运用前景理论来推进创业研究，了解创业者的决策、态度和失败后的行为。杨小娜等（2019）基于前景理论，认为创业失败经历会影响创业者的框架效应与反射效应，进而影响后续决策。研究发现，创业失败经历会促使创业者在后续创业时选择创新型创业。

---

① 截至 2023 年 1 月，谷歌被引次数达到 252 次。

6. 自我验证理论

基于以上理论视角展开的创业失败研究有一个重要盲点，即忽视了创业者对创业失败的意义建构是一个社会化的过程。Sutton 和 Callahan（1987）引入社会心理学中“印象管理”（impression management）这一重要概念，为探索创业者在创业失败后的印象管理过程提供理论基础，丰富了创业失败研究的理论视角。

印象管理是指人们尝试控制或管理他人对自己所形成印象的行为，以达成某些有价值的目标。Sutton 和 Callahan（1987）通过扎根研究，发现企业高管一般采取五种印象管理策略来应对失败所带来的污名，包括掩盖真相（concealing）、积极定义、推卸责任（denying responsibility）、承担责任（accepting responsibility）、沉默寡言（withdrawing）。虽然他们没有评估印象管理策略的有效性，但是他们推断：①每一种策略的有效性存在相机因素；②组合策略可能更加有效。

随后的两项研究响应、验证了这两个观点，一是 Shepherd 和 Haynie（2011）提出，无论创业者在创业失败后自我肯定还是自我否定，都会采取印象管理策略来提升心理幸福感（psychological well-being），但采取哪些策略取决于两方面：创业者的自我看法和组织受众对创业者的看法。根据自我验证理论（self-verification theory）（Swann，1983），创业者采取印象管理策略以确保自我看法和组织受众对创业者的看法一致，两者越一致，心理幸福感越高。因此，他们预测，自我肯定的创业者和自我否定的创业者会采取不同的印象管理策略来提高心理幸福感。这项概念研究不仅响应了 Sutton 和 Callahan（1987）提出的印象管理策略的有效性取决于相机因素，而且还明确了相机因素的两类来源：创业者和其他受众。

另外一项研究是量化研究，Kibler 等（2017）发现，创业者采取“创业失败是外部因素造成的、自己是无能为力的、未来不会再次发生”的说辞时，公共受众更可能判定创业失败是合法的。这个结果验证了 Sutton 和 Callahan（1987）“组合策略可能更加有效”的观点。此外，他们还发现公共受众的宜人性（agreeableness）和自我效能会影响印象管理策略的有效性，在 Shepherd 和 Haynie（2011）的基础上进一步明确公共受众的哪些特征决定了印象管理策略的有效性。

7.1.2　创业失败研究的前沿

1. 创业失败的性质

既有研究很少考虑失败性质对创业者从失败中恢复及随后创业活动的影响。

已有关于失败性质的研究主要分两类。第一类研究关注了单个失败的性质，主要讨论了失败规模（Cannon and Edmondson，2005）、失败阶段（Urbig et al.，2011）、失败企业或项目的重要性（Shepherd et al.，2011）等，但是有关失败的其他性质，如失败时机（如"千团大战[①]"中有数千家企业在一年内陆续失败）等，研究人员仍对此知之甚少，存在较大的研究空间。第二类研究探索了多次失败的性质，包括失败次数（Shepherd et al.，2013；王华锋等，2017）、失败率（Wolfe and Shepherd，2015）等特征。

既有关于失败性质的研究聚焦对创业学习的影响，如 Sitkin（1992）探究了失败强度对创业学习的影响，发现适度的失败能吸引组织或个体的注意力，但又不会给组织造成巨大威胁。基于此，他提出了组织应设计"聪明的失败"，最小化创业失败的成本，最大化创业失败的价值——从失败中汲取经验，并利用这些经验实施更高质量的创新创业活动。尽管既有研究关注了失败性质对失败价值开发的影响，但对失败事件的性质关注不足（张默和任声策，2018；张玉利等，2015；买忆媛等，2015；宋正刚等，2013）。未来研究可以采用事件系统理论（event system theory）考虑强度、时间和空间这三方面的因素，更加精细地刻画创业失败的事件性质（Morgeson et al.，2015；于晓宇等，2019）。

2. 失败情境下的创业韧性

在组织管理领域，"韧性"用以描述个体、团队、组织系统有能力战胜逆境和挑战并迅速恢复平衡状态的过程（Sutcliffe and Vogus，2003）。2018 年 1 月初，美国政府反对华为公司和 AT&T 签约合作。2019 年 5 月 16 日，美国将华为公司列入管制"实体名单"，禁止美企向华为出售相关技术和产品。尽管华为受到了美国政府的打压，经营受到一定限制，但是华为凭借着自身过硬的创新技术，强大的抗压韧性，赢得了全世界 100 多个国家建设 5G 网络的合作计划。

个体韧性是指个体在逆境（如创业失败）中攻克难关并有效恢复自我，甚至超越自我的能力（Linnenluecke，2017）。当前创业研究领域重点关注创业者的韧性，即创业韧性。创业韧性（entrepreneurial resilience）是指在创业过程中，当面临压力、失败等逆境时，创业者仍能通过自我调节来实现良好适应、成功应对甚至自我超越并变得更强的能力（Duchek，2018；郝喜玲等，2018a），其包含适应、应对和超越三方面能力。"适应"表示创业者在遭遇不幸时能恢复情绪、修复自我，以达到稳定情绪的能力；"应对"意味着积极转变、克服逆境、

① 2010 年 1 月，国内第一家团购网站（满座）诞生。随后，美团、24 券、糯米、大众点评等相继入局。为了争夺国内的团购市场，各家团购网站开始了一轮又一轮的融资比赛，广告战、阵地战等席卷而来。2011 年 5 月，国内的团购网站已达到 5000 多家，经过数月的"厮杀"后，剩下的团购网站不到 1000 家。

有效化解危机的能力；“超越”则是个体在恢复自我并成功解决危机后获得成长与发展的能力。

既有创业韧性研究致力于回答创业者如何通过韧性有效地克服逆境来推动创业活动（Bullough et al.，2014；Corner et al.，2017；Duchek，2018），创业失败为创业韧性研究提供了契合的研究情境（Corner et al.，2017）。Corner 等（2017）通过定性研究揭示了 11 位创业者在失败后的悲痛、应对及学习行为，发现大多数创业者能够表现出具有稳定功能水平的创业韧性。郝喜玲等（2018a）从韧性角度探究了创业失败后的学习机制，发现高韧性的创业者能够更快地走出失败阴影，促进单环学习和双环学习。虽然这些研究都发现了创业韧性会影响失败学习行为，但是对于创业韧性的具体形成机制与作用机制仍缺乏了解。Shepherd 和 Cardon（2009）发现在失败后，创业者表现出自我怜悯能够减少负面情绪的产生，并提高创业者从失败中学习的能力。上述研究将创业韧性的表现形式具象化，告诉创业者在失败后该如何自我调节。未来研究可通过对比不同的创业韧性表现形式来更好地解答“哪种学习行为更有效”的问题。

3. 创业退出

创业退出（entrepreneurial exit）是创业失败领域的前沿研究方向之一。2013 年，*International Small Business Journal* 杂志联合 Ratio Institute[①]举办“创业退出”主题会议。2016 年，该杂志又发表“创业退出”特刊，呼吁学者关注“创业退出”话题。创业不仅是创建一个新企业，而是包含创业退出的完整过程。创业退出不仅对创业者来说是一个重要过程，对企业、行业和经济都存在重大影响。遗憾的是，先前大量的创业研究默认新企业创建之时就是创业过程完成之际，忽略了创业退出这一环节。创业退出是指创始人离开他们所创建的企业，并且不同程度地从企业经营权和控制权中脱离出来（DeTienne，2010）。早期的研究认为创业退出是企业绩效不佳导致的结果，把创业退出等同于创业失败（Jenkins and McKelvie，2016）。随着研究的不断深入，研究发现除了经济因素，创业者也可能是出于职业规划、健康等非经济因素自愿选择创业退出（Justo et al.，2015）。创业失败不是创业退出的充要条件，两者存在重叠，但也有明显区别。

创业退出研究的两个核心问题是：①创业者为什么做出创业退出决策；②创业退出会对企业和创始人产生什么影响？围绕核心问题，既有研究主要从环境（Kwak and Lee，2017）、企业（Coad，2014；Jenkins and McKelvie，2016）和创

① Ratio Institute 是一家独立的非营利性组织，与食品零售商、贸易组织和其他合作伙伴合作，以加快食品零售行业可衡量的可持续发展和生存能力。

业者（Wennberg et al.，2010）三个层面展开前因研究，部分研究还探讨了投资者（Collewaert，2012）、家庭（Hsu et al.，2016）等方面的因素。关于创业退出的后果研究相对较少，且结论不一（Bamford et al.，2006；Hessels et al.，2011）。从创业者层面来说，一个可能的原因是过往研究主要关注财务收益。Strese 等（2018）认为创业者感知的退出绩效（perceived exit performance）包括个人财务收益、个人声誉、员工福利和企业使命持续性四个维度。未来研究需要更全面地考量创业退出绩效。在企业层面，研究发现不同的退出路径会影响企业后续绩效，如 Aggarwal 和 Hsu（2014）发现在创始人退出后，创新绩效在保持私营的企业里最高，在创始人以首次公开募股（initial public offerings，IPO）退出的企业里最低，创始人以并购路径退出的企业居于二者之间。

4. 创业失败后的再创业决策

创业失败后的再创业（subsequent entrepreneur）研究可以分为再创业意向（subsequent entrepreneurial intentions）、再创业速度（subsequent entrepreneurial speed）等，这些研究主要关注两个核心问题：①哪些创业者更有可能在失败后再创业；②外部环境对创业者在失败后的再创业有什么影响？

围绕核心问题一，既有研究主要从个体角度分析影响创业者再创业的因素，如人力资本（Amaral et al.，2011；Lin and Wang，2019）、失败学习（丁桂凤等，2016；于晓宇等，2013）、失败归因（Eggers and Song，2015；黎常，2019；于晓宇和蒲馨莲，2018）。Amaral 等（2011）发现创业者的教育水平越高，他们在创业失败后的职业流动性就越强、职业选择就越灵活，因此会推迟再创业的时机；而创业者的创业经验、管理经验越丰富，他们在失败后识别新机会的速度就越快，因此会加快再创业的速度。在此基础之上，Lin 和 Wang（2019）探究了创业者年龄与再创业速度之间的关系。研究发现，创业者的年龄越大，创业者面临的失败损失就越严重，导致他们再创业的速度就越慢。除了人力资本因素，创业者如何从失败中学习，会影响再创业决策（丁桂凤等，2016）。于晓宇等（2013）认为创业者进行单环学习提高了其再创业意向，而双环学习所产生的负面情绪会使创业者难以保持信心与乐观，降低了其再创业意向。此外，创业者如何进行失败归因也会影响再创业决策。选择再创业的创业新手倾向于采取外部不稳定归因和内部可控归因，而选择再创业的创业老手倾向于采取外部不可控归因（黎常，2019），外部归因的创业者更可能变更再创业的行业（Eggers and Song，2015）。

围绕核心问题二，既有研究主要探究了制度环境（Fu et al.，2018；郑馨等，2019）、经济环境（Guerrero and Peña-Legazkue，2019）等宏观因素对创业者在失败后再创业的影响。在制度环境方面，国家制度对创业者失败后再创业具有促进作用：破产法的友好程度、社会规范的支持程度、风险投资的可得性会提高创业者失败后再创业的可能性（郑馨等，2019）。Fu 等（2018）发现劳动力市场法规的刚性越强，个体自由选择职业的难度就越大，创业者在失败后选择再创业的可能性就越大。在经济环境方面，Guerrero 和 Peña-Legazkue（2019）在金融危机的背景下展开研究，综合考察商业景气程度、地区因素对再创业决策的影响。研究发现，创业者的经验越丰富，越有可能在失败后选择再创业，而高知识过滤、低创业门槛的地区因素和有利的商业周期促进了两者之间的关系。

7.2　创业失败的认知神经科学基础

本章搜索了 *Nature Neuroscience*、*Neuron*、*Behavioral and Brain Science*、*NeuoImage* 等 40 余个心理学、神经科学领域权威期刊，并通过 Web of Science 等数据库进行核查。我们根据三个原则进行筛选：①采用认知神经科学的方法进行了实验研究；②实验情境中包含失败（failure）、失误（mistake）、输赢（win and loss）、挫折（setback/frustration）等一种或多种情况；③研究问题与创业失败研究的前沿主题相契合。秉着每个研究尽量采用不同认知神经研究工具的标准，我们最终筛选三篇代表性论文进行分析。这些研究对认知神经科学应用于创业失败研究有重要启发。

7.2.1　为何近赢和近输会产生差异影响？

为什么拿铜牌的运动员会出现迪香式微笑[①]（Duchenne smile），而拿银牌的运动员却不会？2012 年伦敦奥运会，俄罗斯选手玛丽亚·帕塞卡（Maria Paseka，左）夺得女子跳马铜牌，满心欢喜；美国选手麦凯拉·马罗尼（McKayla Maroney，右）夺得银牌，却因满脸不爽而被称为“伦敦不爽姐”。

在创业过程中，创业者往往会对创业失败经历不断反思、质疑和追问，会不断地设想“差一点”“我本可以”“如果……那么……”等类似于差点成功或差点失败的场景。埃隆·马斯克（Elon Musk）回忆道：“特斯拉在 2008 年曾差 3 天就破产了。”近输（near-losses）事件与失败对创业者的影响有何不同？类似地，近赢（near-wins）事件与失败对创业者的影响是否相同？近输、近赢、完败、完胜分别如何影响创业者的情绪反应及决策？既有的创业研究缺乏对于这些问题的直接回答或检验。

2015 年，Wu 等在 *Psychophysiology* 上发表题为《赌博中的近赢和近输：一

① 迪香式微笑是指发自内心的、有感染力的、愉快的真心微笑。

项行为和面部肌电图研究》（Near-wins and near-losses in gambling: a behavioral and facial EMG study）的论文，探究人们在面对赌博中的输、赢、近输和近赢后的情绪反应，用于考察人们在决策时的心理机制。

该实验招募了来自剑桥大学 45 名健康的男学生，平均年龄为 24.5 岁，他们都对赌博感兴趣。为确保实验的严谨性，招募的被试不包括心理学或经济学专业的学生。为了筛选出合适的被试，被试需完成三项自我报告：①赌博相关认知量表，作为赌博认知特征易感性的一个指标；②问题赌博严重程度指数，用于筛查“问题赌博”被试；③幸运度信念量表，测量幸运特质信念。

实验开始前，通过连接被试的左眼皮肤（皱眉肌，corrugator）和左脸颊（颧肌，zygomaticus）获取 5 分钟的静息状态下的面部肌电图（electromyogram，EMG）[①]数据，再向被试传达“幸运之轮实验”（wheel of fortune task）指令。实验流程如图 7-2 所示。

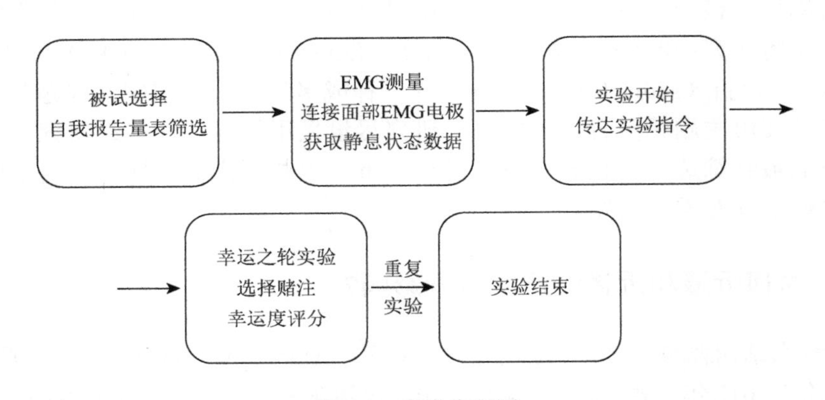

图 7-2　实验流程图

资料来源：作者根据 Wu 等（2015）文献绘制

幸运之轮实验共包含三种轮盘类型，以伪随机序列呈现。关键轮包含赢（+10×）和输（–10×）两个部分，另外两种类型的轮盘只提供赢或输的部分［分别只提供“近赢”和“完全错失”（full-misses）或“近输”和“完全错失”］，设置三种轮盘的目的是被试可以根据不同轮盘改变实验赌注。将两个临近事件（“近赢”和“近输”）与“完全错失”的基线进行比较，在赢和输的任何一方，都有相同数量的“近赢”和“近输”。幸运之轮被分成八个不同部分。每个部分的 + 或 – 符号表示赢或输的金额，没有任何符号的部分代表零结果（即不输不赢）；数字

① electromyogram，缩写 EMG，是指肌电图。肌肉收缩时会产生微弱电流，在皮肤的适当位置附着电极可以测定身体表面肌肉的电流，电流强度随时间变化的曲线叫肌电图。

表示赢或输的比例，是被试每轮赢或输金额的整数倍。例如，+10×表示被试将赢得 10 倍的赌注，–10×表示被试将输掉 10 倍的赌注。

如图 7-3 所示，实验步骤如下。

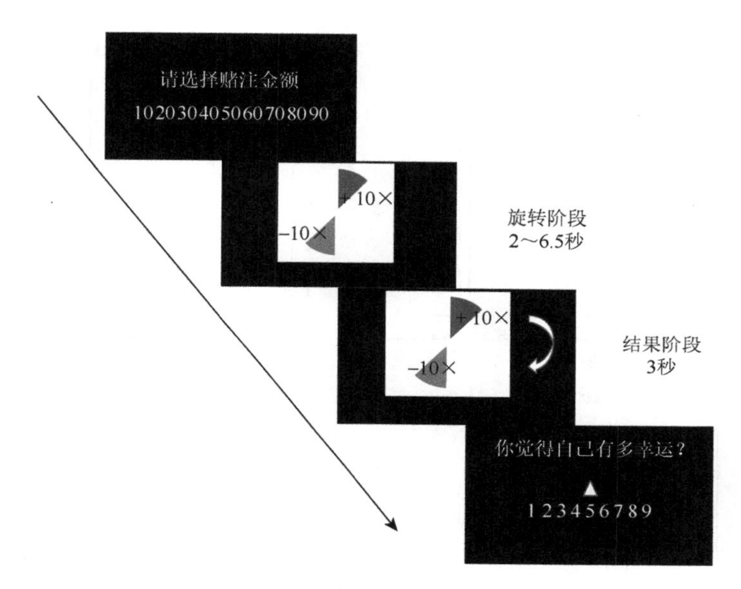

图 7-3　幸运之轮实验

资料来源：Wu 等（2015）

步骤一：选择赌注。被试被要求在 0.10 英镑到 0.90 英镑（即 10 便士到 90 便士）之间选择一个赌注，且每次增加 0.10 英镑。无时间限制。

步骤二：轮盘旋转，并在一段时间后静止。结果阶段持续 3 秒，突出显示结果部分，并伴有听觉反馈（获胜为掌声、失败为嘘声、无效结果为中性声音），数字结果显示 1 秒。

步骤三：幸运度评分。被试对“你觉得自己有多幸运？”进行评级（1 表示非常不幸，9 表示非常幸运）。无时间限制。

步骤四：屏幕截图显示在“赢”之前停止的“近赢”情况和通过“赢”之后停止的“近赢”情况，以及在“输”之前停止的“近输”情况和通过“输”之后停止的“近输”情况。

步骤五：重复实验。

1. *神经层面的研究发现*

肌电图结果如图 7-4 所示，图 7-4（a）表示“赢、输和不输不赢”的颧肌反应结果，图 7-4（b）表示“近赢、近输、完全错失”的颧肌反应结果，图 7-4（c）表示“赢、输和不输不赢”的皱眉肌反应结果，图 7-4（d）表示“近赢、近输、完全错失”的皱眉肌反应结果。

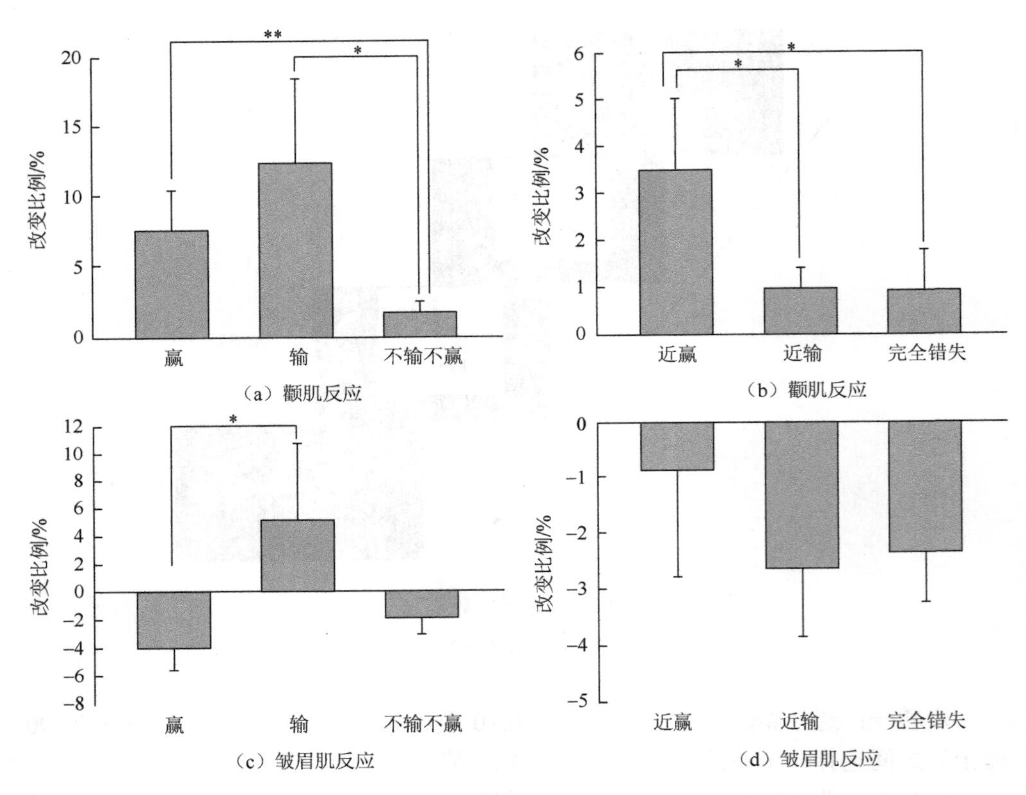

图 7-4　神经层面的实验结果

资料来源：Wu 等（2015）

*表示 $p<0.05$，**表示 $p<0.01$

研究发现，对于颧肌反应而言，“输”和“赢”都能引起颧肌反应；相较于“近输”和“完全错失”，“近赢”能够引起更强烈的颧肌反应；“完全错失”和“近输”之间没有显著差异。这个发现与过往研究关于“颧肌活动是欲望产生的表现”的结论是一致的。对于皱眉肌反应而言，相较于“赢”和“近赢”，只有“输”能够引起皱眉肌反应；而“赢”和“近赢”之间没有显著差异。

2. *行为层面的研究发现*

行为层面的研究结果主要根据人们在不同轮盘旋转结果后的赌注变化和幸运

度评分变化两个方面进行分析。研究发现：①人们在“赢”之后会明显地减少赌注，但并未发现在“输”之后会增加赌注；②“赢”和“输”的幸运度评分与“不输不赢”相比，存在显著差异。相较于“完全错失”，“近输”的幸运度评分会增加，而“近赢”的幸运度评分会减少。

总结以上研究发现，该研究在以下两个方面具有重要的理论贡献。

首先，相较于“完全错失”，人们在面对“近赢”时，幸运度评分会减少，在面对“近输”时，幸运度评分会增加。上述研究结论表明“近赢”和“近输”分别引发了向上和向下的反事实思维。接近但未实现的胜利会让人们将现实与本可以更好的上行反事实进行比较（upward counterfactual comparison），这将使其感到不幸（misfortune），可能会引发负面情绪，如沮丧和失望；另一方面，接近但避免了的损失可能会鼓励人们将现实与可能更糟的下行反事实进行比较（downward counterfactual comparison），这将使人们感到更幸运（fortune），并产生积极情绪，如放松。这说明在“临近事件”（near events）中，反事实思维是当现实及其替代选择较接近时所激发的心理构建。“近赢”和“输”都可以用来描述失败的性质（Cardon et al.，2011），该研究结果表明当失败结果距离预期目标非常接近时，会使创业者产生向上反事实思维，引发负面情绪。此外，被试对于“近输”和“近赢”的不同情绪反应验证了差距理论（discrepancy theory）。差距理论认为，个体的满意度取决于实际结果与预先目标的差距（Diener，1984），创业者因为“近赢”“近输”产生不同情绪，进而影响后续行为决策。

其次，相较于“不输不赢”，人们在“赢”之后会明显地减少赌注，但并未发现在“输”之后会增加赌注。前景理论认为，人们在面临损失时是风险偏爱的。也就是说，人们在面对损失时（如实验中“输”的情况），会增加人们的冒险行为（如增加赌注）。该实验结果与前景理论的预测不同，一个潜在原因是人们在决策时会在期望水平（aspiration level）的参照点和“生存威胁”（threat to survival）的临界点之间转化（Audia and Greve，2006），失败/损失程度对后续决策具有重要影响（Cannon and Edmondson，2001）。值得注意的是，本书第 3 章的猜牌游戏实验也研究了“赌注”问题（详见 3.2.1 节）。研究发现，在实验为计算机选择条件下（即结果非自我控制），被试在赢之后会明显减少下一轮游戏的赌注，在输之后也会减少下一轮赌注，但是减少幅度相对较小。两个实验得到了类似的结果，说明研究结论的可信度较高。

7.2.2　自我批评和自我安慰都有助于失败学习？

“学会面对失败，不然你就会失败！”这句话是哈佛大学泰勒·本·沙哈尔（Tal Ben Shahar）博士在幸福课中经常提到的一个重点。有些创业者无法面对失败，是因为他们常常陷入“自责模式”，如“我们为什么没有抓住那个机会？”。有些创业者将失败看成是生活的馈赠，在自我安慰中重拾信心。创业者自我批评和自我安慰存在哪些神经学机制？哪种方式才是帮助创业者从失败中学习的有效策略？对于这些问题，Longe 和合作者在 2010 年发表于 *NeuroImage* 的论文《自言自语：自我批评和自我安慰的神经关联》(Having a word with yourself: neural correlates of self-criticism and self-reassurance）为以上问题提供了解释。

该研究通过 fMRI 对相应脑区的神经活动进行分析，以此来探究自我批评和自我安慰的神经学机制。从阿斯顿大学教职工及学生中招募了 17 名右利手女性被试[①]，平均年龄为 24.71 岁。

实验开始前，被试需要完成自我批评和自我安慰量表（forms of self-criticising/attacking and self-reassurance scale)。其中，自我批评量表分为两部分，一是“批评自己，沉浸于自己的错误和不足”（我不够好）；二是“想伤害自己，对自己感到厌恶/讨厌”（讨厌自我)。此外，被试还需完成两种不同的情绪量表，一是贝克抑郁量表，一个由 21 个题项组成的自我评定量表，用来衡量抑郁症的特征形态和症状；二是流行病学研究中心抑郁量表（center for epidemiologic studies-depression scale，CES-D 量表)，一个由 20 个题项组成的量表，测量一般人群的一系列抑郁症状（如抑郁情绪、负罪感、睡眠障碍)。具体实验流程如图 7-5 所示。

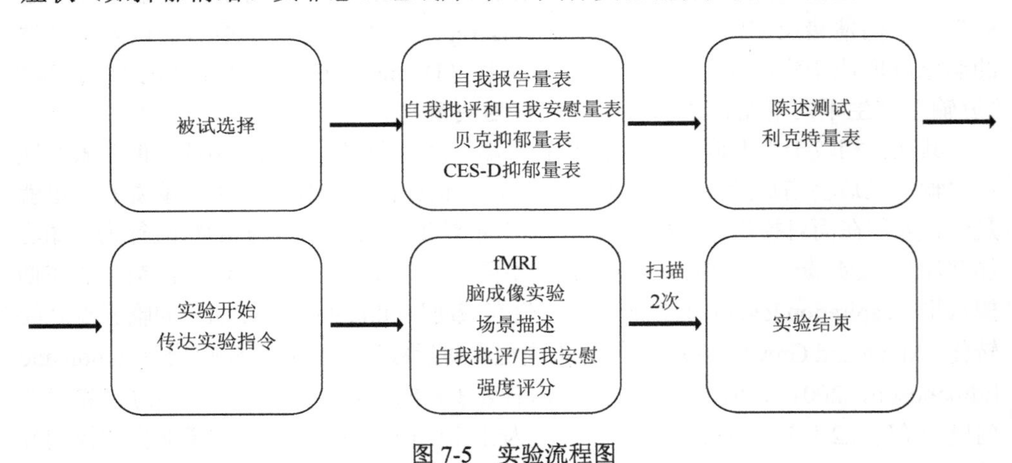

图 7-5　实验流程图

资料来源：作者根据 Longe 等（2010）文献绘制

该研究向被试展示 120 个陈述，其中 60 个描述消极情绪场景(negative emotion scenarios)，另外 60 个描述非情绪化的中立场景（non-emotive neutral scenarios)。被试需要将消极情绪场景视为个人失败、错误或拒绝的场景，或是一种自我威胁

① 实验只选择女性作为被试的原因是：第一，避免任何与性别有关的偏见；第二，数据显示具有高度自我批评特征的临床人群中女性较男性比例更高。

（threat to self，TtS）的场景，进而引发被试的负面情绪。相反，中立场景的语义内容非常类似，不会引发被试的负面情绪。实验设计了 2×2 的矩阵，即两类场景（TtS 和中立）和两类视角（自我批评和自我安慰）。任何一种场景下，被试被要求想象自己处于那种场景中，一半被试想象该如何进行自我批评；另一半被试想象该如何进行自我安慰。

在正式实验开始前，先对单独的一组被试（共 12 人）进行以上的陈述测试，以了解她们在每个场景中的自我批评和自我安慰的强度。每个场景通过“7 分利克特量表”进行度量，数据显示，自我批评的强度评分在 TtS 和中立两类场景中存在明显差异，而自我安慰的强度评分在两类场景中没有显著差异。

如图 7-6 所示，实验步骤如下。

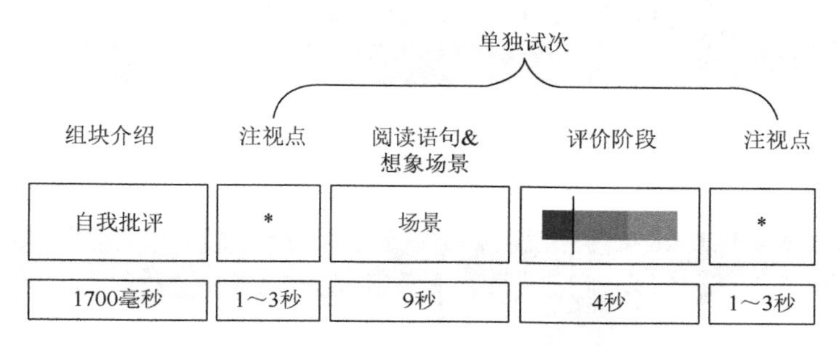

图 7-6　fMRI 成像实验

资料来源：Longe 等（2010）

步骤一：实验开始，显示指令屏幕（1700 毫秒），被试须进行自我批评或自我安慰。

步骤二：显示一个固定点（1～3 秒）。

步骤三：每个语句显示 9 秒，被试阅读语句并从指定的角度想象场景。

步骤四：屏幕上出现一个彩色条，从左往右代表了从低到高的强度，被试通过“视觉强度评分量表”（visual intensity rating scale）对她们自我批评或自我安慰想法的强度进行评分（4 秒）。

以 5 个句子组成一个区块，每个区块呈现后，有 14 秒的恢复时间。整个实验分为两次测试，每次测试约 18.66 分钟，两次测试之间被试约有 2 分钟时间进行休息。

1. 神经层面的研究发现

根据 fMRI 脑成像结果，当被试进行自我批评时，背侧前扣带回和前额叶，包括背外侧前额叶会被激活，如图 7-7 所示；当被试进行自我安慰时，左侧颞极和脑岛会被激活，如图 7-8 所示。进一步分析发现，自我批评倾向与背外侧前额叶和海马体/杏仁核的激活程度呈正相关；自我安慰倾向与腹侧前额叶（ventral prefrontal cortex）的激活程度呈正相关。

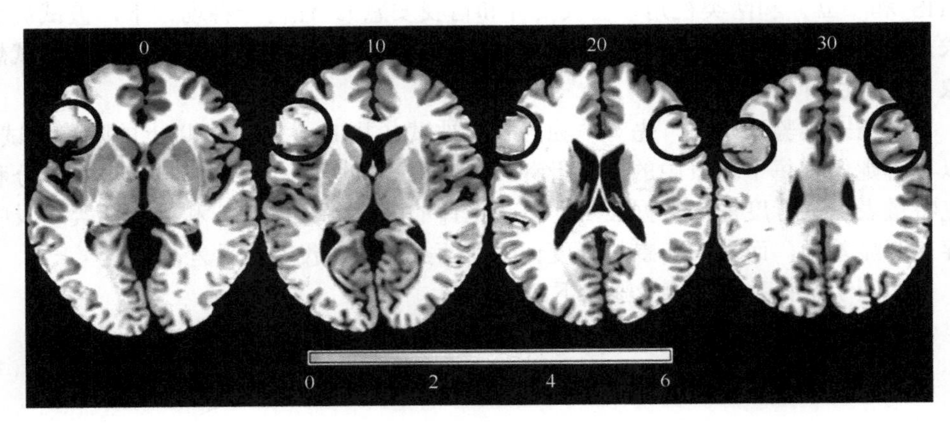

图 7-7　自我批评中的 fMRI 成像

资料来源：Longe 等（2010）

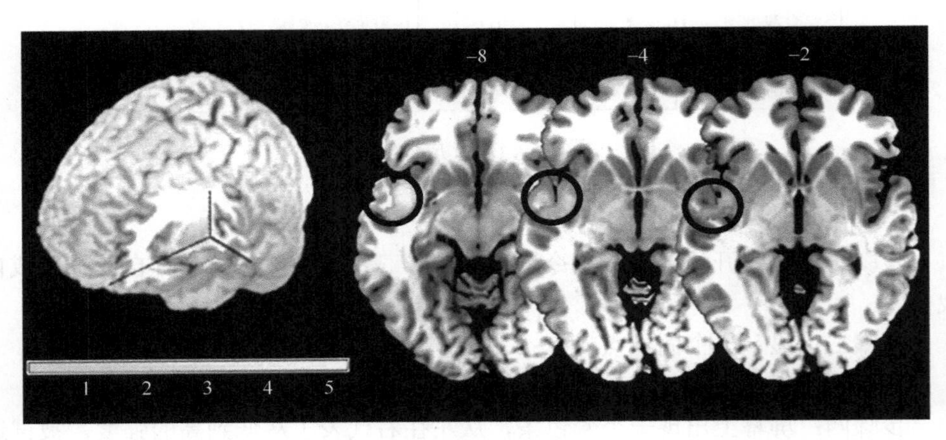

图 7-8　自我安慰中的 fMRI 成像

资料来源：Longe 等（2010）

2. *行为层面的研究发现*

行为层面的研究结果主要是对自我批评和自我安慰的强度评分数据进行回归分析，当被试采用自我批评视角时，自我批评的强度评分与背外侧前额叶的激活程度呈正相关；当被试采用自我安慰视角时，自我安慰的强度评分与腹侧前额叶的激活程度呈正相关。

总结以上研究发现，该研究可以归纳为以下两个结论。

首先，自我批评与前额叶（包括背外侧前额叶）和背侧前扣带回的脑活动相关。大量证据表明背外侧前额叶与抑制行为有关（Elliott et al.，2000），背侧前扣带回通常与失误的处理有关（Wittfoth et al.，2009）。由此可知，当人们采取自我批评时，会进一步产生抑制行为，即对失误所带来的后果进行处理，降低失误所带来的伤害。这就类似于印象管理策略中的“承担责任”，若创业者主动对问题的产生进行自我剖析，承担相应的责任，则有助于问题的解决，尽可能地减少负面成本。

其次，自我安慰与左侧颞极和脑岛的脑活动相关。既有研究发现对他人的安慰会激活左侧颞极和脑岛等脑区。该研究结果验证了“自我安慰与对他人的安慰会激活相似脑区”的观点（Gilbert and Irons，2005）。自我批评和自我安慰是个体情绪智力（emotional intelligence）的表现。情绪智力越高，创业者的创业韧性就越强，对创业者从失败中学习的作用就越明显（Shepherd，2009）。例如，Shepherd 和 Cardon（2009）发现在项目失败情境下，创业者的自我怜悯能够调节创业者的负面情绪，有助于创业者从失败中学习。

3. 扩展阅读

Luo 等（2019）的研究问题、研究设计与 Longe 等（2010）存在相似之处，他们探究了死亡凸显[①]（mortality salience，MS）对神经活动和学习行为的影响。实验分为以下三个阶段。

阶段一：唤醒。

被试分为死亡凸显组和消极影响（negative affect，NA）组。MS 组阅读 24 条死亡相关的陈述和 24 条中性的陈述，NA 组阅读 24 条消极但不涉及死亡的陈述和 24 条中性的陈述，被试对每条陈述进行主观感受报告评分。随后，被试需在 5 分钟之内完成 40 道数学计算题[②]。

阶段二：静息。

被试进行 5 分钟的闭眼静息。

阶段三：学习。

被试对 12 个刺激物（图像）做出反应，每次反应时间为 600 毫秒，回答正确赢得 1～5 元，回答错误扣除 1～5 元，超出时限惩罚 10 元。最后，被试对阶段一任务进行主观评价，评估他们在阶段一中对死亡临近的感受、对死亡恐惧的感受和不愉快的感受。

研究结果表明，相较于阅读中性的陈述，阅读死亡相关的陈述会降低凸显网

① 死亡凸显即强迫唤起个体的死亡意识，引发其对于死亡的思考。死亡凸显会加强个体的世界观防御及对自尊的追求。

② 目的在于分散被试的注意力，淡化对于死亡的意识。

络①（salience network，SN）的活性，这与 Longe 等（2010）的研究运用 TtS 和中立两类场景对比被试负面情绪的操作类似。在随后的静息状态下，相较于 NA 组，MS 组的中间的前中扣带回（anterior midcingulate cingulate cortex，aMCC）的活性会显著下降。这说明在静息状态下，死亡凸显启动（MS-priming）会对凸显网络的活性产生影响。在随后的具有奖励回报的学习任务中，MS 组与 NA 组对损失做出反馈时 aMCC 的活性会下降［图 7-9（a)］，而 aMCC 的活性越低，个体的学习速度就越慢［图 7-9（b)］。上述研究发现表明，如果被试受到死亡威胁时（即受到的负面刺激较为强烈时），会降低凸显网络的活性，对具有奖励回报任务的学习速度（或动机）会下降。这是个体在面对死亡凸显时加强自尊（self-esteem）追求的体现。Longe 等（2010）的研究表明，被试在 TtS 场景下采取自我批评会激活前额叶（包括背外侧前额叶）和背侧前扣带回区域等脑区，进而可能会产生抑制行为（Elliott et al.，2000）。抑制行为既对失误所带来的后果进行处理，降低失误所带来的伤害，也可以看成是个体追求自尊的体现，两个实验相互印证。

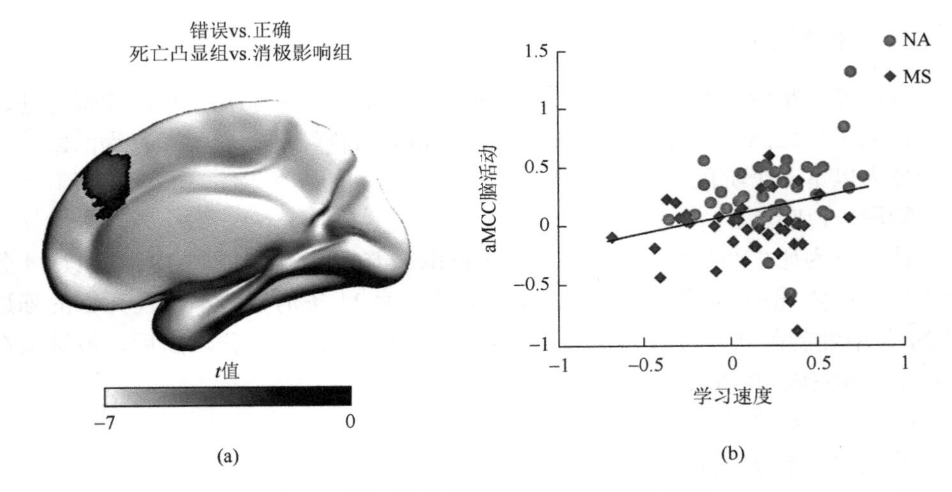

图 7-9　学习任务中的神经活动及行为表现

资料来源：Luo 等（2019）

7.2.3　愈挫愈勇——能力挫折增强获胜动机？

马云在创办阿里巴巴之前推广过“中国黄页”，但却屡遭拒绝和失败；雷军在成立小米之前，创办过三色公司，不过最终因经营问题导致公司破产；王兴在建立美团之前，创办过校内网、饭否网等，虽然他每次都能精准地找到互联网创新

① 凸显网络有三个主要节点：左右的前脑岛以及中间的前扣带回。它和肥胖、抑郁、精神分裂症等相关。

的风口，但却接连遭遇失败，被称为“史上最倒霉的创业者”……这些创业者并没有被失败所摧毁，反倒是愈挫愈勇，获得了今天的成就。

自我决定理论认为，当人们的能力受到挫折时，会引发恢复性反应（restorative response）。虽然，许多创业者在经历失败后选择再次创业，但是为何他们会产生这样的动机，以及拥有强烈的再次创业意愿，仍然是一个黑箱。

2018 年，Fang 等在 *Frontiers in Human Neuroscience* 发表文章《自我激励的意外来源：能力挫折增强个体对其他能力支持型活动的获胜动机》（A surprising source of self-motivation：prior competence frustration strengthens one’s motivation to win in another competence-supportive activity），探究了先前的能力挫折与其他能力支持型活动中的获胜动机之间的联系，同时探讨了人格特质在其中的影响。

该研究在广东工业大学招募 48 名健康的右利手被试参与实验，年龄从 19 岁到 24 岁不等，所有被试随机分为实验组（共 24 人，12 名男性）和控制组（共 24 人，14 名男性）。在实验开始前，被试需要完成“成就目标定向量表”，奇数项条目衡量个体结果导向的程度，偶数项条目衡量个体过程导向的程度。由于采用的是电生理（electrophysiological）研究方法，被试需戴上安有 64 个 Ag/AgCl 电极的脑电帽，采用 eego 放大器记录反馈相关负波（feedback-related negativity，FRN）。在实验过程中，被试舒适地坐在一个光线昏暗、声音和信号屏蔽的房间里。电脑屏幕与被试之间的水平距离为 100cm，并以一定的视角（水平视角：6.2°；垂直视角：5.4°）呈现实验刺激，实验刺激呈现在电脑屏幕中央。通过“时间估计任务”（time-estimation task，TE 任务）和“秒表任务”（stop-watch task，SW 任务），观察实验组和控制组的反馈相关负波及损益差波（FRN loss-win difference，d-FRN）。具体实验流程如图 7-10 所示。

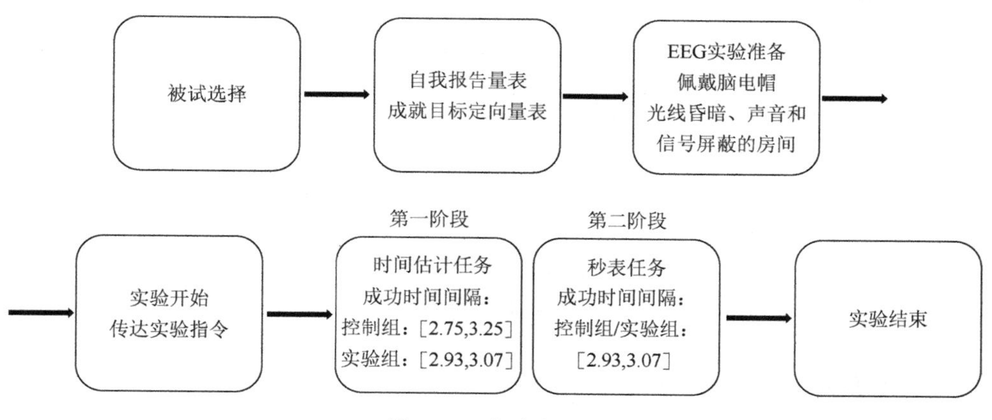

图 7-10　实验流程图

资料来源：作者根据 Fang 等（2018）文献绘制

第一阶段：TE 任务。被试被要求完成 TE 任务，估计时间约为 3 秒。任务开始后，如果被试认为经过的时间接近 3 秒，则按下键盘上的任意按钮进行响应，越接近越好。控制组在 TE 任务中完成中等难度的任务（成功的时间间隔为［2.75, 3.25］），而实验组则需完成极其困难的 TE 任务（成功的时间间隔为［2.93, 3.07］）。

第二阶段：SW 任务。两组被试需完成难度适中的 SW 任务（成功的时间间隔为［2.93, 3.07］）。任务开始，秒表自动启动，被试应尽量在 3 秒左右停止手表，越接近越好。

如果响应时间距离目标足够近，并且位于预先确定的成功区间内，则任务表现将以绿色字体和绿色边框显示。但是，如果响应时间发生在预先确定的成功区间之外，则任务表现将显示为红色字体和红色边框（图 7-11）。在实验结束时，被试被要求评估自己在做 TE 任务时的能力受挫程度。

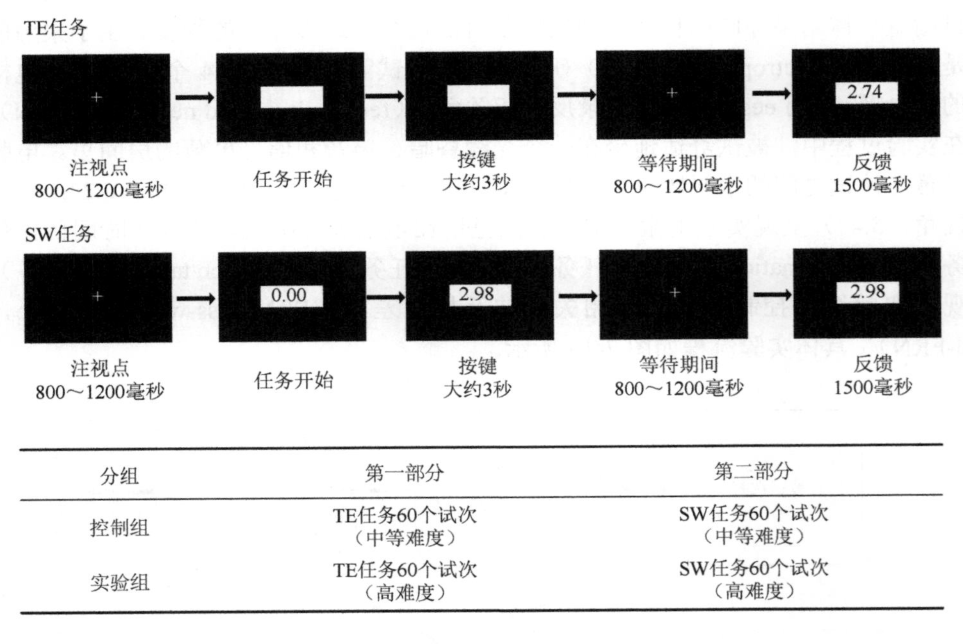

分组	第一部分	第二部分
控制组	TE任务60个试次（中等难度）	SW任务60个试次（中等难度）
实验组	TE任务60个试次（高难度）	SW任务60个试次（高难度）

图 7-11　时间估计任务和秒表任务

资料来源：Fang 等（2018）

1. *神经层面的研究发现*

神经层面的研究结果如图 7-12 所示，研究发现：①无论是实验组还是控制组，相较于成功情境，失败情境下的反馈相关负波更明显；②相较于控制组，实验组在第二阶段SW任务中有一个更加明显的d-FRN。d-FRN可作为一种测量内在动机的神经指标。

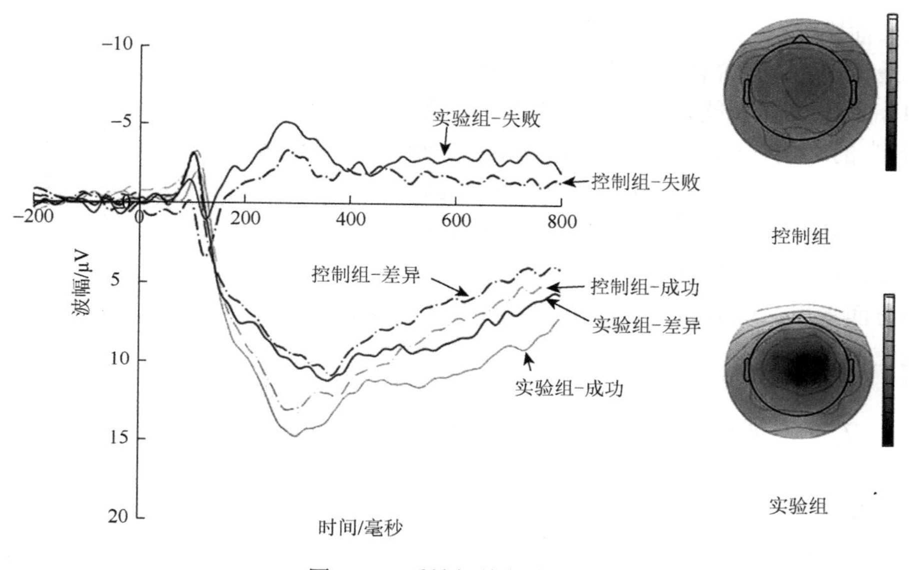

图7-12　反馈相关负波记录图

资料来源：Fang等（2018）

2. *行为层面的研究发现*

行为层面的研究结果主要对比了实验组和控制组在两个任务中的表现。研究发现，在TE任务中，实验组和控制组在成功率方面有显著差异；而在SW任务中，实验组和控制组在成功率和平均误差方面无差异。此外，该研究在实验开始前还对被试进行了“成就目标定向量表”的测试，分析发现结果导向的人格特质与获胜动机呈负相关，但这个发现只适用于实验组。

总结以上研究发现，该研究可以归纳出以下三个结论。

首先，先前的能力受挫增强了人们在其他能力支持型活动中的获胜动机。具体而言，实验组在第一阶段完成极其困难的TE任务会导致其能力受挫（先前能力受挫），挫折导致其在随后的能力支持SW任务中产生了更强的获胜动机（其他能力支持型活动的获胜动机），上述研究结论揭示了能力挫折的积极作用。人们在某个领域的不满往往会通过在另一个领域取得满意来进行补偿或证明（Edwards and Rothbard，2000）。该研究结果较好地解释了“为什么一些创业者在创业失败之后有更强的再创业动机”。

其次，结果导向的人格特质与获胜动机呈负相关，但这个发现只适用于实验组。在能力受挫的被试中，只关心任务绩效表现而不关心对任务掌握程度的人会减弱获胜动机。这表明，在经历了能力挫折之后，结果导向的人格特质可能会影响人们在其他能力支持型活动中的获胜动机水平，即追求绩效目标会对内在动机产生负面影响。

最后，既有研究认为创业失败主要会产生财务成本、情绪成本等（Shepherd，2009），但没有提及能力成本。尽管 Cope（2011）在《企业家从失败中学习：一项解释性的现象分析》（Entrepreneurial learning from failure：an interpretative phenomenological analysis）一文中提到了创业成本，主要是指信心、自我效能、风险承担倾向的亏损，但没有分类讨论哪些能力的亏损可能会对随后创业活动的积极或消极态度产生影响。该研究揭示了任务的难易程度如何导致个体在自信或能力方面受挫，但会激发个体在其他能力支持型活动中的获胜动机，弥补了既有研究空白。

7.3 基于认知神经科学视角的创业失败研究方向

认知神经科学研究能够帮助研究人员更清楚地了解到个体心理反应和行为决策等方面的底层神经机制。在失败后，创业者可能会经历负面情绪、情绪恢复、失败学习、产生后续创业意向等系列过程。既有的创业研究已对该过程做了丰富的理论探究和案例研究。但是，创业者在失败后的恢复机制、学习机制、后续创业决策等具体与哪些神经机制有关或由哪些神经机制引起，仍有待进一步研究。

本章重点分析的三个代表性实验都是在失败/损失/输赢等情境下的认知神经科学实验研究，对于将认知神经科学应用于创业失败研究有重要启发。具体而言，Wu 等（2015）探究了在“近赢”“近输”等的情况下，个体的情绪反应，涉及个体思维模式的差异；Longe 等（2010）探究了个体在面对消极情况时（如失败、错误、拒绝等），自我批评和自我安慰的情绪智力表现会引起哪些脑区激活及激活差异；Fang 等（2018）探究了个体的能力受挫经历对其他能力支持型活动的获胜动机的影响。以上三个研究可被较好地应用于创业失败性质、创业韧性、创业失败后的恢复机制、学习机制、后续创业决策等研究。基于此，我们提出如下研究方向或思路，希望能有助于认知神经科学在创业失败研究中的应用。

7.3.1 “近赢”的情绪反应

Wu 等（2015）的结论表明个体会将“近赢”视为赢、将“近输”视为输，并由此产生类似的神经层面及行为层面的反应。一方面，这说明，尽管创业成功，如果是“近输”，那么创业成功也可能引发创业者产生类似于创业失败导致的情绪反应，如较高的负面情绪。另一方面，即便创业失败，但如果是“近赢”，那么也会引发创业者产生创业成功的情绪反应，如较高的积极情绪。

这对未来研究有两点启发：第一，负面情绪未必是由创业失败/挫折/错误所导致，也可以是由创业成功所导致。未来研究应该重点探索事件的性质，而非事件本身，以及和创业情绪之间的关系。第二，创业失败相关研究不能默认创业失败一定会给创业者带来负面情绪，必须考虑失败的性质，“近赢”在一定程度上能引发积极情绪，这可以解释为什么一些创业者能够从失败中快速恢复，甚至并未受到失败影响的神经学机制。据此，未来研究可通过改变失败规模（如赌注大小）、失败时机（如人为控制失败的出现情况）等性质，运用面部肌电图观察创业者的情绪反应，对创业失败性质与情绪反应做进一步探究。

7.3.2　创业失败（自我）学习的神经学机制

Cope（2011）发现创业失败的学习内容以自我学习为核心。Longe 等（2010）研究发现自我批评会激活前额叶（包括背外侧前额叶）和背侧前扣带回脑区。这些脑区的激活会引发个体采取抑制行为，对失误所带来的后果进行处理等（Elliott et al.，2000；Wittfoth et al.，2009）。自我安慰与左侧颞极和脑岛的脑活动相关。自我批评和自我安慰是个体面对失败/错误/拒绝等情境后的情绪智力表现，有助于个体从中学习。Sutcliffe 和 Vogus（2003）发现个体在面临挫折或失败后，采取积极的态度有助于从挫折或失败中学习，建立个体韧性。Longe 等（2010）的研究结论对未来研究提供了一定启发：提高创业者的情绪智力能够增强创业韧性。

既有研究发现，创业者在失败后表现出自我怜悯有助于他们从负面情绪中恢复，促进失败学习（Shepherd and Cardon，2009）。高韧性的创业者也能够更快地走出失败阴影，促进单环学习和双环学习（郝喜玲等，2018a）。在上述研究的基础上，未来研究可设计一个规定任务的认知神经学实验来探究情绪智力与创业退出决策或行为之间的关系。将创业者分为实验组和对照组，通过控制任务难易程度，激发两组被试采取不同的自我学习方式，并观察在后续实验中选择“放弃”还是“继续”的行为决策。此外，本书第 3 章中的气球模拟风险实验给予了被试主动选择是否继续承担风险的权利，并据此探究被试的脑区激活情况（详见 3.2.2 节）。该研究结果有助于进一步理解创业者的退出决策或行为，为未来研究在实验设计方面提供启发。

7.3.3　创业失败后再次创业动机与决策

既有研究主要关注创业失败所带来的财务成本和情绪成本（Shepherd，2009），忽视了能力成本。尽管 Cope（2011）在研究中提到了信心、自我效能、风险承担倾向这三种创业（能力）成本以及专业成本（professional cost），但没有分类讨论哪种能力成本、专业成本受挫会影响随后再次创业的动机。Fang 等（2018）的研究结论从胜任力受挫角度为失败后为什么有的创业者会“谈虎色变”，而有的创业者则“重整旗鼓”这一问题提供了新的解释。

Fang 等（2018）的结论表明，信心等能力受挫会提升个体在其他能力支持活动中的获胜动机。据此预测，如果创业者因为创业失败造成某种能力受挫，那么很可能会比虽经历了创业失败但没有遭受能力受挫的创业者有更高的再次创业动机。此外，Fang 等（2018）的结论还表明，人们在某一项活动中的能力受挫，会在另一项活动中寻求信心等能力的补偿。据此可以预测，在创业失败之后，创业者可能会识别并开发更加“容易”的创业机会，对自己在上一次创业失败中受挫的信心等能力进行补偿。一旦以上预测得到检验，会有两方面潜在的理论价值。

第一是揭示了连环创业动机的神经学机制。既有研究认为企业家精神等是连环创业的主要动机，若未来研究发现信心等能力受挫会显著提高创业者再次创业的动机，那么就说明创业者在创业失败之后产生再次创业的内生动机可能并不是企业家精神，而是创业者为了弥补某一方面的能力不足所致。补偿理论（compensation theory）认为个体在某方面存在不足时，会努力发展其他方面进行弥补（Staines，1980），为探究连环创业的动机提供新的理论视角。在此基础之上，未来研究可以通过对比创业者一次失败/受挫和连续多次失败/受挫后动机水平的差异（观察 d-FRN 的大小，可以反映一个人的动机水平），检验在经历长期、多次的能力受挫后[①]，创业者是否仍然存在补偿心理。

第二是揭示了创业失败后再创业决策的神经学机制。Fang 等（2018）研究发现，个体在某一项活动中信心等能力受挫会提高在另一项活动中的获胜动机，对信心等能力亏损进行补偿。据此可以预测，在创业失败后，创业者为了弥补能力亏损，可能会选择更加“容易”的创业项目进入，更准确地说，选择能够弥补先前能力亏损的创业项目进入。这对解释创业者在创业失败之后的再创业决策，如产业进入决策、商业模式决策等提供了神经学基础。

中英术语对照表

中文	英文
承担责任	Accepting responsibility
宜人性	Agreeableness

① 罗永浩在 2006 年离开新东方之后，先后创办了公共言论平台“牛博网”、教育培训机构“老罗和他的朋友们教育科技有限公司”、手机制造企业“锤子科技”、电子烟企业“小野科技”。

续表

中文	英文
反失败偏见	Anti-failure bias
期望水平	Aspiration level
流行病学研究中心抑郁量表	Center for epidemiologic studies-depression scale
集体性意义建构	Collective sense-making
补偿理论	Compensation theory
掩盖真相	Concealing
皱眉肌	Corrugator
推卸责任	Denying responsibility
分离与绝望	Detachment and despair
差距理论	Discrepancy theory
混乱	Disorganization
双环学习	Double-loop learning
迪香式微笑	Duchenne smile
肌电图	Electromyogram
电生理	Electrophysiological
情绪智力	Emotional intelligence
创业退出	Entrepreneurial exit
创业韧性	Entrepreneurial resilience
事件系统理论	Event system theory
失败	Failure
反馈相关负波	Feedback-related negativity
自我批评和自我安慰量表	Forms of self-criticising/attacking and self-reassurance scale
幸运/不幸	Fortune/misfortune
损益差波	FRN loss-win difference
完全错失	Full-misses
成长式学习	Generative learning
悲痛恢复（理论）	Grief recovery（theory）
印象管理	Impression management
制度理论	Institutional theory
失误	Mistake
死亡凸显	Mortality salience
死亡凸显启动	MS-priming

续表

中文	英文
临近事件	Near events
近输/近赢	Near-losses/near-wins
消极影响	Negative affect
消极情绪场景	Negative emotion scenarios
中立场景	Non-emotive neutral scenarios
感知的退出绩效	Perceived exit performance
前景理论	Prospect theory
心理幸福感	Psychological well-being
专业成本	Professional cost
实物期权理论	Real options theory
恢复性反应	Restorative response
凸显网络	Salience network
自我怜悯	Self-compassion
自尊	Self-esteem
自我验证理论	Self-verification theory
连环创业	Serial entrepreneurship
挫折	Setback/frustration
耻辱感	Shame
秒表任务	Stop-watch task
再创业（意向/速度）	Subsequent entrepreneur（intentions/speed）
自我威胁	Threat to self
生存威胁	Threat to survival
时间估计任务	Time-estimation task
变革式学习	Transformative learning
上行/下行反事实比较	Upward/downward counterfactual comparison
视觉强度评分量表	Visual intensity rating scale
幸运之轮实验	Wheel of fortune task
输赢	Win and loss
沉默寡言	Withdrawing
颧肌	Zygomaticus

参考文献

丁桂凤，侯亮，张露，等. 2016. 创业失败与再创业意向的作用机制[J]. 心理科学进展，24（7）：1009-1019.

高峻峰，银路，蒋兰. 2011. 对"失败"研发项目实行实物期权激励的思考[J]. 科研管理，32（8）：127-132.

郝喜玲，涂玉琦，刘依冉. 2018a. 失败情境下创业者韧性对创业学习的影响研究[J]. 管理学报，15（11）：1671-1678，1712.

郝喜玲，张玉利，刘依冉，等. 2018b. 庆幸还是后悔：失败后的反事实思维与创业学习关系研究[J]. 南开管理评论，21（2）：75-87，225.

黎常. 2019. 失败归因对创业者再创业行为选择的影响研究[J]. 科研管理，40（8）：145-155.

买忆媛，叶竹馨，陈淑华. 2015. 从"兵来将挡，水来土掩"到组织惯例形成：转型经济中新企业的即兴战略研究[J]. 管理世界，（8）：147-165.

宋正刚，牛芳，张玉利. 2013. 创业情境、关键学习事件与利益相关者影响力分析[J].管理学报，10（4）：558-565.

王华锋，高静，王晓婷. 2017. 创业者的失败经历、失败反应与失败学习：基于浙、鄂两省的实证研究[J]. 管理评论，6：96-105.

杨小娜，苏晓华，万赫. 2019. 失败经历会促进创业者的创新型创业吗？——基于前景理论的视角[J]. 研究与发展管理，31（4）：64-75.

于晓宇. 2011. 创业失败研究评介与未来展望[J]. 外国经济与管理，33（9）：19-26，58.

于晓宇，李厚锐，杨隽萍. 2013. 创业失败归因、创业失败学习与随后创业意向[J]. 管理学报，10（8）：1179-1184.

于晓宇，刘东，厉杰. 2019. 事件系统理论[M]//李超平，徐世勇. 管理与组织研究常用的60个理论. 北京：北京大学出版社：152-159.

于晓宇，蒲馨莲. 2018. 中国式创业失败：归因、学习和后续决策[J]. 管理科学，31（4）：103-119.

张默，任声策. 2018. 创业者如何从事件中塑造创业能力？——基于事件系统理论的连续创业案例研究[J]. 管理世界，34（11）：134-149，196.

张玉利，郝喜玲，杨俊，等. 2015. 创业过程中高成本事件失败学习的内在机制研究[J]. 管理学报，12（7）：1021-1027.

郑馨，周先波，陈宏辉，等. 2019. 东山再起：怎样的国家制度设计能够促进失败再创业？——基于56个国家7年混合数据的证据[J]. 管理世界，35（7）：136-151，181.

Aggarwal V A，Hsu D H. 2014. Entrepreneurial exits and innovation[J]. Management Science，60（4）：867-887.

Amaral A M，Baptista R，Lima F. 2011. Serial entrepreneurship：impact of human capital on time to re-entry[J]. Small Business Economics，37：1-21.

Audia P G，Greve H R. 2006. Less likely to fail：low performance，firm size，and factory expansion in the shipbuilding industry[J]. Management Science，52（1）：83-94.

Bamford C E，Bruton G D，Hinson Y L. 2006. Founder/chief executive officer exit：a social capital perspective of new ventures[J]. Journal of Small Business Management，44（2）：207-220.

Bullough A，Renko M，Myatt T. 2014. Danger zone entrepreneurs：the importance of resilience and self-efficacy for entrepreneurial intentions[J]. Entrepreneurship Theory and Practice，38（3）：473-499.

Cannon M D，Edmondson A C. 2001. Confronting failure：antecedents and consequences of shared beliefs about failure in organizational work groups[J]. Journal of Organizational Behavior，22（2）：161-177.

Cannon M D，Edmondson A C. 2005. Failing to learn and learning to fail（intelligently）：how great organizations put failure to work to innovate and improve[J]. Long Range Planning，38（3）：299-319.

Cardon M S，Stevens C E，Potter D R. 2011. Misfortunes or mistakes？Cultural sensemaking of entrepreneurial failure[J].

Journal of Business Venturing，26（1）：79-92.

Coad A. 2014. Death is not a success：reflections on business exit[J]. International Small Business Journal：Researching Entrepreneurship，32（7）：721-732.

Collewaert V. 2012. Angel investors' and entrepreneurs' intentions to exit their ventures：a conflict perspective[J]. Entrepreneurship Theory and Practice，36（4）：753-779.

Cope J. 2005. Toward a dynamic learning perspective of entrepreneurship[J]. Entrepreneurship Theory and Practice，29（4）：373-397.

Cope J. 2011. Entrepreneurial learning from failure：an interpretative phenomenological analysis[J]. Journal of Business Venturing，26（6）：604-623.

Corner P D，Singh S，Pavlovich K. 2017. Entrepreneurial resilience and venture failure[J]. International Small Business Journal：Researching Entrepreneurship，35（6）：687-708.

DeTienne D R. 2010. Entrepreneurial exit as a critical component of the entrepreneurial process：theoretical development[J]. Journal of Business Venturing，25（2）：203-215.

Diener E. 1984. Subjective well-being[J]. Psychological Bulletin，95（3）：542-575.

Duchek S. 2018. Entrepreneurial resilience：a biographical analysis of successful entrepreneurs[J]. International Entrepreneurship and Management Journal，14（2）：429-455.

Edwards J R，Rothbard N P. 2000. Mechanisms linking work and family：clarifying the relationship between work and family constructs[J]. Academy of Management Review，25（1）：178-199.

Eggers J P，Song L. 2015. Dealing with failure：serial entrepreneurs and the costs of changing industries between ventures[J]. Academy of Management Journal，58（6）：1785-1803.

Elliott R，Dolan R J，Frith C D. 2000. Dissociable functions in the medial and lateral orbitofrontal cortex：evidence from human neuroimaging studies[J]. Cerebral Cortex，10（3）：308-317.

Fang H，He B，Fu H J，et al. 2018. A surprising source of self-motivation：prior competence frustration strengthens one's motivation to win in another competence-supportive activity[J]. Frontiers in Human Neuroscience，12：314.

Fu K，Larsson A S，Wennberg K. 2018. Habitual entrepreneurs in the making：how labour market rigidity and employment affects entrepreneurial re-entry[J]. Small Business Economics，51（2）：465-482.

Gilbert P，Irons C. 2005. Focused therapies and compassionate mind training for shame and self-attacking[M]//Gilbert P. Compassion：Conceptualisations，Research and Use in Psychotherapy. London：Routledge：263-325.

Gimeno J，Folta T B，Cooper A C，et al. 1997. Survival of the fittest？Entrepreneurial human capital and the persistence of underperforming firms[J]. Administrative Science Quarterly，42（4）：750-783.

Guerrero M，Peña-Legazkue I. 2019. Renascence after post-mortem：the choice of accelerated repeat entrepreneurship[J]. Small Business Economics，52（1）：47-65.

Hessels J，Grilo I，Thurik R，et al. 2011. Entrepreneurial exit and entrepreneurial engagement[J]. Journal of Evolutionary Economics，21（3）：447-471.

Hsu D K，Wiklund J，Anderson S E，et al. 2016. Entrepreneurial exit intentions and the business-family interface[J]. Journal of Business Venturing，31（6）：613-627.

Hsu D K，Wiklund J，Cotton R D. 2017. Success，failure，and entrepreneurial reentry：an experimental assessment of the veracity of self-efficacy and prospect theory[J]. Entrepreneurship Theory and Practice，41（1）：19-47.

Jenkins A，McKelvie A. 2016. What is entrepreneurial failure？Implications for future research[J]. International Small Business Journal：Researching Entrepreneurship，34（2）：176-188.

Justo R，DeTienne D R，Sieger P. 2015. Failure or voluntary exit？Reassessing the female underperformance hypothesis[J]. Journal of Business Venturing，30（6）：775-792.

Kahneman D，Tversky A. 1979. Prospect theory：an analysis of decision under risk[J]. Econometrica，47（2）：263-292.

Kibler E，Mandl C，Kautonen T，et al. 2017. Attributes of legitimate venture failure impressions[J]. Journal of Business Venturing，32（2）：145-161.

Kogut B. 1991. Joint ventures and the option to expand and acquire[J]. Management Science，37（1）：19-33.

Kwak G，Lee J D. 2017. How an economic recession affects qualitative entrepreneurship：focusing on the entrepreneur's exit decision[J]. Managerial and Decision Economics，38（7）：909-922.

Lee S H，Peng M W，Barney J B. 2007. Bankruptcy law and entrepreneurship development：a real options perspective[J]. Academy of Management Review，32（1）：257-272.

Lee S H，Yamakawa Y，Peng M W，et al. 2011. How do bankruptcy laws affect entrepreneurship development around the world？[J]. Journal of Business Venturing，26（5）：505-520.

Lin S，Wang S H. 2019. How does the age of serial entrepreneurs influence their re-venture speed after a business failure？[J]. Small Business Economics，52（3）：651-666.

Linnenluecke M K. 2017. Resilience in business and management research：a review of influential publications and a research agenda[J]. International Journal of Management Reviews，19（1）：4-30.

Longe O，Maratos F A，Gilbert P，et al. 2010. Having a word with yourself：neural correlates of self-criticism and self-reassurance[J]. NeuroImage，49（2）：1849-1856.

Luo S Y，Wu B，Fan X，et al. 2019. Thoughts of death affect reward learning by modulating salience network activity[J]. NeuroImage，202：116068.

McGrath R G. 1999. Falling forward：real options reasoning and entrepreneurial failure[J]. Academy of Management Review，24（1）：13-30.

Mitchell R K，Busenitz L W，Bird B，et al. 2007. The central question in entrepreneurial cognition research 2007[J]. Entrepreneurship Theory and Practice，31（1）：1-27.

Morgeson F P，Mitchell T R，Liu D. 2015. Event system theory：an event-oriented approach to the organizational sciences[J]. Academy of Management Review，40（4）：515-537.

Schutjens V，Stam E. 2006. Starting anew：entrepreneurial intentions and realizations subsequent to business closure[R]. Lake forest：Erasmus Research Institute of Management.

Shepherd D A. 2003. Learning from business failure：propositions of grief recovery for the self-employed[J]. Academy of Management Review，28（2）：318-328.

Shepherd D A. 2009. Grief recovery from the loss of a family business：a multi-and meso-level theory[J]. Journal of Business Venturing，24（1）：81-97.

Shepherd D A，Cardon M S. 2009. Negative emotional reactions to project failure and the self-compassion to learn from the experience[J]. Journal of Management Studies，46（6）：923-949.

Shepherd D A，Covin J G，Kuratko D F. 2009. Project failure from corporate entrepreneurship：managing the grief process[J]. Journal of Business Venturing，24（6）：588-600.

Shepherd D A，Haynie J M. 2011. Venture failure，stigma，and impression management：a self-verification，self-determination view[J]. Strategic Entrepreneurship Journal，5（2）：178-197.

Shepherd D A，Haynie J M，Patzelt H. 2013. Project failures arising from corporate entrepreneurship：impact of multiple project failures on employees' accumulated emotions，learning，and motivation[J]. Journal of Product Innovation Management，30（5）：880-895.

Shepherd D A，Patzelt H，Wolfe M. 2011. Moving forward from project failure：negative emotions，affective commitment， and learning from the experience[J]. Academy of Management Journal，54（6）：1229-1259.

Shepherd D A，Williams T，Wolfe M，et al. 2016. Learning from Entrepreneurial Failure[M]. Cambridge：Cambridge University Press.

Sitkin S B. 1992. Learning through failure：the strategy of small losses[J]. Research in Organizational Behavior，14：231-266.

Staines G L. 1980. Spillover versus compensation：a review of the literature on the relationship between work and nonwork[J]. Human Relations，33（2）：111-129.

Strese S，Gebhard P，Feierabend D，et al. 2018. Entrepreneurs' perceived exit performance：conceptualization and scale development[J]. Journal of Business Venturing，33（3）：351-370.

Sutcliffe K M，Vogus T J. 2003. Organizing for resilience[M]//Cameron K S，Quinn R E，Dutton J E. Positive Organizational Scholarship：Foundations of a New Discipline. Mannheim：Berrett-Koehle：94-110.

Sutton R I，Callahan A L. 1987. The stigma of bankruptcy：spoiled organizational image and its management[J]. Academy of Management Journal，30（3）：405-436.

Swann W B. 1983. Self-verification：bringing social reality into harmony with the self[M]//Suls J，Greenwald A.G. Social Psychology Perspectives. 2th ed. Hillsdale：Lawrence Erlbaum Associates：33-66.

Ucbasaran D，Shepherd D A，Lockett A，et al. 2013. Life after business failure：the process and consequences of business failure for entrepreneurs[J]. Journal of Management，39（1）：163-202.

Urbig D，Bonte W，Monsen E. 2011. Entrepreneurship：with bad luck and no help（summary）[J]. Frontiers of Entrepreneurship Research，31（6）：14-30.

Wang C L，Chugh H. 2014. Entrepreneurial learning：past research and future challenges[J]. International Journal of Management Reviews，16（1）：24-61.

Wang W Z，Wang B，Yang K，et al. 2018. When project commitment leads to learning from failure：the roles of perceived shame and personal control[J]. Frontiers in Psychology，9：86-104.

Wennberg K，Wiklund J，DeTienne D R，et al. 2010. Reconceptualizing entrepreneurial exit：divergent exit routes and their drivers[J]. Journal of Business Venturing，25（4）：361-375.

Wittfoth M，Schardt D M，Fahle M，et al. 2009. How the brain resolves high conflict situations：double conflict involvement of dorsolateral prefrontal cortex[J]. NeuroImage，44（3）：1201-1209.

Wolfe M T，Shepherd D A. 2015. "Bouncing back" from a loss：entrepreneurial orientation，emotions，and failure narratives[J]. Entrepreneurship Theory and Practice，39（3）：675-700.

Wu Y，van Dijk E，Clark L. 2015. Near-wins and near-losses in gambling：a behavioral and facial EMG study[J]. Psychophysiology，52（3）：359-366.

第 8 章　创业学习的脑机制

创业本质上是一种学习和试错的过程（Minniti and Bygrave，2001）。“干中学”的成效对创业企业的成败至关重要。作为一个较成熟的研究领域，创业学习聚焦研究创业者和创业企业如何通过学习应对不确定性并识别机会。当今技术和市场环境的急速、剧烈、非线性的变化，对创业者的学习能力提出了更高要求；创业过程和程序的复杂性，使得学习内容全面性的要求进一步提高；此外，失败已经从“意外”转化为“常态”，从失败中学习甚至成为探索不确定性的唯一手段（McGrath，1999）。揭开创业者学习过程脑机制的神秘面纱，准确锚定有效学习的神经学原理，有助于创业学习研究以稳定的人脑本源机理应对万变的时代。认知神经科学与教育学、运动学、犯罪学、心理学等学科交叉研究，已开始探索学习的脑机制，并有重要发现，为借助认知神经科学工具深化创业学习研究提供了研究基础与新思路。

8.1　创业学习的相关研究

8.1.1　创业学习研究起源与核心问题

创业学习研究的兴起源自“个体论”和“过程论”的结合，其将创业者的个人特质与创业过程中的学习行为与学习路径结合起来，是创业理论发展的必然要求。创业学习指创业者为了培育和发展自己的能力或技能而学习与创业有关的直接和间接经验的过程（Holcomb et al.，2009）。创业是创业者应对高度不确定性、高资源约束性和决策无先例可循性的创业环境的过程。因此，创业学习领域的核心问题在于，创业者如何通过学习应对环境不确定性和模糊性，并从中识别和利用创业机会（Minniti and Bygrave，2001）。

学者围绕创业学习的主体、过程、内容和结果等开展了大量研究，这些研究成果表明创业者在创业过程中不断地学习，将创业（职业）经验进一步转化为创业相关知识，促进机会开发和利用、资源获取和投入等行为和决策，增强了创业者创办和管理企业的能力，进而有利于创业企业绩效的增长，构成“经验—知识—决策—行动—绩效”的逻辑主线（图 8-1）。

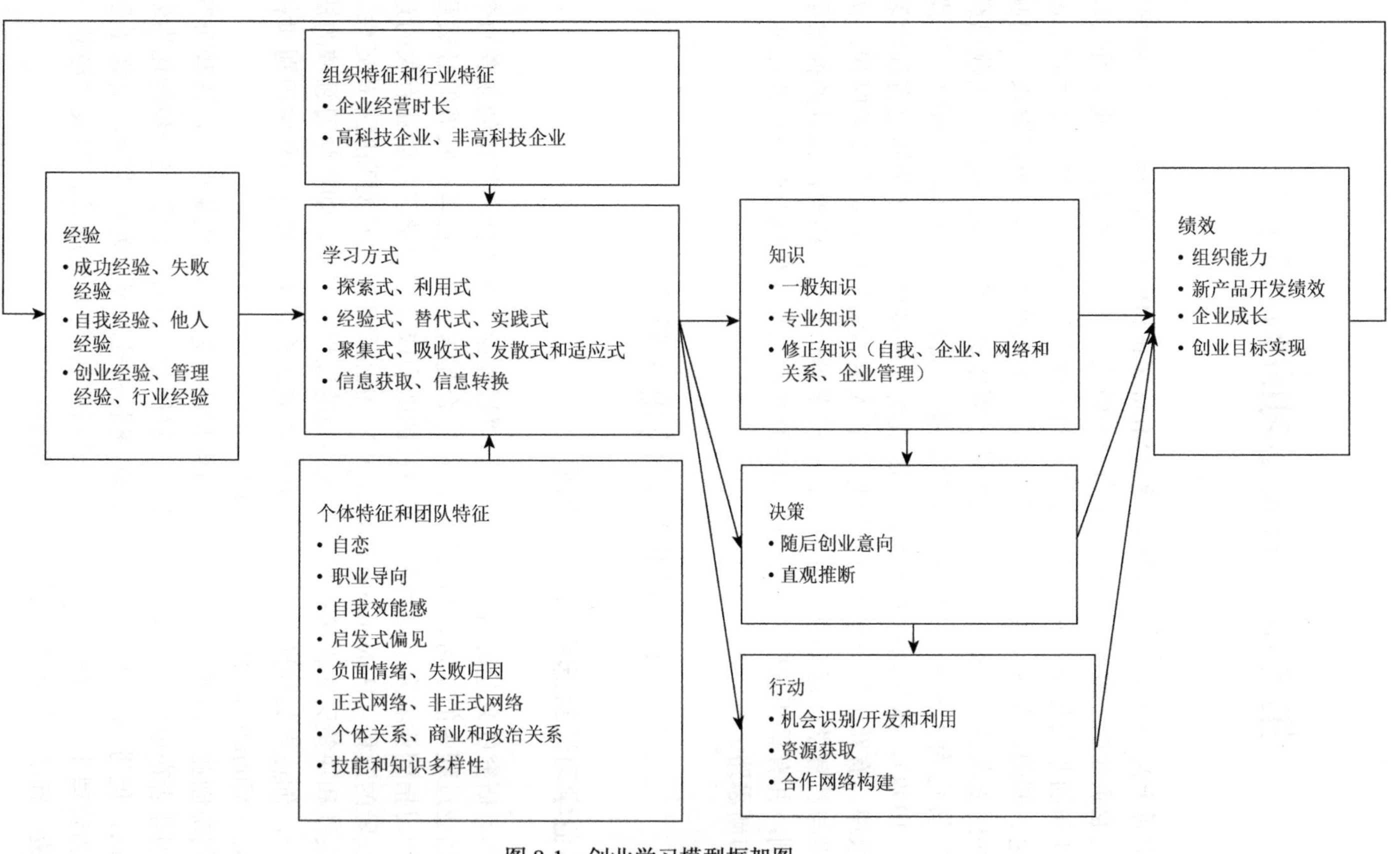

图 8-1　创业学习模型框架图

资料来源：根据文献整理

8.1.2　创业学习研究的四个视角

围绕上述主线，创业学习的研究从经验视角、认知视角、网络视角和能力视角（Man，2005）四个方面展开，下文将依此对现有的研究成果和观点进行梳理，并在图 8-2 进行归纳。

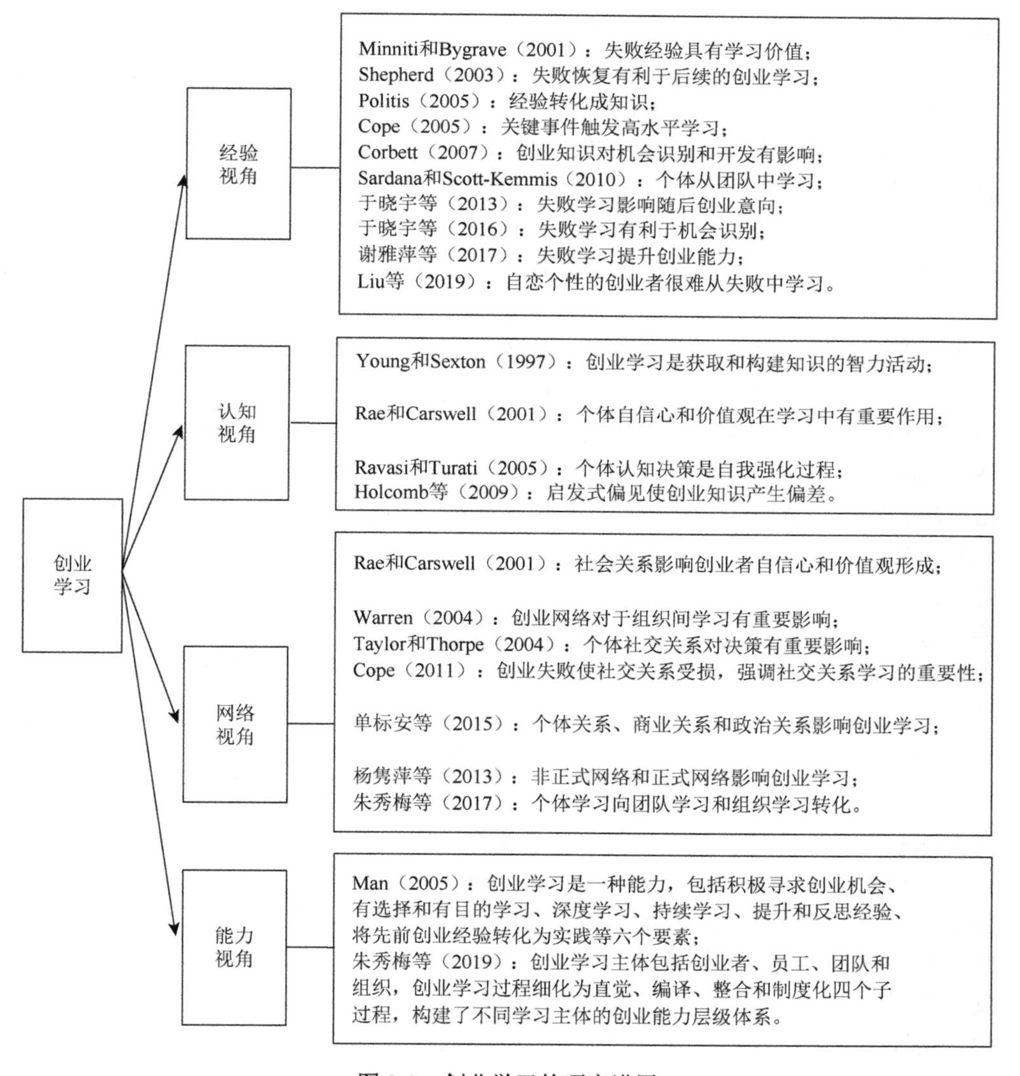

图 8-2　创业学习的研究进展

资料来源：根据文献整理

1. 经验视角

经验视角，也称过程视角，自 2005 年 Politis 的概念模型提出至今，一直是创业学习的主要研究视角。其理论基础是 Kolb（1984）的经验学习观（experiential learning），即学习是从经验中获得知识并不断修正的过程。现有研究认为，创业学习是从职业经验到创业知识的转换过程（Politis，2005），并区分了成功经验和失败经验（Minniti and Bygrave，2001）、自我经验与他人经验对后续学习的不同影响。成功经验强化创业者原有的知识结构并使其重复过往成功的行动，但可能导致新创意质量降低（Audia and Goncalo，2007）。相对成功经验，失败经验刺激创业者反思失败原因，从失败中学习（Sitkin，1992）。自我经验来自“干中学”，将职业经验、创业经验、行业经验、管理经验等通过自我学习和吸收形成新的创业知识图谱。而他人经验来自“替代性学习”，从自我提升动机出发思考如何从他人的成功或失败经验中学习（Diwas et al.，2013），有助于团队形成交互记忆系统并综合利用成员知识，从而提高团队整体的创造力。

以上研究主题中，失败学习的价值得到了众多学者的认可。有效的失败学习首先需要创业者从失败产生的负面情绪等心理创伤中恢复（Shepherd，2003），以及正视财务成本和社会成本等损失（Ucbasaran et al.，2013），进行合理的失败归因（Diwas et al.，2013），然后同时采用损失导向和恢复导向加快失败恢复的速度（Shepherd，2003），从而有利于后续的创业学习。失败学习主题研究成果丰富，相关研究验证了创业者的失败学习可以影响机会识别、创业能力、后续创业意向、创业决策以及企业绩效（于晓宇和蔡莉，2013；于晓宇等，2013；于晓宇等，2019；谢雅萍等，2017）。此外，Cope（2005）提出创业过程中的关键机会和重大问题等关键事件（如创业失败）会引起个体的深度思考，通过初步诊断、深度反思和重塑行动来克服创业失败经验的不利影响（Cope，2011），从而引发高水平的创业学习。

经验视角的研究回答了“个体如何从经验中学习”以及“学习什么内容”这两个问题，构建了创业学习的过程模型。代表性学者如 Minniti 和 Bygrave（2001）认为创业学习是不断校准的算法，是个体重复过往成功经验、回避失败经验的过程。Politis（2005）认为职业经验不等同于创业知识，提出个体通过探索和利用实现经验向知识的转化。此外，经验学习的研究分析了创业学习对后续创业行为（如机会识别）的影响，聚集学习、吸收学习、发散学习和适应学习在机会识别和开发的不同阶段发挥不同作用（Corbett，2005）。谢雅萍等（2018）提出创业者经验学习是经验获取、反思性观察和抽象概念化的过程。

除了个体视角外，经验视角下少数研究探索了创业企业内部的跨层次互动对成员间观察和模仿学习的影响。例如，Sardana 和 Scott-Kemmis（2010）发现创业团队成员经验存在互补时，更能促进个体的创业学习。朱秀梅等（2019）构建了创业学习转移模型，提出不同层面的学习主体通过直觉、编译、整合和制度化等学习机制进行知识学习及转移。个别研究探索了企业特征和行业特征对创业学习的影响，于晓宇等（2013）认为相对于非高科技行业，高科技行业的创业者更倾向内部学习，首次创业经营时间较短的创业者更倾向自我学习和内部学习。

2. 认知视角

认知视角认为创业学习是一项获取和建构知识的智力活动，聚焦态度、情绪和个性等因素对创业学习的影响。这一视角强调创业者个体在学习中的主体地位，关注学习的内在机制，认为创业学习是自我指导的活动，通过学习提升知识、能力和信心，进而促进企业成长（Young and Sexton，1997；Rae and Carswell，2001）。

现有研究从认知模式、自我效能、知识存储等角度展开，例如 Holcomb 等（2009）认为启发式偏见可能影响创业学习方式，导致创业知识获取和解读的偏差，也影响运用创业知识进行决策的过程。Rae 和 Carswell（2001）认为创业学习的内核是个人自信心和价值观，学习机制通过社交关系、职业能力等外化因素建立。Ravasi 和 Turati（2005）分析了创业学习的自我强化机制，创业者的项目承诺会强化先前的知识。基于学习过程，Young 和 Sexton（1997）认为创业中的新问题会引发创业者主动检索和使用记忆中的创业知识，修正原有的认知模式并储存新的创业知识。

3. 网络视角

网络视角关注创业学习的互动与关系特征的影响。依据网络视角，创业者通过组织内外部的社交关系（如管理团队、供应商、顾客、投资者、父母和导师等）互动来获取技能和知识，有利于企业早期阶段的创立和后续发展，也有利于旧关系的维护与新关系的扩展。

创业网络是中国创业情境下值得特别关注的要素。创业网络为新创企业提供了关键信息、资源（单标安等，2015），对创业学习的类型和效果均有显著影响（Taylor and Thorpe，2004；杨隽萍等，2013），例如，创业者个体关系、商业关系和政治关系可以提高经验学习、认知学习和实践学习的水平（单标安等，2015）。个体嵌入团队、组织所形成的社交网络中，个体学习与组织学习可能存在转化关系（朱秀梅等，2017）。研究人员还发现，创业学习的内容应该包括环境和社交关系，例如通过创业失败提高社交关系和利益相关者关系的管理能力（Rae and Carswell，2001；Cope，2011；Warren，2004）。

4. 能力视角

能力视角认为学习与能力互相强化，能力可以帮助创业者更好地学习，创业学习也有助于创业者与组织创业能力开发，以实现更高绩效。例如，Man（2005）提出创业学习能力的开发过程包括投入（个体特征，如经验）、过程（创业行动，如干中学）、结果（发展其他能力）、情境（影响学习的因素，如内部结构和社交关系）四个维度。这一观点与认知视角有重叠，不同的是，认知视角从心智模式角度予以解释，而能力视角从创业者行为方式进行说明。朱秀梅等（2019）指出创业者、员工、团队和组织这四个层面的主体需要具备不同创业能力，并进一步分析了各层次主体创业学习向能力转化的具体路径。

8.1.3 既有研究述评

1. 经验视角需从理论推导转向跨学科多元探索

目前，创业学习研究中经验视角所占的比例最大，探讨创业者将经验转化成知识的过程，研究发现：①相对于成功经验，失败经验更能激发创业者反思，但学习过程更加复杂，创业者需要从负面情绪中恢复并将失败归于内因，才能更好地从失败中学习，从而激发再次创业意向、识别创业机会并提高企业绩效；②创业学习可以增加创业者的知识脚本和图谱，提高创业者对机会识别与开发的能力。

经验视角的研究逐渐从理论推导过渡到量化研究，运用方差分析和回归分析等量化方法检验不同创业群体知识与经验的差异或创业知识、信息转化对机会识别的作用，但这些研究大多针对同一个体、同一时间进行测量，容易受到社会赞许性和同源偏差的影响，无法为变量间的因果关系提供更坚实的证据。为了更好地探索创业经验向创业知识的转化过程，挖掘创业者学习过程中的心理活动和大脑机制的静态激活与动态演化，未来研究可结合心理学、神经学、脑科学等进行跨学科实验设计。

2. 认知视角和能力视角需与创业教育的实践紧密结合

认知视角和能力视角的研究大多关注创业者在创业过程中通过学习提升认知和能力，强调创业学习的试错和迭代的特征。然而，首次创业的失败率相对较高，失败带来的情绪和财务成本会进一步磨损个体再次创业的信心。因此，未来研究可以将认知学习和能力学习引入创业教育和训练中，通过模拟真实创业情境的学习让学生为创业做好创业能力和信心的准备，降低创业失败的成本。

3. 网络视角尤其是跨层级、跨边界的集体学习需深度探索

网络视角的研究仍较匮乏，尤其缺乏集体学习的探索。事实上，创业实践中团队成员互动以实现信息交流和知识共享的现象普遍存在（Foo et al.，2006），组织学习和知识管理的相关研究已对组织和团队的知识获取、知识吸收和知识转移

进行了大量探索（Reagans and McEvily，2003；Brockman and Morgan，2003）。在此基础上，创业学习可结合以上各视角分析成员、团队和组织等不同层级的学习内容、过程模型及内在机制，探索知识的跨层转换与传导机制，为新创企业的学习活动提供指导。除了组织内部的探索外，获取利益相关者知识并进行试错学习是机会开发的必然路径，未来研究可以从跨组织边界的网络视角分析主体间学习转换过程，探索集体学习、集体认知的形成过程。

8.2　创业学习的认知神经科学基础

本章以“learning + neuroscience”“child/student education + neuroscience”“training + neuroscience”为关键词，搜索了 *Neuron*、*Proceedings of the National Academy of Sciences*、*NeuroImage*、*Human Brain Mapping*、*Mindfulness*、*Cerebral Cortex*、*Child Development*、*Developmental Science* 等综合及神经科学、发展心理学、脑科学等领域的期刊。我们发现这些检索到的研究揭示了人类大脑进行学习的神经机制，例如，学习过程使得运动皮层与后壳核之间的功能连接逐渐加强以及皮层纹状体产生连接性变化（Horga et al.，2015），多巴胺能影响听觉皮层学习相关神经可塑性的形成（Puschmann et al.，2013），个体学习绩效（如准确性、学习速度）的差异与个体的内在认知能力差异和大脑中功能性神经网络生成功能性联系的时间差异密切相关（Fatima et al.，2016），回忆有助于信息的保留，其中海马体和顶叶皮层的后内侧网络共同支持大脑回忆过程中相关信息的重新激活（Jonker et al.，2018）。

我们从中选择了可以应用于创业学习情境的 31 篇认知神经科学论文，例如，人们面对复杂多维环境如何有效进行学习可以帮助创业者应对复杂的创业环境并从中学习（Leong et al.，2017），幼儿的单独学习和集体学习时的学习效果差异可以帮助揭示创业企业或团队集体学习的神经机制与效能（Roseberry et al.，2014；Lytle et al.，2018）等。基于研究主题的相关性、对创业学习研究的启发度以及实验工具的可操作性这三大原则，本章从经验视角的强化学习和试错学习、网络视角的集体学习以及认知和能力视角的冥想训练三个方向探讨认知神经科学与创业学习融合的可能性，本章用到的认知神经科学工具主要有 fMRI、EEG 或者事件相关电位（event related potentials，ERP）和眼动仪。本章将对以下四个研究进行概述，并探讨这些实验过程与结果和创业学习研究之间的关联性。

8.2.1　复杂环境下的学习：强化学习与注意力的动态交互作用

创业研究的一个基本假设是环境的高度不确定性和复杂性。在模糊复杂的环境中找到对目标产生重大影响作用的关键要素，并丰富自身对该要素的理解与知识，对于高效地进行创业学习至关重要。因此，创业者集中注意力针对关键要素（或参数）进行学习可能达到更好的学习效果。

Leong 等（2017）在 *Neuron* 上发表了论文《多维环境下强化学习与注意力的动态交互作用》（Dynamic interaction between reinforcement learning and attention in multidimensional environments）。该研究使用 fMRI 探究在复杂多维环境下，如何学习可以达到最好的学习效果，最终指出在复杂环境中应识别并集中于关键维度，对此维度分配更多的注意力。

该研究选取 29 名被试，其中男性 10 人，女性 19 人。实验材料为 9 张黑白照片，包括三张名人照片、三张常用工具照片、三张著名建筑物照片［图 8-3（a）］。具体流程如下。

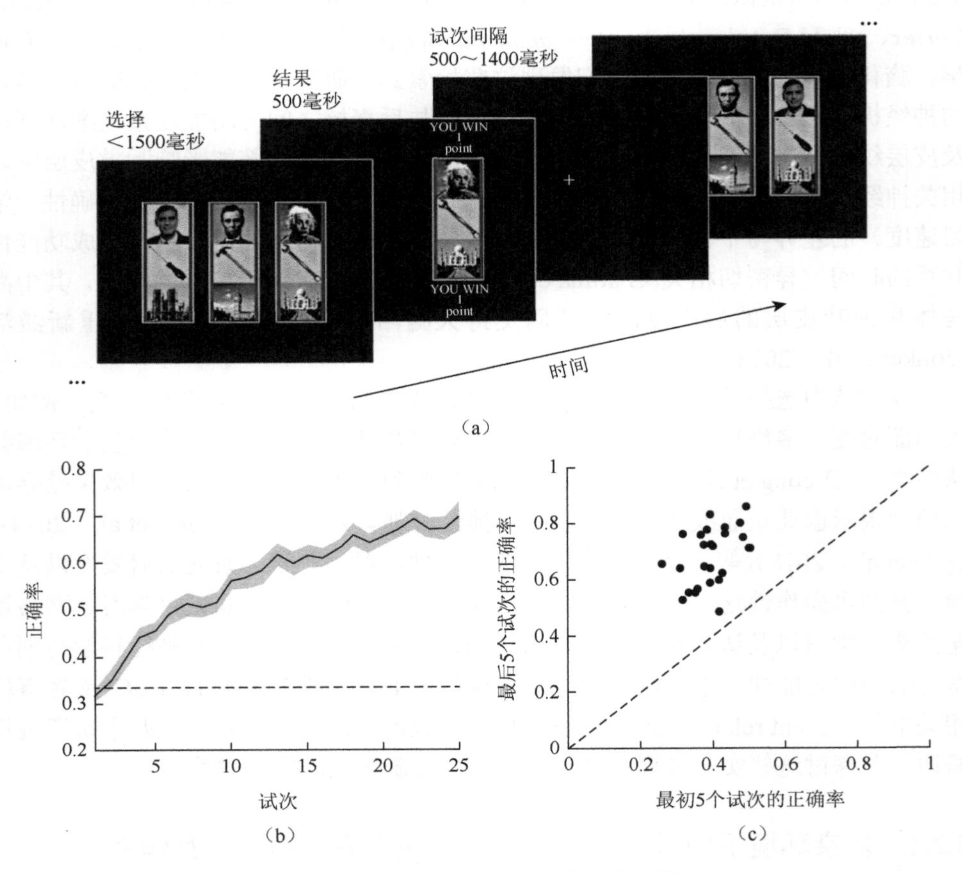

图 8-3　多维环境下注意力集中的学习有效性（一）

资料来源：Leong 等（2017）

（1）所有被试进行“学习任务”，即完成无任何提示的一系列试次，在每一个试次中，被试被给予三种复合刺激，每一种刺激由三个维度（面部、工具和地标性建筑物）组成，垂直排列成一个列。在三个维度中，每张图片的位置随机排列。被试有 1.5 秒的时间来选择其中的一个刺激，然后将结果呈现 0.5 秒，如果被试在 1.5 秒内没有反应，该试次就会超时。之后进行下一轮选择。每轮任务中（即 6 次游戏），只有 1 个维度与奖励相关，选中该维度，才有一定概率获得奖励；而在该维度中，有一幅图片是目标图片，如果被试选择包含目标图片的刺激，他们获得奖励的概率为 0.75，如果他们没有选中目标图片，他们得到奖励的概率是 0.25。每个游戏的奖励相关维度和目标图片随机确定，但每轮试次的刺激维度都是有规律可循的，需要被试自行习得。被试共进行 4 轮任务，每轮任务包括 6 个游戏，每个游戏进行 25 个试次，即做出 25 次刺激选择。之后，研究人员会计算每个试次中被试对各个维度的注意力值，并将被试注意力值最大维度发生转变的十次标记为注意力转移试次，其他试次为注意力维持试次（stay trails）。

（2）所有被试进行“方位任务”，该任务利用 fMRI 来检测注意力分别集中于面部、工具和地标性建筑物时大脑激活模式，以验证“学习任务”中注意力转移时的神经基础。在每轮试次开始时，研究人员会提示被试每轮试次需要关注的维度（完成注意力转移），呈现给被试的 9 张图片与“学习任务”实验中的图片相同。在每一试次中，他们都必须专注某个特定维度。当被试在连续试次中发现该维度的三幅图片的水平顺序相同时，按下响应按钮，图片顺序为随机分布，使被试每三个试次可以做出一次响应。在每轮试次前，会告知被试需要关注的维度，每 5 次试次更换一次关注维度，共进行两轮。

该研究发现：在学习任务中，通过试错，被试选择的正确率逐渐上升[图 8-3（b）]，说明被试学会了选择包含目标特征的刺激，即根据反馈进行学习并完成了注意力转移。另外，随着试次增加，被试的试次正确率增加，且每个游戏最后 5 个试次的正确率高于最初 5 个试次的正确率［图 8-3（c）]，证明被试在任务中进行了学习。

以上两个实验发现，当注意力转移时，背外侧前额叶、顶内沟（intraparietal sulcus）、额叶眼区（frontal eye field）、辅助运动前区（presupplementary motor area）、楔前叶（precuneus）和梭状回（fusiform gyrus）被激活（图 8-4），这些脑区是前额网络的一部分，主要涉及注意力的执行控制。这种激活是由注意力转移引发的，而注意力的转移可以通过明确的外界提示实现，也可以通过有反馈的学习促成。当注意力转移时，部分额顶注意力网络和腹内侧前额叶的功能连接与基线基本一致；而在注意力保持时，这两个脑区的功能连接超出基线水平，减少了在多维环境中转移注意力的可能性。该研究结果表明，在多维环境中找准某一重要维度，有针对性地展开学习，可以达到更好的学习效果。

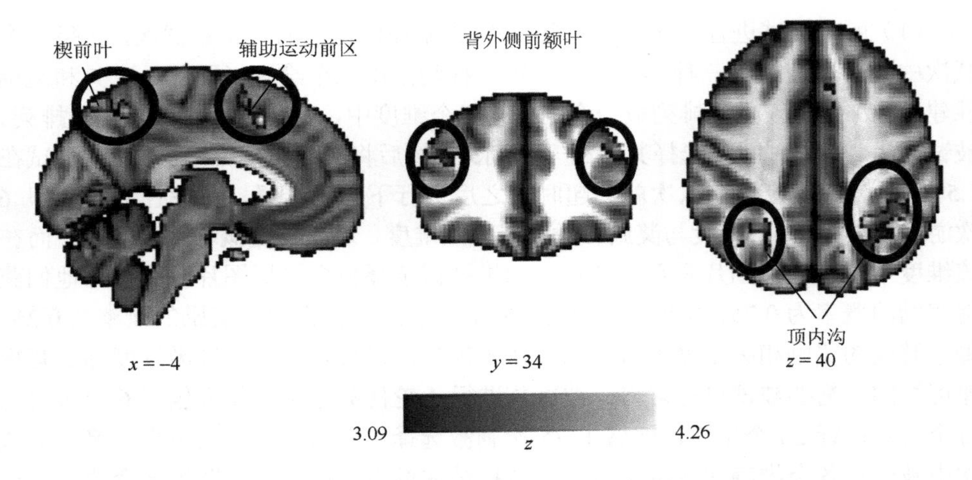

图 8-4　多维环境下注意力集中的学习有效性（二）

资料来源：Leong 等（2017）

该研究响应了经验视角下选择性地投放注意力以达到强化学习的最佳效果的研究观点，也与组织行为学派的学者提出的“有限理性”视角一致。创业企业始终处于复杂多变的环境中，该研究可以为创业者如何应对复杂环境提供学习方面的启发。在创业领域也可借鉴该研究设计类似的实验，探究创业者面临复杂环境时如何分配和转移注意力，以达到更好的应对效果。

另外，以往研究发现，某些疾病如注意缺陷多动障碍对创业活动具有积极作用，注意缺陷多动障碍个体的易冲动性会影响个体的创业活动进入并促进其创业活动的成功（Wiklund et al.，2016）。创业活动具有极强的不确定性，因此，创业者应该如何分配注意力资源，应集中注意力还是分散注意力，值得进行进一步探索。

8.2.2　不确定条件下试错学习的神经基础

越来越多的研究表明，精神分裂症患者的强化学习能力受到损坏（Morris et al.，2008；Premkumar et al.，2008）。然而从强化、反馈或奖励中学习并相应优化行为的能力，对于人们的日常生活十分重要。尤其对于创业者而言，快速试错并从每次试错中快速学习和调整行为是创业成功的重要因素。因此，深入探究大脑究竟是如何进行强化和试错学习具有重要的研究价值。已有的神经学研究对这一问题进行了初步探索。

Koch 等（2010）在 *NeuroImage* 上发表了论文《精神分裂症患者与奖赏相关试错学习的神经激活变异》（Altered activation in association with reward-related trial-and-error learning in patients with schizophrenia）。该论文使用 fMRI 技术分析

了精神分裂症患者和健康志愿者试错学习的神经关联，为后续研究奠定了基础。

该研究被试包括 19 名精神分裂症患者和 20 名健康的志愿者。研究采用“概率试错学习”（probabilistic trial-and-error learning）任务作为实验任务。具体实验流程如下。

（1）研究人员告知被试他们收到了一张卡片，上面有一个几何图形（即圆形、十字形、半月形、三角形、正方形或五边形）。每个图像对应一个未知的从 1 到 9 不等的数字。被试需要猜测卡片上的数字是高于还是低于 5。每猜对一次，被试可得到货币奖励（+ 0.50 欧元），每猜错一次，被试将受到惩罚（–0.50 欧元）。每个数字都以一定的概率决定其值（高于或低 5）。

（2）实验采用三种情况：高度不确定的情况（即 50%的刺激-结果可能性）、允许完全预测的情况（即 100%的刺激-结果可能性）以及部分预测是可能的情况（即 81%的刺激-结果可能性）。被试没有被告知各自数字的预测概率。因此，在实验过程中，他们必须学会根据不同的预测概率来改进自己的猜测，从而使自己的收益最大化。

（3）整个范式包括 96 个交叉试次和针对每个刺激类别的 16 个试次。由于每种概率情况基于两个刺激类别（81%的情况包含 16 个正方形和 16 个圆形），每种概率情况由 32 个试次组成。每一个试次首先以概率条件特定图（probability condition-specific figure）的形式呈现，显示时间为 1.5 秒。在持续 4.5 秒的刺激间隔后，在 2.5 秒内出现一个问号，被试必须按下按钮回答。在另一个间隔为 4.5 秒的刺激后，2.5 秒内出现了正确的解决方案，随后出现了奖励或惩罚的指示。每个试次以 3.5 秒的试次间隔结束。被试根据他们的表现获得报酬。

研究发现，增加实验结果的可预测性可以使大脑减少资源投入，相反地，高任务难度或不确定性下的决策会迫使大脑维持与决策、绩效监控和认知控制等过程相关的脑区激活。研究结果表明，在不确定性增加的情况下增加处理资源的能力，以及在可预测和稳定的环境条件下减少资源的能力，都可能是“优秀学习者”的特征。相反地，精神分裂症患者的壳核、背侧扣带回和额上回（superior frontal gyrus）的激活程度较低。同时，研究发现，患者个体学习率与额丘脑网络（fronto-thalamic network）激活强度呈正相关。这表明，中等学习成绩的患者额丘脑网络激活（可能是代偿性的）持续增加。学习成绩差的患者不仅缺乏任何假定的代偿性激活增加，而且甚至表现出额叶丘脑网络失活的趋势。因此，精神分裂症患者的强化相关处理和学习能力在该障碍的背景下都可能受到损害，从而导致难以从试错中进行学习。

该研究结果表明，在临床或治疗背景下，促进内在动机可能比试图通过外部报酬激励更有效。特别是慢性病患者，外部报酬可能不是引起患者内部奖励系统激活的适当策略。这一结论可能对认知行为和心理教育治疗策略在精神分裂症中的应用和进一步发展具有指导意义。同时，未来可将此类强化、试错学习的认知神经科学研究扩展到创业领域。理论方面，可通过认知神经科学的方法揭示具有什么特质的创业者（包括新手创业者和老手创业者）的试错学习能力更强，拓展相关高管研究的前因变量。实践方面，具有精神分裂症迹象的创业者可通过服用相关药物，修复和激活与试错学习相关的大脑区域，从而提升从试错中学习的能力。

8.2.3 集体学习与个体学习的效能比较

在此部分，我们选取了两个相关研究，它们从不同角度设计实验并采用不同的神经学方法，检验幼儿在语言学习的过程中进行社会互动是否能比单独学习产生更好的学习效果，以及产生该效果的原因。

Lytle 等（2018）在 *Proceedings of the National Academy of Sciences* 上发表了论文《两个人比一个人好：婴儿在有同伴时能更好地从视频中学习语言》（Two are better than one：infant language learning from video improves in the presence of peers）。该论文是较早使用 EEG 工具研究社会互动的学习效果的文献之一，发现了在视频学习过程中，婴儿集体学习和个体学习时学习效果的神经学差异，为后续研究奠定了基础。

该研究实验流程如下：该研究选取 31 名 9 个月大的婴儿，随机分为单独观看组和配对观看组（图 8-5）。条件允许的情况下，配对观看组的婴儿需要两两结伴完成实验，实验组婴儿的同伴并不总是同一个婴儿。在实验过程中，婴儿在观看室进行了共 12 次、为期 4 周的视频学习。每一个学习任务中，婴儿通过互动触摸屏观看长约 20 秒的用中文来阅读书籍和介绍玩具的剪辑。一旦视频结束，随后的触摸可以触发一个新的视频。如果屏幕在 90 秒内没有被触摸，程序会自动触发一个“唤醒视频剪辑”，长 5 秒且不包含任何的目标音素。在观看室内，每位婴儿配备了一台 Lena 记录器，且全程对婴儿进行监控。

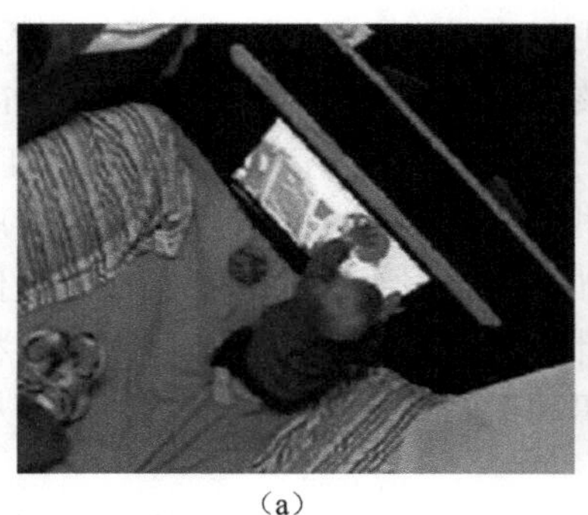

(a)

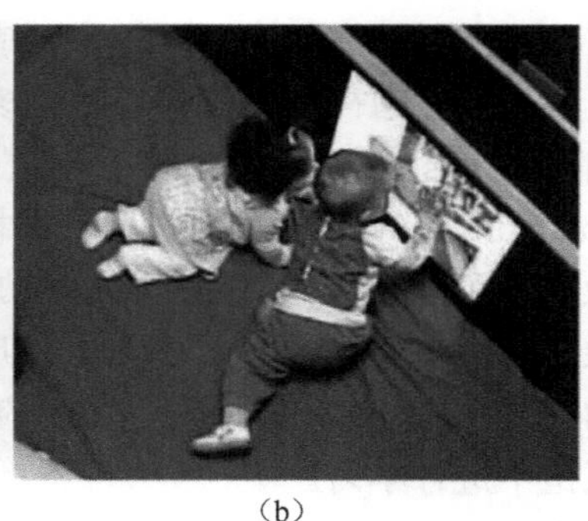

(b)

图 8-5 单人学习 vs.社会互动对婴儿语言学习的影响（一）

资料来源：Lytle 等（2018）

观看视频后，以两种方式对婴儿进行语音学习评估。首先，婴儿参加了一项条件性的转头任务，当他们发现英文语境下有一个目标音素时（标准背景音出现比例为 85%，目标音素出现比例为 15%，目标音素伪随机分布在整个视频中，两个目标音素的间隔至少为 3 个背景音），他们就会把头转向屏幕。其次，用 ERP 测试婴儿的学习情况，采用 32 个电极测量婴儿学习过程中的脑电活动。同时，通过放置在婴儿左面颊上的装置来监测婴儿眨眼的情况。这两种方法共同构成了学习的行为和神经指标。所有测试均在视频观看后的 2 周内完成。

该研究发现：①转头任务中，实验组和对照组婴儿的转头绩效无显著差别；②单独观看组和配对观看组婴儿在听到目标音素时会产生不同的失匹配负波（mismatch negativity，MMN），这是一种在出现目标音素后约 150～350 毫秒婴儿大脑出现的波形，表明从一个语音单位到另一个语音单位的变化存在神经方面的区别。注意力需求在 MMN 的形成过程中起重要作用，注意力需求高时出现正极性失匹配反应（positive polarity mismatch response，pMMR），注意力需求低时出现负极性失匹配反应（negative polarity mismatch response，nMMR）。单独观看组的婴儿显示 pMMR，因为困难的语音辨别任务有更高的注意力需求；配对观看组的婴儿由于社会原因（社会性暗示，如发声和眼睛凝视、对话），在进行语音辨别任务时注意力需求较低，因此出现 nMMR（图 8-6）。

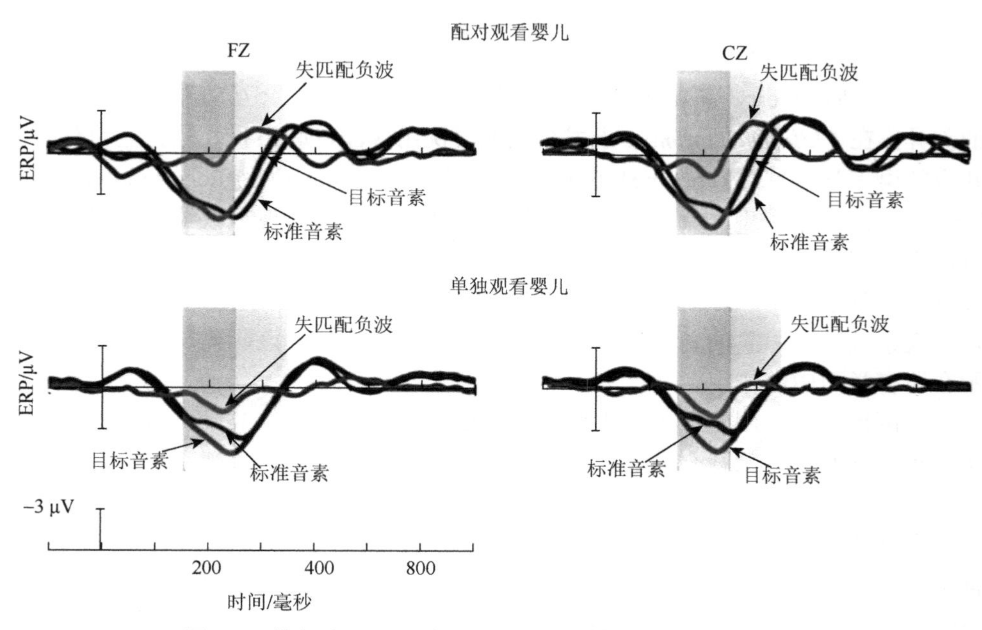

图 8-6　单人学习 vs.社会互动对婴儿语言学习的影响（二）

资料来源：Lytle 等（2018）

FZ 表示额中线；CZ 表示中央中线

另外，该研究还发现在视频学习过程中，婴儿的言语发声跟 ERP 测试产生的 MMN 相关。配对观看组婴儿的言语发声次数较多，婴儿更换的同伴越多，学习效果越好（图 8-7）。该研究表明，婴儿视频学习的效果会在同伴在场的情况下得到加强，原因为：①同伴会激励婴儿进行学习，同伴的更换会增强这种激励；②同伴传达的社会暗示（如眼睛注视和语音）会增加婴儿对单词的理解。该研究用可观测的神经学方法证明了在视频学习过程中，婴儿集体学习和个体学习时学习效果的神经学差异以及原因，为后续集体学习的研究打下基础。

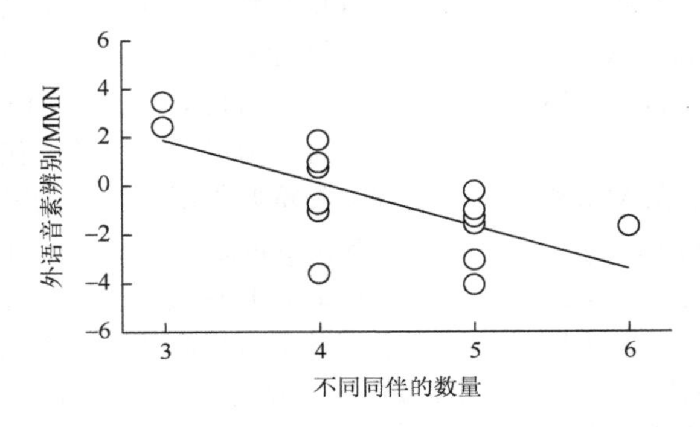

图 8-7　单人学习 vs.社会互动对婴儿语言学习的影响（三）

资料来源：Lytle 等（2018）

此外，Roseberry 等（2014）探究了从视频中学习和社会互动学习的学习效果的差异，在 *Child Development* 上发表论文《快用 Skype 联系我！社交互动有助于儿童的语言学习》（Skype me! Socially contingent interactions help toddlers learn language），检验了现场互动教学、视频互动教学和单纯的视频教学三种情况下儿童语言学习的效果差异，发现儿童仅在社交互动（包括现场互动和视频聊天）情境下学习到新单词。另外，利用 Tobii 眼动仪观察研究产生差异的行为原因，发现那些观察互动者眼睛的儿童们对新单词的学习效果更好，该研究发现了社会性暗示在语言学习中的作用。

这两篇文章共同验证了“集体学习可以产生更好的学习效果”这一机制，表明由于社交互动时的社会原因（比如社会性暗示，如发声和眼睛凝视、对话）的作用，集体学习可以产生更好的学习效果。

在创业领域，也可设计类似学习场景，结合 Tobii 眼动仪和 EEG 这两种认知神经科学工具，通过探索集体学习与个人学习的大脑机制，比较两类学习过程与效果的异同，从而深入了解集体学习和个人学习产生差异效果的内在机制与外部条件，有助于解决创业学习领域的团队学习和个人学习以及创业教育等问题，延伸组织学习理论和社会学习理论视角的研究，提高学习过程和效果差异的测量准确度。

8.2.4　正念冥想训练：注意力与认知控制

正念冥想也被认为是一种精神训练的形式，可以增强专注力、注意力调节和执行控制技能。尽管如此，传统正念练习提高认知和神经效率的潜力受到两项关键要求的影响——运动强度和练习的毅力。部分研究提出可借助外部设备的支持减少这些限制的影响。因此，这项研究旨在测试基于正念练习的强化技术干预的有效性，并由脑传感设备支持，以优化大脑认知性能和神经效率。

Crivelli 等（2019）在 *Mindfulness* 上发表了论文《用大脑感应设备支持正念练习：认知和电生理证据》（Supporting mindfulness practices with brain-sensing devices. cognitive and electrophysiological evidences）。该论文进行了一项对有轻度压力的被试进行正念冥想训练的研究，发现正念冥想训练有助于提高大脑的注意力和认知灵活性。

该研究实验流程如下：选取 40 名有轻微压力的年轻人参加了这项研究，并将被试随机分为对照组（主动控制）和实验组（实验干预）。被试在实验开始前首先进行了注意力和 EEG 评估，并进行了为期 4 周的干预，实验组配备正念冥想训练的可穿戴设备，而对照组不佩戴任何设备。干预完成后，研究人员对两组被试各进行两项评估程序，评估和测试与干预相关的训练对被试大脑功能和认知能力的影响。首先被试进行了一项注意力评估，随后对被试进行 EEG 评估，包括静息状态下和任务状态下（斯特鲁普任务，Stroop task）的 EEG 评估。任务状态下的评估是让被试进行斯特鲁普任务并监测被试的脑活动，即在电脑上呈现四个意大利单词，分别为黄色、蓝色、绿色和红色，每个单词的字体颜色为这四种颜色的任意一种，要求被试根据单词表达的颜色与实际颜色一致时和不一致时进行不同的按键选择。任务过程中，除了记录与事件相关的脑电活动外，还对被试行为反应的准确性进行了统计，包括任务中的正确反应次数、未反应次数和平均反应时间。

该研究发现：①实验组被试在注意力评估中的表现显著高于对照组；②对照组和实验组被试在干预后静息状态的脑电活动是不同的。该研究发现实验组被试在闭眼时大脑后部区域 α 波的相对能量高于 β 波，在大脑前中部区域出现更强的 α 波阻断现象，即被试从闭眼转换到睁眼状态时 α 波产生变化（神经灵活性）；③实验组被试与任务相关的神经效率和信息处理的脑电活动显著高于对照组，该研究发现实验组被试任务相关的 N2 波幅明显增强，意味着实验组被试注意力的增强。该研究表明，正念冥想训练有助于改善大脑，揭示了技术干预的正念练习在提高认知能力和诱导神经效率提高方面的潜力。

这篇文章验证了“正念冥想训练有助于改善大脑”这一机制，由于正念冥想

训练可以诱发大脑 α 波的能量，有助于提升大脑的思维敏捷度，激发灵感，进而使人进入学习与思考的最佳状态，因此正念冥想训练确实有助于改善大脑的注意力和认知控制。

在创业领域，也可设计类似场景，运用可穿戴训练设备对创业者大脑进行训练，并采用基于 EEG 的认知神经科学方法，探索正念冥想训练是否有助于提高创业者大脑的注意力和认知灵活性，这有助于解决创业教育方式以及效果等问题，延伸创业教育视角的研究，提高创业教育效果的测量准确度。

8.3　基于认知神经科学视角的创业学习研究方向

神经科学研究表明，成人大脑同样具有可塑性，有能力重塑、重建、生长神经元，形成新的突触。特别是海马体可以通过练习生成新的神经元，强化长期记忆和学习功能。伦敦大学神经系统科学家埃莉诺·马奎尔（Eleanor Maguire）利用 fMRI 对比获得许可的出租车司机与中途退出培训或未参加培训的出租车司机的海马体，发现前者海马体比后者更大，表明获得许可的出租车司机通过培训学习，生成了更多的神经元和其他组织，增强了他们的空间导航能力（Maguire et al., 2000）。基于大脑可塑性的前提，认知神经科学为创业学习提供了新的研究工具，可以在一定程度上检验创业经验向创业知识的转化过程，不仅体现在可观察的创业者机会识别、资源投入等行为表现上，还体现在脑部相关功能区域的显著变化之中。结合认知神经学研究基础与 VUCA 时代[①]的创业实践需求，未来创业学习的研究人员可利用认知神经科学工具探索以下五个方面的主题。

8.3.1　经验视角下的试错学习

认知神经科学为分析创业者从经验（经历）转化为知识的过程机制提供了新的研究工具，可以帮助研究者从相对成熟的经验视角实现科学化的跨学科探索。首先，如何分配注意力，从复杂多变的创业环境提取有用的信息进行有效学习，是每位创业者所面临的新的时代挑战。从 Leong 等（2017）结合注意力转移与强化学习的研究，可以推测，创业者能否正确分配注意力进行有选择性的学习，是造成创业者知识和决策结果差异的重要原因。正如 Simon 和 March 所强调的人是有限理性的，无法做到无限制地获取和处理与任务相关的全部信息，未来研究可

① VUCA 中文发音一般为“乌卡”，是 volatility（易变性），uncertainty（不确定性），complexity（复杂性），ambiguity（模糊性）的缩写。来源：《VUCA 时代，想要成功，这些原则你一定得明白》，哈佛商业评论增刊，2018-05-28。

结合 Ocasio（1997）的注意力基础观（attention-based view），探索创业者的注意力选择机制，即在不同情境下关注哪些议题和答案，并基于组织规则、资源和关系网络进行有针对性的沟通和传播，以及如何最终影响创业企业的战略选择，并决定创业企业的生存性和成长性。

其次，在失败常态化的时代，创业者的试错学习是适应环境不确定性的一种重要手段。Koch 等（2010）发现精神分裂症患者和健康志愿者试错学习的神经机制存在显著差异，可以推测，由于个体的生理缺陷，创业者试错学习与决策能力存在显著差别，但经过药物摄入和针对性训练，这些创业者可以修复和激活与试错学习相关的大脑区域，从而提升试错学习的能力。未来可进一步与认知神经科学学者共同延伸这一成果的应用场景，为创业者提供试错学习能力的诊断和训练，帮助创业者克服神经缺陷，最大化学习的成效。

8.3.2　网络视角下的集体学习

当前创业学习的网络视角尚未涉及新创企业内部和跨边界的学习网络的组成、结构、边界等核心问题，未来值得进一步探讨。组织学习理论（organizational learning theory）和社会学习理论（social learning theory）可作为理论切入点。组织学习理论认为个人学习是组织学习的基础，个人获取的知识通过成员分享和部门传播转化为组织内程序、规则和惯例，使组织适应外部复杂多变的环境，从而提高企业绩效（Argyris，1990；Huber，1991）。社会学习理论认为个体会通过观察他人的行动而习得新事件，进行替代性学习（Bandura，1986）。因此，相对于个人学习，发生在团队和组织层面上的集体学习对于企业生存和成长更为重要。

新创企业中究竟该采用个体学习还是集体学习的方式？个体经验通过哪种互动机制更容易转化为组织知识？是否需要根据不同的创业环境和团队氛围调整组织学习的主导模式？回答这一系列问题，首先，可借鉴认知神经科学婴儿陪伴学习的相关研究设计（Lytle et al.，2018；Roseberry et al.，2014），观察不同模式下大脑神经的同步性、被试对社会性暗示的注意力等，探索多人互动下集体学习的有效性。既可以对比创业过程中独立学习与集体学习的效能差异，也可以探索集体学习的不同互动方式的效能差异，寻求创业过程中最佳的学习方式组合。其次，与团队凝聚力、团队冲突、任务互依性等群体动力学研究结合，通过 fMRI 等工具观察人际互动中的大脑机制，以探寻年龄相仿的成员为何、如何更容易建立亲密关系，增进彼此间信息分享和情感支持，以达成集体学习的目标。最后，探索组织内部的个人学习向集体学习的转化过程（朱秀梅等，2019），通过模拟组织学习的任务场景，在实验室中使用 EEG、MEG（magnetoencephalography，脑磁图）等工具，探索个体知识如何被其他组织成员所感知与吸收，内化为群体知识的过程与机制。

8.3.3 认知能力与创业教育模式

创业学习是认知能力的体现；反过来，也可以进一步提高认知能力（Schmidt and Ford，2003）。创业者的先前经验造成了认知能力的差异，而后天训练可以提升认知能力。Haynie 等的研究指出，创业者高级认知功能——元认知（meta-cognition）指导创业者理解、控制和反思创业学习过程，结合创业任务的反馈，影响创业认知灵活性，塑造了创业者的认知能力（Haynie et al.，2012）。认知能力即创业者进行心智活动（如感知和注意力、问题解决和推理等）的能力，有助于创业者感知、抓住机会并重组资源，从而提升企业绩效（Helfat and Peteraf，2015）。

工作和生活重塑了大脑的神经回路，创业者经常面对充满挑战和不确定性的环境，意味着他们的神经回路连接数量可能更多，对新刺激的反应也可能更快。但是，过多的神经回路连接也可能会成为信息有效传递的“阻碍”，需要做进一步深入研究。冥想练习是一种有效地激发创造力的干预模式，正念冥想可以减少注意力分散和提高认知能力，以进入学习和思考的最佳状态（Crivelli et al.，2019）。未来研究可探索创业者能否及如何通过参与正念冥想、辟谷或打坐禅修等活动，改善认知能力和修正创业行为，区分不同类型的冥想（正念冥想和开放式冥想）等活动的作用差异，寻求创业者提升创业学习能力的最佳路径，也为创业教育提供新的思路与模式。

8.3.4 创业学习的动态性

从个体学习的动态性来看，未来可以结合认知神经科学的理论和工具重点关注创业失败、创始人离职、合伙人背叛等创业过程中的关键性挫折事件如何激发创业者的非连续性学习（discontinuous learning）（Cope，2005）。创业学习将经验以编码的形式储存，遇到类似的情境时可以进行提取。当经验与情感（美好或恐惧）相联系（如失败经验会引发个人的悲痛情绪）时，对经验的记忆会更深刻，不过对个人职业选择和心理健康会产生不利影响。认知神经科学的研究探索是否可以有助于遗忘这些痛苦经历，从而改善个体受到创伤后应激症的困扰。Anderson 等（2004）用 fMRI 监测接受过抑制训练的被试大脑活动，发现当被试抑制记忆时，背外侧前额叶被激活。这个脑区的核心功能是执行控制，说明被试在主动抑制特定的动作或情绪，同时，海马体（长期记忆相关）的脑活动降低。这一研究表明对于有失败经验的创业者，可依此进行记忆抑制的培训与疏导，降低失败恐惧感，帮助他们尽快走出失败阴影。

从组织学习的动态性来看，认知神经科学可以通过对新创企业中的关键个体[如 CEO、首席技术官（chief technology officer，CTO）]的情绪追踪，探索组织遗忘发生的条件与机制。在高度不确定环境下，新创企业需要及时开展组织遗忘，清理陈旧的知识并理解新知识，在此基础上进行再学习（relearning），建立新刺激与反应间的关系，修正原有认知地图（cognition map）。Pratt 和 Barnett（1997）指出，组织遗忘和再学习能否出现取决于成员的情绪，只有组织内同时存在冲突和信任两种情绪时，成员才能打破原有的思维模式，推动再学习。未来研究可以结合组织学习和认知神经科学的理论，抑制创业者的执行功能控制脑区（如背外侧前额叶），制造个体紧张的情绪体验，激发个体打破原有思维模式并挑战组织惯例，进行探索学习。

8.3.5　智能时代创业学习的新模式

人类将经验转化为知识的学习方式与机器学习从数据中提取共性特征的学习方式具有高度相似性，深度学习正是模仿了人脑的神经网络，利用不同层次的神经元及其联结机制传导和解读信息，在大量信息输入的基础上模拟最优解决方案。早在 2001 年，Minniti 和 Bygrave 借鉴机器学习的思想，将创业学习看作校准的算法，观察创业者行动和结果间的对应关系，更新再次行动的信心。创业学习与机器学习的机制也存在差异，主要有两点，一是创业者的时间和精力是有限的，限制了对外界信息的处理能力；二是创业者具有情绪和情感波动，容易造成学习内容的偏差。机器学习特别是深度学习的出现可以解决上述两个难题，利用创业学习行为所依据的神经生物学机制，尝试创建“模拟创业者大脑”①，探索不同环境下创业者信息、决策和情绪处理的具体模式，训练机器自动提取成功创业者的行为特征，形成创业者针对不同环境知识积累数据库，方便创业者学习和模仿，及时纠正创业过程中的认知和行为偏差，进一步降低创业失败的成本。

中英术语对照表

中文	英文
额叶眼区	Frontal eye field
额丘脑网络	Fronto-thalamic network
梭状回	Fusiform gyrus

① 参见梅拉尼•戴（Mellani Day），玛丽•博德曼（Mary C. Boardman），诺里斯•克鲁格（Norris F. Krueger）（编）. 神经创业学：研究方法与实验设计[M]. 于晓宇，杨俊，李炜文译，北京：机械工业出版社，2019.

续表

中文	英文
顶内沟	Intraparietal sulcus
失匹配负波	Mismatch negativity
负极性失匹配反应	Negative polarity mismatch response
正极性失匹配反应	Positive polarity mismatch response
楔前叶	Precuneus
辅助运动前区	Presupplementary motor area
概率试错学习	Probabilistic trial-and-error learning
额上回	Superior frontal gyrus

参考文献

单标安，蔡莉，陈彪，等. 2015. 中国情境下创业网络对创业学习的影响研究[J]. 科学学研究，33（6）：899-906，914.

单标安，蔡莉，鲁喜凤，等. 2014. 创业学习的内涵、维度及其测量[J]. 科学学研究，32（12）：1867-1875.

谢雅萍，陈睿君，王娟. 2018. 直观推断调节作用下的经验学习，创业行动学习与创业能力[J]. 管理学报，15（1）：57-65.

谢雅萍，梁素蓉，陈睿君. 2017. 失败学习，创业行动学习与创业能力：悲痛恢复取向的调节作用[J]. 管理评论，29（4）：47.

杨隽萍，唐鲁滨，于晓宇. 2013. 创业网络、创业学习与新创企业成长[J]. 管理评论，25（1）：24-33.

于晓宇，蔡莉. 2013. 失败学习行为、战略决策与创业企业创新绩效[J]. 管理科学学报，16（12）：37-56.

于晓宇，胡芝甜，陈依，等. 2016. 从失败中识别商机：心理安全与建言行为的角色[J]. 管理评论，28（7）：154-164.

于晓宇，李厚锐，杨隽萍. 2013. 创业失败归因、创业失败学习与随后创业意向[J]. 管理学报，10（8）：1179-1184.

于晓宇，蒲馨莲. 2018. 中国式创业失败：归因、学习和后续决策[J]. 管理科学，31（4）：103-119.

于晓宇，陶向明，李雅洁. 2019. 见微知著？失败学习、机会识别与新产品开发绩效[J]. 管理工程学报，33（1）：51-59.

朱秀梅，刘月，李柯，等. 2019. 创业学习到创业能力：基于主体和过程视角的研究[J]. 外国经济与管理，41（2）：30-43.

朱秀梅，吕庆文，刘月. 2017. 创业学习转移：模型构建及机制分析[J]. 外国经济与管理，39（8）：3-15.

Anderson M C，Ochsner K N，Kuhl B，et al. 2004. Neural systems underlying the suppression of unwanted memories[J]. Science，303（5655）：232-235.

Argyris C. 1990. Overcoming Organizational Defenses：Facilitating Organizational Learning[M]. Boston：Allyn and Bacon.

Audia P G，Goncalo J A. 2007. Past success and creativity over time：a study of inventors in the hard disk drive industry[J]. Management Science，53（1）：1-15.

Bandura A. 1986. Social Foundations of Thought and Action：a Social Cognitive Theory[M]. Englewood Cliffs：Prentice-Hall.

Brockman B K，Morgan R M. 2003. The role of existing knowledge in new product innovativeness and performance[J]. Decision Sciences，34（2）：385-419.

Cope J. 2005. Toward a dynamic learning perspective of entrepreneurship[J]. Entrepreneurship Theory and Practice，29（4）：373-397.

Cope J. 2011. Entrepreneurial learning from failure：an interpretative phenomenological analysis[J]. Journal of Business Venturing，26（6）：604-623.

Corbett A C. 2005. Experiential learning within the process of opportunity identification and exploitation[J]. Entrepreneurship Theory and Practice，29（4）：473-491.

Corbett A C. 2007. Learning asymmetries and the discovery of entrepreneurial opportunities[J]. Journal of Business Venturing，22（1）：97-118.

Crivelli D，Fronda G，Venturella I，et al. 2019. Supporting mindfulness practices with brain-sensing devices. Cognitive and electrophysiological evidences[J]. Mindfulness，10（2）：301-311.

Diwas K C，Staats B R，Gino F. 2013. Learning from my success and from others' failure：evidence from minimally invasive cardiac surgery[J]. Management Science，59（11）：2435-2449.

Fatima Z，Kovacevic N，Misic B，et al. 2016. Dynamic functional connectivity shapes individual differences in associative learning[J]. Human Brain Mapping，37（11）：3911-3928.

Foo M D，Sin H P，Yiong L P. 2006. Effects of team inputs and intrateam processes on perceptions of team viability and member satisfaction in nascent ventures[J]. Strategic Management Journal，27（4）：389-399.

Gartner W B. 1985. A conceptual framework for describing the phenomenon of new venture creation[J]. Academy of Management Review，10（4）：696-706.

Hagen S M，Tanaka J W. 2019. Examining the neural correlates of within-category discrimination in face and non-face expert recognition[J]. Neuropsychologia，124：44-54.

Haynie J M，Shepherd D A，Patzelt H. 2012. Cognitive adaptability and an entrepreneurial task：the role of metacognitive ability and feedback[J]. Entrepreneurship Theory and Practice，36（2）：237-265.

Helfat C E，Peteraf M A. 2015. Managerial cognitive capabilities and the microfoundations of dynamic capabilities[J]. Strategic Management Journal，36（6）：831-850.

Holcomb T R，Ireland R D，Holmes Jr R M，et al. 2009. Architecture of entrepreneurial learning：exploring the link among heuristics，knowledge，and action[J]. Entrepreneurship Theory and Practice，33（1）：167-192.

Horga G，Maia T V，Marsh R，et al. 2015. Changes in corticostriatal connectivity during reinforcement learning in humans[J]. Human Brain Mapping，36（2）：793-803.

Huber G P. 1991. Organizational learning：the contributing processes and the literatures[J]. Organization Science，2（1）：88-115.

Im S，Montoya M M，Workman Jr J P. 2013. Antecedents and consequences of creativity in product innovation teams[J]. Journal of Product Innovation Management，30（1）：170-185.

Jonker T R，Dimsdale-Zucker H，Ritchey M，et al. 2018. Neural reactivation in parietal cortex enhances memory for episodically linked information[J]. Proceedings of the National Academy of Sciences，115（43）：11084-11089.

Koch K，Schachtzabel C，Wagner G，et al. 2010. Altered activation in association with reward-related trial-and-error learning in patients with schizophrenia[J]. NeuroImage，50（1）：223-232.

Kolb D. 1984. Experiential Learning：Experience as the Source of Learning and Development[M]. New Jersey：Prentice-Hall.

Kuhl P K，Tsao F M，Liu H M. 2003. Foreign-language experience in infancy：effects of short-term exposure and social interaction on phonetic learning[J]. Proceedings of the National Academy of Sciences，100（15）：9096-9101.

Leong Y C，Radulescu A，Daniel R，et al. 2017. Dynamic interaction between reinforcement learning and attention in multidimensional environments[J]. Neuron，93（2）：451-463.

Liu Y，Li Y，Hao X，Zhang Y. 2019. Narcissism and learning from entrepreneurial failure[J]. Journal of Business Venturing，34（3）：496-512.

Lytle S R，Garcia-Sierra A，Kuhl P K. 2018. Two are better than one：infant language learning from video improves in the presence of peers[J]. Proceedings of the National Academy of Sciences，115（40）：9859-9866.

Maguire E A，Gadian D G，Johnsrude I S，et al. 2000. Navigation-related structural change in the hippocampi of taxi drivers[J]. Proceedings of the National Academy of Sciences，97（8）：4398-4403.

Man W Y T. 2005. Profiling the entrepreneurial learning patterns：a competency approach[R]. Guildford：IntEnt 2005：Internationalizing Entrepreneurship Education and Training.

March J G. 1978. Bounded rationality，ambiguity，and the engineering of choice[J]. The Bell Journal of Economics，9（2）：587-608.

McGrath R G. 1999. Falling forward：real options reasoning and entrepreneurial failure[J]. Academy of Management Review，24（1）：13-30.

Minniti M，Bygrave W. 2001. A dynamic model of entrepreneurial learning[J]. Entrepreneurship Theory and Practice，25（3）：5-16.

Morris S E，Heerey E A，Gold J M，et al. 2008. Learning-related changes in brain activity following errors and performance feedback in schizophrenia[J]. Schizophrenia Research，99（1-3）：274-285.

Ocasio W. 1997. Towards an attention-based view of the firm[J]. Strategic Management Journal，18（S1）：187-206.

Politis D. 2005. The process of entrepreneurial learning：a conceptual framework[J]. Entrepreneurship Theory and Practice，29（4）：399-424.

Pratt M G，Barnett C K. 1997. Emotions and unlearning in Amway recruiting techniques：promoting change through ‘safe’ ambivalence[J]. Management Learning，28（1）：65-88.

Premkumar P，Fannon D，Kuipers E，et al. 2008. Emotional decision-making and its dissociable components in schizophrenia and schizoaffective disorder：a behavioural and MRI investigation[J]. Neuropsychologia，46（7）：2002-2012.

Puschmann S，Brechmann A，Thiel C M. 2013. Learning-dependent plasticity in human auditory cortex during appetitive operant conditioning[J]. Human Brain Mapping，34（11）：2841-2851.

Rae D，Carswell M. 2001. Towards a conceptual understanding of entrepreneurial learning[J]. Journal of Small Business and Enterprise Development，8（2）：150-158.

Ravasi D，Turati C. 2005. Exploring entrepreneurial learning：a comparative study of technology development projects[J]. Journal of Business Venturing，20（1）：137-164.

Reagans R，McEvily B. 2003. Network structure and knowledge transfer：the effects of cohesion and range[J]. Administrative Science Quarterly，48（2）：240-267.

Roseberry S，Hirsh-Pasek K，Golinkoff R M. 2014. Skype me！Socially contingent interactions help toddlers learn language[J]. Child Development，85（3）：956-970.

Sardana D，Scott-Kemmis D. 2010. Who learns what? —A study based on entrepreneurs from biotechnology new ventures[J]. Journal of Small Business Management，48（3）：441-468.

Schmidt A M，Ford J K. 2003. Learning within a learner control training environment：the interactive effects of goal orientation and metacognitive instruction on learning outcomes[J]. Personnel Psychology，56（2）：405-429.

Shepherd D A. 2003. Learning from business failure：propositions of grief recovery for the self-employed[J]. Academy of Management Review，28（2）：318-328.

Sitkin S B. 1992. Learning through failure：the strategy of small losses[J]. Research in Organizational Behavior，14：231-266.

Taylor D W，Thorpe R. 2004. Entrepreneurial learning：a process of co-participation[J]. Journal of Small Business and Enterprise Development，11（2）：203-211.

Ucbasaran D，Shepherd D A，Lockett A，et al. 2013. Life after business failure：the process and consequences of business failure for entrepreneurs[J]. Journal of Management，39（1）：163-202.

Wang C L，Chugh H. 2014. Entrepreneurial learning：past research and future challenges[J]. International Journal of Management Reviews，16（1）：24-61.

Warren L. 2004. A systemic approach to entrepreneurial learning：an exploration using storytelling[J]. Systems Research and Behavioral Science，21（1）：3-16.

West G P Ⅲ. 2007. Collective cognition：when entrepreneurial teams，not individuals，make decisions[J]. Entrepreneurship Theory and Practice，31（1）：77-102.

Wiklund J，Patzelt H，Dimov D. 2016. Entrepreneurship and psychological disorders：how ADHD can be productively harnessed[J]. Journal of Business Venturing Insights，6：14-20.

Wiltbank R，Dew N，Read S，et al. 2006. What to do next？The case for non-predictive strategy[J]. Strategic Management Journal，27（10）：981-998.

Wing Yan Man T. 2006. Exploring the behavioural patterns of entrepreneurial learning[J]. Education + Training，48（5）：309-321.

Young J E，Sexton D L. 1997. Entrepreneurial learning：a conceptual framework[J]. Journal of Enterprising Culture，5（3）：223-248.

第9章 创业伦理的微观基础

1988年，Longenecker等在《利己且独立：创业伦理》（Egoism and Independence: Entrepreneurial Ethics）中首次提出创业伦理一词，认为创业者的个人主义和利己倾向使其容易忽视他人的利益，创业者的伦理水平备受质疑。同时，他们发现创业者与非创业者在伦理态度和伦理决策等方面存在差异，这些差异在后续研究中也得到进一步验证和补充（Vyakarnam et al.，1997；Teal and Carroll，1999；Solymossy and Masters，2002）。当前，创业者非伦理行为时常发生，给创业者和创业企业的发展造成致命的打击（表9-1），创业伦理受到学界和业界的广泛关注，但有关创业伦理的研究十分零散。

表9-1 创业者非伦理行为及其影响

时间	事件	影响
2017年10月	美国温斯坦公司（The Weinstein Company）创始人哈维·温斯坦（Harvey Weinstein）性骚扰丑闻	该事件在美国以及全球范围引发一场反性骚扰运动。4个月后，公司进入破产流程
2018年1月	美国永利度假村（Wynn Resorts）创始人兼首席执行官史提芬·永利（Steve Wynn）性骚扰丑闻	事件曝出后的两个交易日，跌幅分别达到10.12%和9.32%，市值缩水近35亿美元。2018年2月，Steve Wynn引咎辞职，直到2月26日该公司股价才止跌
2018年11月	新东方创始人俞敏洪在演讲中发表“女性堕落致国家堕落”的不当言论，激起了很多女性的不满和谴责，也因此惹上了“女性歧视”之嫌	新东方教育集团董事长俞敏洪多年树立起来的“教育家”人设因其言论一夜崩塌。公司在两天之内蒸发了4.45亿美元（约合31亿元人民币）市值
2019年5月	据《洛杉矶时报》等外媒报道，步长制药董事长赵涛斥资650万美元，帮助女儿以帆船特长生的身份就读斯坦福大学	“650万美元上斯坦福”事情曝光后，步长制药股价连续两天下跌，跌幅为15.39%，市值在这两天共蒸发掉43.5亿元

资料来源：作者整理

2003年，Hannafey最早对有关创业伦理研究的相关文献进行了回顾梳理，并强调了创业伦理对新创企业生存与成长以及社会可持续发展的重要性，呼吁学者关注创业伦理问题。近年来，*Academy of Management Journal*、*Journal of Management*、*Entrepreneurship Theory and Practice*、*Journal of Business Venturing*、*Business Ethics Quarterly*、*Journal of Business Ethics* 等国外期刊相继发表创业伦理主题文章。伦理领域权威期刊 *Journal of Business Ethics*（2005年）和创业领域权

威期刊 *Journal of Business Venturing*（2009年）相继推出特刊“伦理与创业”（ethics and entrepreneurship），鼓励创业伦理相关研究。相较于国外，国内创业伦理领域的研究起步较晚。在国家自然科学基金委管理学部认定的30本重要期刊中，以“创业”和“伦理”进行组合在摘要和关键词中检索，仅识别出4篇与创业伦理相关的研究（李华晶和张玉利，2014；李华晶等，2014；李华晶等，2016；于晓宇等，2018）。近年来，新兴技术层出不穷，在赋能创业者更加高效开展创新创业活动的同时，也为创业者和创业企业带来了更多伦理挑战，如共享经济带来的“反工人行为”（Ahsan，2018）以及人工智能的伦理冲突（谢洪明等，2019）等，因而亟须对创业伦理进行更加深入的研究。

本章首先介绍创业伦理的研究现状，其次介绍创业伦理相关的认知神经科学研究基础，最后再基于认知神经科学视角提出创业伦理的未来研究方向。

9.1　创业伦理的相关研究

本章基于2003～2019年发表在16本[①]管理、创业和伦理领域国际期刊的52篇创业伦理文献，从三个方面对既有创业伦理研究进行回顾和评介，包括：①创业伦理的影响因素；②创业伦理与创业过程；③创业伦理与创业结果。

9.1.1　创业伦理的影响因素

1. *个体层面*

创业者与非创业者之间、不同类型创业者之间的伦理决策和行为存在哪些差异？哪些个体特征影响创业者的伦理决策和行为？Buchholz和Rosenthal（2005）指出，想象力、创造力、新颖性、敏感性对创业者伦理决策十分重要。Dunham（2010）也表示创业者需要具备伦理想象力（moral imagination），以解决新产品、新服务存在的潜在问题。另外，创业者通常具有高风险倾向（Zhang and Arvey，2009）、高损失厌恶（Jiang et al.，2018）、高自我效能（Shepherd et al.，2013）、高成就动机（Baron et al.，2015）等特质，这些个人特质使创业者更有可能在创业过程中

① 16本期刊包括8本管理领域权威期刊：*Academy of Management Journal*、*Academy of Management Review*、*Administrative Science Quarterly*、*Journal of Management*、*Journal of Management Studies*、*Management Science*、*Organization Science*、*Strategic Management Journal*；6本创业领域权威期刊：*Entrepreneurship Theory and Practice*、*Journal of Business Venturing*、*Journal of Small Business Management*、*International Small Business Journal*、*Small Business Economics*、*Strategic Entrepreneurship Journal* 以及2本伦理领域权威期刊：*Business Ethics Quarterly*、*Journal of Business Ethics*。

打破社会规范与准则，采取投机主义行为（Zhang and Arvey，2009；Jiang et al.，2018）。此外，根据紧张理论（strain theory），创业者个人压力会影响其伦理标准，当创业者面临阻碍企业业绩和盈利目标实现的因素时，合法手段与期望目标之间的脱节会使创业主体倍感压力，因而更可能采取不正当的手段达成目的（Khan et al.，2013；Frid et al.，2016）。

从人口统计学特征来看，创业者的性别、教育水平、年龄也会对创业伦理行为产生影响。Hechavarría 等（2016）探索了女性创业者和男性创业者在创业伦理（行为）方面的差异，他们发现相较于男性创业者，女性创业者更可能表露出关怀伦理（ethics of care），因此通常将社会价值置于经济价值之上；男性创业者则更关注正义伦理（ethics of justice），因此更加重视经济价值的创造。de Clercq 和 Dakhli（2009）研究了教育水平对创业者伦理标准的影响，发现教育水平越高的创业者持有越低的伦理标准，越有可能忽视创业过程中的伦理问题。Ding 和 Wu（2014）研究表明家族企业所有者的年龄对企业不当行为有重要影响。成熟家族企业的所有者年龄越高，越会为了保护家族企业社会情感财富（socioemotional wealth）和跨代传承而规避企业不当行为。

2. 团队/组织层面

团队/组织层面的创业伦理研究关注企业成立年限以及规模对企业伦理氛围和非伦理行为的影响。首先，既有研究发现企业年龄对企业伦理氛围存在影响。Neubaum 等（2004）发现，相较于成熟企业，新创企业（成立时间在 8 年以下）呈现出更低的自利型（instrumental）、独立型（independence）、关怀型（caring）、基于法律和职业守则（law and code）、基于规章制度（rules）的伦理氛围。与预期不同的是，新创企业比成熟企业表现出更低的自利型伦理氛围。可能的解释是新创企业成立初期主要以生存为首要目的，企业成员对个人回报的关注会让位于新创企业生存这一更为紧迫的问题。Longenecker 等（2006）研究发现企业规模对企业伦理氛围有重要影响，规模小的企业规章制度较为松散，对破坏环境的决策、不精确的财务报告和投资消息、虚假和误导性的广告等容忍程度较高。以上研究结果暗示小企业、年轻企业通常有较低的组织伦理氛围，因此更有可能采取非伦理行为。

在共享经济/零工经济（sharing economy/gig economy）等新兴商业模式的驱动下，逐步形成以 Uber（优步）等为代表的新型互联网公司，这些企业在发展过程中也存在伦理问题，诸如加剧了社会不平等。Ahsan（2018）以 Uber 为研究对象，分析共享经济/零工经济下企业新兴商业模式存在的伦理问题。一方面，这种新兴的商业模式提升了资源利用效率，涌现了一批“小微创业者”（micro entrepreneurship），如通过 Uber 平台提供服务的司机，他们被视为独立承包商，并被赋予工作的自由度；另一方面，这种新兴的商业模式也催生了反工人行为（anti-worker actions），共享经济平台的零工在被赋予工作自由的同时却被剥夺了劳动法规定的权利，如此会加剧社会不平等。

9.1.2　创业过程中的伦理困境

现有关于创业伦理与创业过程的研究主要关注创业主体在机会识别和开发、资源获取和利用过程中的伦理困境。

一是创业机会识别与开发过程中的伦理困境。Shepherd 等（2013）提出市场中存在着部分对环境有害的创业机会，此类创业机会往往会带来较高的收益，对创业者极具吸引力。然而，持环境友好型价值观的创业者会克制对此类创业机会的开发动机。因此，创业者需要在个人环境友好型的价值观和潜在收益较高但对环境有害的创业机会之间进行权衡。此外，创业者在开发基于新技术或新生产方式的产品和服务时，会挑战市场中原有的价值导向，使其处于既有伦理规范之外，时刻面临伦理失范的风险（Hall and Rosson，2006）。

二是资源获取与利用过程中的伦理困境。根据利益相关者理论，创业主体嵌入于复杂的利益相关者网络，包括家人、朋友、风险投资者、客户、政府、供应商、竞争者、媒体以及环境等（Lahdesmaki，2005）。创业初始资金、劳动力、客户等大多源自创业者的家人和朋友（Hannafey，2003）。而创业者在对待这些心甘情愿（willing）和紧密相关（real-live）的利益相关者时需要考虑更多的伦理因素（Harting et al.，2006）。

9.1.3　创业伦理的影响

现有关于创业伦理与创业结果的研究主要从个体、组织/团队两个层面进行分析和论述。

1. 个体层面

首先，Zhu 和 Chang（2013）指出创业者的非伦理行为会影响其正面形象，其中，非伦理行为的自觉严重程度（perceived severity）、宣传强度（publicity intensity）以及补救表现（recovery performance）分别对创业者的形象有显著影响。此外，Drover 等（2014）提出风险投资者的伦理声誉（ethical reputation）影响创业者合作意愿。值得一提的是，该研究发现，拒绝融资带来的严重后果（企业破产）会改变创业者的合作意愿，创业者对风险投资者的伦理声誉变得更加包容，与此同时，高失败恐惧感的创业者倾向于规避与伦理声誉差的风险投资者合作。

2. 组织层面

组织层面研究较多关注创业主体的非伦理行为产生的严重商业和社会后果，主要集中于研究非伦理行为对创业绩效、合作关系和企业形象的影响。首先，de Jong 等（2010）关注了贿赂行为对创业企业绩效的影响。一方面，由于新创企业存在新进入缺陷，创业企业往往会通过贿赂的方式快速发展与培养政府官员的非正式关系，以获得企业发展的有利资源。另一方面，从长期发展角度来看，贿赂会使企业的资源配置效率低下。在风险投资中，创业者与投资者之间的合作关系也会受到非伦理行为的影响（Collewaert and Fassin，2013）。此外，企业采取非伦理行为存在曝光的风险，Zhu 和 Chang（2013）研究发现一旦创业主体的非伦理行为公之于众，将会对创业主体的公众形象产生严重的负面影响。

9.1.4 研究述评

随着创业活动的外部性不断加强，创业伦理研究愈加重要。虽然学者已对创业伦理进行关注，但与其他创业领域相比，创业伦理的研究还处于待发展阶段。通过对文献梳理，创业伦理的研究未来应在以下方面加以深化。

1. 紧扣创业过程要素

创业伦理研究未能与创业过程中的关键要素形成实质性的对话。我们建议从创业过程要素——创业机会、创业团队和创业资源入手，对创业伦理进一步研究。

首先，一个重要但尚未探索的研究领域是对创业机会的伦理考虑（Hannafey，2003）。根据道德认知发展理论（Kohlberg，1969），道德认知发展水平能够解释个体为何关注不同类型的伦理问题以及采取不同的伦理问题处理方式，这一过程将导致身处同一环境中的创业者可能识别不同的创业机会或对同一机会持不同的判断。既有研究表明，创业者的道德发展水平显著高于其他群体（如管理者），同时也提出探索创业者群体之间道德发展水平差异性的必要性（Teal and Carroll，1999）。未来研究可进一步拓展道德认知发展水平对机会识别和开发的影响研究。

其次，创业团队是创业研究中的一个重要主题，但创业伦理的研究尚未涉及。例如，创业失败后创业者请吃“散伙饭”的“告别”仪式为创业者提供了相互慰藉的机会（Harris and Sutton，1986），这一行为体现了关怀伦理，并对形成再次创业意向具有重要影响。此外，在创业团队组建过程中，创业者的合法性谎言对象也可能是未来可能的创业团队成员（Rutherford et al.，2009）。其中涉及的伦理问题是创业者可能会利用信息不对称性粉饰创业企业形象，以吸纳新成员的加入。据此，未来研究可进一步探索（非）伦理行为在不同创业团队演进过程中的影响。

最后，从伦理的视角拓展创业资源研究。新创企业由于存在新进入缺陷，其资源的管理活动存在一定的特殊性，从伦理的视角来探索新创企业资源管理活动能进一步发展创业领域的资源理论。具体来说，创业过程中资源的获取和利用是创业者感知资源、辨识资源的过程，在这一过程中创业伦理发挥重要的作用。例如，在进行创业拼凑时，伦理意识可能会影响创业者感知资源的类型、数量和质量。创业拼凑强调对资源的非常规利用（Baker and Nelson，2005），伦理意识水平高的创业者可能更易识别创业环境中创业资源的替代性用途（李华晶等，2014）；伦理态度（标准）是影响创业者判断资源是否可以利用的关键因素：伦理态度（标准）低的创业者倾向开发非常规的创业资源，即使是牺牲部分利益相关者的利益。

2. 拓展创业伦理研究情境

目前，创业伦理领域正在发展对特定情境的讨论，如公司创业（Kuratko et al.，2004）、家族创业（Ding and Wu，2014）、共享经济（Ahsan，2018）、女性创业（Hechavarría et al.，2016）、创业失败（Singh et al.，2015），但研究成果并不丰富，未来可以进一步对创业领域特定情境进行讨论。例如，面对创业失败，有研究表明如果创业者“输不起”，就会让企业死而不僵，甚至铤而走险，通过非伦理的手段去挽救失败企业（Jiang et al.，2018）。因此，建议未来研究可以探索创业者的伦理意识等，对能否及时终止失败企业或连环创业决策的影响。诸如创业者采用何种印象管理策略应对失败污名（Sutton and Callahan，1987）还可以进一步挖掘。另外，学者还可继续补充拓展以下研究情境，诸如非正规创业（于晓宇，2013）等。例如，生产或销售山寨产品、倒卖门票等都是属于非正规创业。从法律的角度来看，这些创业活动是不合法的，但从社会规范的角度来看，这些创业活动对某些社会群体来说是合理的。从伦理的角度应如何评判此类不合法但合理的非正规创业活动，未来可以进一步探索。

3. 运用实验方法开展创业伦理研究

创业伦理相关实证研究多数通过问卷调查等方式来收集伦理相关变量的数据，由于创业者担心因伦理问题而使个人和企业形象受到负面影响或受到法律的制裁，他们通常否认自己的非伦理行为。因此，在进行创业伦理调查过程中，创业者可能会有意对伦理的相关内容进行刻意隐瞒或修饰（Pridemore et al.，2005），增加创业伦理研究的技术风险。即使有些学者会使用情境研究去避免创业伦理的敏感性话题，例如通过情景模拟的方法研究创业者对创业伦理问题的决策机制（McVea，2009），但是仍因无法有效地模拟创业伦理的现实情境等而受到质疑（de Clercq and Dakhli，2009）。

当前创业伦理的研究局限于行动层面的探索，如腐败、贿赂等不当行为的影响因素，未来研究可对创业者伦理思考、伦理决策等的神经学机制加以探索。随着脑科学和神经生物学的进步，新技术或工具可以更加准确地测量创业者在面临伦理问题时的真实反应。因此，采取认知神经科学方法和工具开展创业伦理的实验研究，可能为进一步拓展创业伦理研究提供新的突破。

9.2 创业伦理的认知神经科学基础

2002 年在加利福尼亚州召开的主题为“神经伦理学：勾勒中的领域”（Neuroethics：Mapping the Field）国际学术会议中，学术界正式提出“神经伦理学”（neuroethics）。学术界通常将神经伦理学分为两个层面：伦理学的认知神经科学（neuroscience of ethics）和认知神经科学的伦理学（ethics of neuroscience）。后者主要讨论在实施认知神经科学研究过程中的伦理问题，本章更关注前者，即认知神经科学对伦理学的潜在意义，目标是考察伦理行为的神经学机制。

本章检索了 *Nature*、*Science*、*NeuroImage*、*Proceedings of the National Academy of Sciences*、*Nature Neuroscience*、*Journal of Neuroscience*、*Neuron* 等重要神经学期刊以及 *Accounting Organizations and Society*、*Business Ethics Quarterly*、*Journal of Business Ethics* 等伦理领域国际权威期刊，共检索到 137 篇相关文章。依据以下三个原则：①代表性和重要性，即是否与创业伦理的重要研究问题相关；②理论抽样，即填补已有创业伦理研究的理论空白或发展新理论；③兼顾目标与对象的适配性，即实验设计能否为创业伦理的研究提供启发，最终选择了四篇代表性论文进行分析。

9.2.1 女性创业者对分配公平更“大度”？

在创业企业中，面临着各种分配问题，在分配组织利益和义务时，可能会带来伦理问题（Hannafey，2003），创业者需要找到公平分配利润和承担亏损的办法（Dees and Starr，1992）。性别在分配公平中也发挥着不容忽视的作用，Zak

等（2005）指出，当面临对组织公平的明显冒犯时，男性和女性可能表现出完全不同的行为。目前也有学者关注到创业活动中性别带来的公平差异（Meek et al.，2014）。从认知神经科学的角度出发，探讨性别与公平之间的关系具有重要意义。

2016年，Dulebohn等在*Journal of Applied Psychology*上发表了题为《公平评价中的性别差异：来自fMRI的证据》（Gender differences in justice evaluations：evidence from fMRI）的文章，利用fMRI技术研究了大脑激活模式在程序公平和分配公平操作中的性别差异。程序公平（procedural justice）指确定结果的过程是否公平，分配公平（distributive justice）指最终的结果是否公平。最终作者发现在考虑程序公平和分配公平信息时，女性比男性更加活跃。

从信息处理角度来看，女性比男性考虑的信息更为全面，而且女性对于情境更为敏感（Meyers-Levy and Maheswaran，1991）。在本研究中，作者假设女性在处理程序公平和分配公平信息时会有更强的大脑激活反应。具体来讲，作者期望在自我相关评估（appraisal of self-relevance）涉及的两个神经子系统中看到不同性别激活模式的差异。这两个子系统分别是涉及自我相关刺激信息处理过程的显著子系统[①]（salience subsystem）和进行内省过程（如自我反思）的内省子系统[②]（introspective subsystem）。

Dulebohn等招募了美国中西大学（Midwestern University）36名学生作为实验被试，其中18名男性，18名女性，平均年龄20.5岁，年龄方差为1.23岁。被试被告知将会进行fMRI测试并对其详细介绍了fMRI的流程和内容，经过医疗检查、个人意愿、时间调度等多方面的原因筛选后，最初72名被试只剩下36名。被试会得到25美元报酬，并被告知会根据他们在研究期间的行为获得奖金。

在对36名实验被试进行充分培训后，被试随机选择每轮“对手”来参与最后通牒游戏。被试所选择的“对手”实际上为提前准备好的电脑编程，为了避免被试因“对手”是电脑程序而产生行为偏差，其被告知“对手”为真实玩家。最后通牒游戏中，将会在两个人之间分配一笔钱，由其中一个人（提案人）提出分配方案，如果另一个人（应答者）接受，则按方案分配，如不接受，则两个人都一无所得，并会用fMRI来记录被试的大脑反应。共计会进行36次最后通牒游戏，每次持续74秒，分为6个组块，一个组块中包含有6个试次，其中被试在4个试次中是应答者，在2个试次中是提案人。

每个试次的具体流程（图9-1）如下。

---

① 显著子系统的脑区域包括脑岛、前扣带回、腹侧纹状体和腹内侧前额叶。

② 内省子系统的脑区域包括背内侧前额叶和楔前/后叶扣带回。

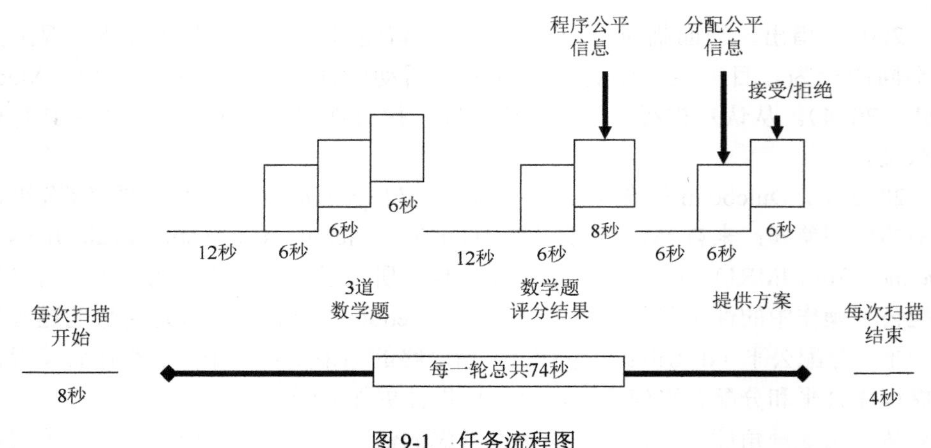

图 9-1　任务流程图

资料来源：Dulebohn 等（2016）

（1）被试完成 3 道数学题的计算（每道题 6 秒）。

（2）告知角色分配规则——为了公平地确定最后通牒游戏的角色，评分者将把他们的计算结果和数学题答案进行比较，提案人的角色会在游戏中更占优势，回答正确数量多的人将会得到提案人角色（12 秒）。

（3）显示数学题评分结果（6 秒）。

（4）程序公平判断。告知参与人获得的身份，并简单讲明角色分配过程。如遵守之前的规则，获得应得的角色，则为程序公平；如使用其他 6 种不公平的决策标准[①]来确定被试角色，则为程序不公平（8 秒）。

（5）在屏幕上展示四种对 10 美元的分配方案，由提案人做出选择，提案人和应答者所得金额为$5：$5 和$6：$4 时，为公平分配；分配方案为$8：$2 和$9：$1 时，为不公平分配（6 秒）。

（6）告知应答者分配方案结果（6 秒）。

（7）应答者选择是否接受该分配方案（6 秒）。

（8）显示本轮结束，并随机选择下一轮对手（12 秒）。

在该实验中，根据被试对程序和分配公平信息的血氧水平依赖（BOLD）信号来衡量其神经活动，fMRI 的数据分析和最后通牒游戏的行为数据分析结果表明：

（1）女性显著子系统中脑岛、前扣带回、腹侧纹状体的激活对程序公平信息

① 一是被试被告知他们回答的问题是错误的，即使涉及的数学问题非常简单；二是评分员只来得及给一个问题评分，而被试答错了这个问题；三是被试答对的问题数量最多，但因为他们的对手答对了最难的问题被分配到应答者的角色；四是出现平局，所以评分员抛硬币来决定角色分配；五是被试的答案没有被记录；六是他们的对手正确地回答了没有正确答案选择的问题，而被试没有。

的反应更加活跃，而在腹内侧前额叶脑区男女没有不同；相比男性，女性对程序公平信息的反应更活跃，而对程序不公平信息的信号变化不显著。

（2）在内省子系统背内侧前额叶和楔前叶扣带回这两个脑区域，女性对分配公平信息的反应更加活跃。

（3）通过对行为实验的数据分析，该研究发现在前三次扫描中，女性更有可能拒绝不公平的分配提案。

（4）在评估程序公平信息时，腹内侧前额叶和纹状体的神经激活与女性随后金钱分配的拒绝率增加有关，而与男性无关。

Dulebohn 等通过以上一系列实验，揭示了男性女性的大脑激活模式在公平信息处理上的差异。首先，公平信息处理与大脑神经活动之间的关系受到性别的显著影响，在评估程序公平信息时，女性显著子系统激活程度更高；在评估分配公平信息期间，女性内省子系统的神经激活程度更高。其次，性别和分配不公会影响谈判行为，女性拒绝最后通牒游戏的频率高于男性。最后，在程序公正评估过程中，腹内侧前额叶和腹侧纹状体脑区的激活与女性拒绝分配结果有关。简言之，女性对于公平的反应更强烈。

之前的公平研究大多通过问卷调查或回顾性自我报告检验性别影响的主效应，或者直接将性别作为控制变量，一方面忽略了性别的调节作用，另一方面也没有得出一致的答案。Dulebohn 等的研究首次用 fMRI 技术研究了性别对评估程序和分配公平的影响，发现性别调节了公平评估时的大脑神经激活程度。Dulebohn 等的发现证实了性别等人口统计学差异对组织活动的调节作用，未来研究可以借助认知神经科学技术研究性别差异对创业伦理行为的影响机制，进一步探索在什么情况下性别会影响到创业者的伦理判断（如是否公平），拓展创业伦理判断的研究边界。当然 Dulebohn 等的研究也存在一定的局限，研究人员仅关注了一般情况下的公平问题，而没有考虑到具体的组织情境，如员工会根据他们与群体或权威领导之间的长期关系来评价程序公平（Lind and Tyler，1988）。就创业领域而言，未来研究可以考虑特定的公平情境（如创业利益分配）下不同性别创业者的行为差异。

9.2.2　面对诱惑，仍然诚实？

研究表明，诚实对于连环创业成功非常重要。小理查德 · 环特（Richard M. White Jr）在他的《企业家手册：创业、副产品和创新管理》（The Entrepreneur's Manual：business start-ups，spin-offs，and innovative management）一书中引用了一项对风险投资人的调查，该调查将诚实列为连环创业成功最重要的一个特征。成功的连环创业者懂得人际关系的宝贵。道德品质和诚信水平决定了人际信任水平的高低（Tipu，2015），员工、投资者、客户和供应商会去寻找他们信任的创业者。因此，关注创业者的诚实问题具有较强的现实意义。

创业者在创业过程中面临着复杂的伦理困境，面对利益的驱动和诱惑，部分创业者选择诚实；而另外一部分创业者，则选择做出不诚实的举动，如说谎。创业者的诚实是天生的，是一种能力（如通过意志抗拒不诚实的诱惑），值得进一步研究探讨。从认知神经科学的角度去探析创业者的诚实问题，可以帮助创业者更好地认识和控制自己。

根据“意志（will）假说”的观点，诚实行为来自对诱惑的积极抵制（McClure et al.，2004），源自自我控制的积极运用（Abe and Greene，2014）。而根据“恩典（grace）假说”，诚实的行为更容易自然发生，在选择时不需要主动地自我控制（Haidt，2001）。关于诚实的两个观点存在着冲突和矛盾，诚实行为背后的神经机制究竟为何？为什么有些人可以一贯保持诚实？

2014 年，Abe 和 Greene 在 *The Journal of Neuroscience* 上发表的《伏隔核对预期奖励的反应预测一项独立测试中的诚实行为》（Response to anticipated reward in the nucleus accumbens predicts behavior in an independent test of honesty），为此提供了解释。作者假设诚实行为来自个体对预期奖励微弱的神经反应，首先使用 fMRI 记录被试伏隔核（nucleus accumbens）在“金钱延迟激励”（monetary incentive delay）实验中对预期奖励的反应，并据此来预测随后的抛硬币实验中被试的不诚实行为，通过对这两个实验的行为数据和 fMRI 数据的事件进行系统分析，发现对预期奖励反应较弱的人会保持始终如一的诚实，不会额外控制自己的不诚实冲动；而对预期奖励反应更强烈的个体可能会通过意志力抵制不诚实的诱惑，才能让自己保持诚实。

在实验的具体操作中，Abe 和 Greene 经过筛选，最终招募了 28 个以英语为母语，惯用右手，无精神疾病的被试，其中包括 18 名女性，10 名男性，被试的年龄区间为 18～34 岁，平均年龄为 21.3 岁。为了确保实验情境的真实性，被试要缴纳 50 美元来参加实验，最终根据实验参与情况，其会获得 50～75 美元不等的报酬。

在实验开始前，为了得到被试更真实的“诚实”反应，作者告知被试“这是一项验证人是否具有在私下里预测自己将获得金钱奖励时，成功率会更高的超能力的研究”，并让被试填写一份“超自然信仰量表”（paranormal belief scale），引导被试相信在实验中获得的不诚实收益仅是该实验的附加产品，同时鼓励被试诚实行事。

在被试充分理解了实验规则之后，开始进入实验部分。首先，为了测量被试对预期奖励的反应强度，作者设置了金钱延迟激励实验，要求被试在经历短暂延迟后“击中”（hit）或者“错过”（miss）一笔金额不等的奖励或损失。

实验的具体流程如下，参见图 9-2（a）。

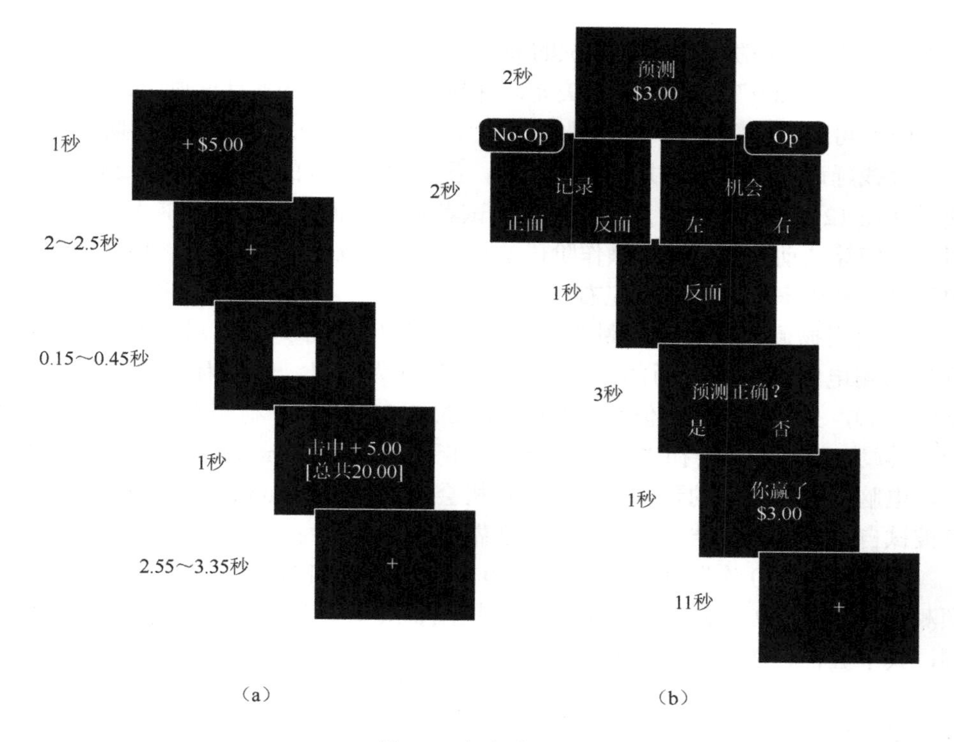

图 9-2　任务流程图

No-Op（No-Opportunity）代表无机会通过撒谎不诚实地赚钱；Op（Opportunity condition）代表有机会通过撒谎不诚实地赚钱

资料来源：Abe 和 Greene（2014）

（1）观察本轮金额。屏幕上将显示五种不同金额（5 美元、0.25 美元、0 美元、–0.25 美元、–5 美元）中的一种，显示时间为 1 秒。

（2）延迟阶段。屏幕上将出现一个白色交叉十字，时间为 2～2.5 秒。

（3）目标操作阶段。屏幕上会出现一个白色目标方块，目标出现持续时间为 0.15～0.45 秒。在这段时间内，被试需要按下按钮来“击中”或“错过”目标，根据金额价值的不同，有以下三类实验：①奖励实验（reward trials），包括两种情况——高奖励实验（5 美元）和低奖励实验（0.25 美元）。在该实验中，被试在规定时间内按下按钮（击中）即可获得该实验的奖励金额，如未按下按钮（错过）则不获得金钱奖励，也不会有所损失。②损失实验（loss trials），包括两种情况——高损失实验（–5 美元）和低损失实验（–0.25 美元）。在该实验中，被试在规定时间内按下按钮不获得金钱奖励也不会有损失，但如未按下按钮，会失去相应的金额。③中性实验（neutral trials），该实验的金钱价值为 0 美元。在该实验中，被试没有金钱输赢的风险，但也要求其在规定时间内按下按钮。

（4）结果反馈阶段。根据被试的参与情况，将在屏幕上反馈本轮的输赢情况，例如“击中 + 5.00”表示获得 5 美元，并显示当时被试的累计奖励金额。

（5）可变间隔阶段。本轮实验结束后，会有 2.55～3.35 秒的间隔期。

金钱延迟激励实验一共进行 100 次，五种不同金额的实验各进行 20 次，总持续时间在 12.5 分钟左右。为了确保各受试者金钱延迟激励实验性能大致等同，使用自适应算法动态调整目标操作阶段的持续时间（0.15～0.45 秒），使其能够“命中”目标的概率稳定在 66%左右。

然后用抛硬币实验来衡量被试的不诚实程度［图 9-2（b）］，在实验中，被试将预测电脑随机掷硬币的结果，硬币金额分为两组，一组为高价值组（3/4/5/6/7 美元），另一组为低价值组（0.02/0.1/0.25/0.35 美元），猜测准确会获得相应的金钱奖励，猜测错误会损失相应的金钱。在无机会条件（no-opportunity condition）下，电脑会记录被试的预测结果；而在机会条件（opportunity condition）下，只有被试自己知道预测结果，被试有机会做出不诚实行为。

一共进行 210 次抛硬币实验，在 70 次机会条件和 70 次无机会条件高价值组预测下，3/4/5/6/7 美元各出现 14 次，剩下 70 次实验为额外的低价值机会条件预测，其中五种金额类型也各出现 14 次。具体流程如下。

（1）提供预测的货币价值（赢或者输多少美元），并预测即将到来的硬币翻转的结果（2 秒）。

（2）被试记录自己的预测。在无机会条件下，被试根据自己的预测按下两个按钮（heads/tails，正面/反面）中的一个；在机会条件下，被试随机按下另两个按钮（left/right，左/右）中的一个（2 秒）。

（3）观察硬币翻转的结果（1 秒）。

（4）被试判断自己的预测是否准确，准确即获得相应金额，不准确则损失相应金额（3 秒）。

（5）根据记录的预置（无机会条件）或自己的预测（机会条件）来确定最后的赢/输的金额（1 秒）。

（6）等待下一次预测（11 秒）。

在抛硬币实验中，被试存在“不诚实”的可能，即可能在机会条件下谎称自己猜测正确。硬币猜测结果是一个随机事件，经过大样本量的实验后，其猜测获胜率应该保持在 50%左右，而在实验最终出现了高到令人难以置信的获胜率（8 名被试的平均获胜率高达 83.6%）。因此，作者用抛硬币实验的在机会条件下的猜测获胜率来衡量被试的不诚实程度，并根据获胜率将被试分为三组：①诚实组（平均获胜率 50.1%）；②不诚实组（平均获胜率 83.6%）；③中间组（平均获胜率 67.1%）。

最后，作者对两个实验所得的行为数据和 fMRI 数据进行了分析。作者将抛硬币实验的数据根据前文提及的标准，分为 3 种组别（诚实/不诚实/中间）、3 种情境（机会/低价值机会/无机会）和 2 种结果（输/赢）。

为了确定反应时间数据是否支持“恩典假说”，作者对抛硬币实验的行为数据进行了有计划的对比。通过对比“机会-赢 vs.无机会-赢”的数据，发现不诚实组在机会条件下获胜的反应时间更长，而诚实组和中间组，无显著差异；通过对比“机会-输 vs.无机会-输”的数据，发现当不诚实的被试放弃获取不诚实收益的机会时，需要更长的反应时间，而在诚实组无显著差异；通过对比“机会-输 vs.低价值-机会-输”的数据，发现中间组无显著差异，不诚实组在机会条件下猜输的反应时间更长，而诚实组在机会条件下猜输的反应时间更短。

为了研究金钱延迟激励实验中被试对预期奖励的反应与大脑中前额叶控制网络[①]脑活动之间的关系，作者使用 fMRI 记录了被试的大脑活动，并对其进行了建模分析。

首先，作者测量了被试在金钱延迟激励实验中伏隔核的 BOLD 平均信号变化[②]，发现高奖赏试次（5 美元）的伏隔核激活程度明显高于低奖赏试次（0.25 美元）；其次，作者分析了被试伏隔核在金钱延迟激励实验下的信号变化（对预期奖励反应的强度）和机会条件下抛硬币实验胜率（不诚实行为）之间的相关性，结果发现伏隔核在金钱延迟激励实验中的信号变化能够预测不诚实行为 25%的方差，即伏隔核对预期金钱奖励反应越强烈，被试就越有可能在抛硬币实验中做出不诚实行为。然后作者分析了“伏隔核对预期奖励的反应能否预测掷硬币时前额叶控制（prefrontal cortex，PFC）网络的脑活动”的问题，结果显示伏隔核对预期奖励的反应越强的个体，在获得不诚实收益的持续机会时，也表现出更强的背外侧前额叶激活；最后，作者通过对比被试“机会-赢 vs.无机会-赢”的数据，探讨了不诚实的神经机制，通过“机会-输 vs.无机会-输”的对比，探讨了控制不诚实的神经机制，结果发现在“机会-输 vs.无机会-输”的对比中，不诚实的小组的背外侧前额叶有显著的激活。

Abe 和 Greene（2014）的研究发现伏隔核对预期奖励表现出相对强烈反应的个体更容易发生不诚实行为。这些个体在避免不诚实行为时，前额叶控制网络关键区域的双侧激活也会有所增强。这些发现从三个方面探究了诚实行为的神经基础。首先，该研究考量了诚实/不诚实行为同个体神经系统差异之间的关系，发现伏隔核对预期金钱奖励的反应比较稳定。其次，研究结果支持了“恩典假说”，即诚实的人对不诚实的奖励不敏感，无论奖励金额高低，都不会受到金钱激励做出不诚实的行为。最后，研究结果也一定程度调和了“意志假说”和“恩

① 该区域可反映大脑在面临“机会-赢 vs.无机会-赢”和“机会-输 vs.无机会-输”时的神经活动。

② 伏隔核在奖励实验和中性实验中的 BOLD 信号差异。

典假说”，即如果个体对预期奖励不敏感，则会更加诚实，并在道德上显得更加“优雅”；虽然个体对预期奖励非常敏感，但仍然可以通过意志力抵制诱惑，保持诚实。

虽然 Abe 和 Greene 的研究存在一些局限，没有得出神经反应和诚实行为之间确定的因果关系，但为研究创业者的诚实问题提供了新的思路。未来可以通过认知神经科学的方法揭示个体和团队/组织层面的因素对创业者伦理决策的影响，丰富创业伦理（行为）的前因变量，进一步回答“面对诱惑，为什么有一些创业者会不诚实”的神经学机制。

9.2.3 压力之下是否妥协？

创业者在创业过程中，与客户、投资者、供应商、员工、家人等不同的利益相关者有着密切的联系，也会受到来自多方的情感压力。创业者承担这种压力的能力存在个体差异，这些差异会影响到他们的伦理判断，有些创业者可能因此产生非伦理行为，如欺骗、贿赂、说谎等。创业者在面临情感压力时，会有怎样的神经反应？是什么决定了创业者最后所做出的道德判断？需要我们进一步研究和探讨。

2016 年，Eskenazi 等在 *Accounting，Organizations and Society* 上发表了《为什么会计长在他们的信托责任上妥协？人类镜像神经元系统[①]作用的脑电图证据》（Why controllers compromise on their fiduciary duties：EEG evidence on the role of the human mirror neuron system）一文，研究了当业务部门（business unit，BU）会计长受到业务经理因个人利益或组织利益所施加的压力时，其镜像神经元系统（MNS）功能影响他们屈服于压力而“做假账”的倾向程度。

业务部门会计长经常参与业务部门的管理决策，与业务部门经理有着密切的合作，不可避免地会遇到来自业务部门经理的压力。这种压力依赖于含蓄的、情感上的暗示，而不是明确的、理性的命令（DeZoort and Lord，1997；Lord and DeZoort，2001）。既有研究表明，镜像神经元系统在理解他人感受和情感方面起着至关重要的作用，例如其与心智理论（theory of mind）、观点采择（perspective taking）、共情（empathy）等有关，当人们面临情感刺激时，镜像神经元的激活程度会有所差异（Kaplan and Iacoboni，2006）。因此，作者试图基于镜像神经元的激活去解密会计长在业务部门经理压力下的信托妥协行为。

该研究抽取了荷兰两所大学 29 名具有 2～25 年工作经验的高级财务管理硕士

① 镜像神经元储存了特定行为模式的编码。这种特性不单让我们可以想都不用想，就能执行基本的动作，同时也让我们在看到别人进行某种动作时，自身也能做出相同的动作。

来参与实验，他们的平均年龄为 34.7 岁，年龄方差为 7.8 岁，其中有 5 名女性。在实验中用情境材料测量被试做假账的倾向，通过 EEG 来度量被试的镜像神经元激活程度，并用层次线性建模分析两个实验所得结果的关系。两个实验的具体细节如下。

1. 测量违规行为倾向

首先，作者同专业的会计进行了 7 次 60～90 分钟的访谈，基于访谈设计了 6 个相同结构的会计情境材料。每个材料都描述了一个业务部门经理在面临不可控境遇时要求业务部门会计长违反信托义务的行动（表 9-2），这 6 个材料被分为业务部门经理个人利益[①]（简称 SELF）和组织利益[②]（简称 CORP）两个主题（每个主题各有 3 个）。为了确保这两种主题情境材料的效度，研究人员另外请了 51 名专业会计，从业务部门经理对个人利益的追求程度与业务部门经理对组织利益的追求程度两个维度对 6 个情境材料分别打分，结果显示 SELF 主题下业务部门经理对个人利益的追求程度更高，而在 CORP 主题下则对组织利益追求程度更高。两种主题下的分数存在明显不同，符合研究预期。

表 9-2　情境材料示例

人物	业务部门经理 Ben（本）是业务部门会计长 Claire（克莱尔）的直接主管
情境	他们公司正在启动下一年的预算
业务部门经理责任	作为业务部门经理，Ben 负责业务部门目标的达成
不可控境遇	但由于无法预料的市场环境，Ben 无法实现今年的目标
对业务部门经理的影响	Ben 担心明年也无法完成目标，这可能使他失去业务部门经理的工作
业务部门经理的情感	Ben 告诉 Claire 他非常害怕丢掉工作，这会让他的个人生活变得一团糟
业务部门经理要求的违规行为	因此，他希望在明年的预算提案中加入一个安全边际，即提交的销售预算低于最佳预估值
权衡	总部没有足够的市场洞察力来发现这一行为
问题	你会在预算提案中加入安全边际吗？

资料来源：根据 Eskenazi 等（2016）整理

之后 29 名被试参与了情境材料的纸质调查，并用 1（非常不可能）至 7（非常可能）来表示在该情境下妥协于业务部门经理要求而违反信托业务的行为倾向。

① 业务部门经理旨在促进自身利益的情况，例如，为了获得奖金或避免丢掉工作。

② 业务部门经理处于组织忧虑的情况，例如，为了挽救一个重要的项目或为一项有价值的收购获得批准。

2. 测量镜像神经元

在测量被试对实验情境的反应之后的 1～5 周，另外通过 EEG 实验观察其 MNS 的神经信号（用被试观察他人动态面部表情所产生的 mu 抑制[①]来衡量其 MNS 的神经活动）。

被试以个人预约的方式到达 EEG 实验室，参加 EEG 测量实验。抵达后，被试被带到隔音且屏蔽电磁的 EEG 记录室，并坐在舒适的椅子上。研究人员随后向被试解释测量过程，准备好 EEG 设备，开始记录。在 EEG 记录过程中，被试观看关于情感面部表情的视频片段。视频片段使用了四种不同类型的表情剪辑，每一种表情都代表了一个内部实验条件：①积极情感的面部表情；②消极情感的面部表情；③静止的中性面部表情；④动态的抽象图形。在①②③三种情况下，都先从中性的面部表情开始，在 0.5 秒后开始出现面部表情的情感变化（③则保持不变），同时每段视频都以抽象图形为基线条件来修正个体间 mu 能量的绝对差异。

每个实验条件均呈现 72 个片段（包括重复呈现的片段），整个实验的片段共有 72×4＝288 个。呈现方式采用组块设计，每个组块包含 3 个同类型的情绪视频片段（每种类型各 24 个组块），每个情绪视频片段之后紧接着 1 秒的黑屏，总时长 1152 秒（19.2 分钟）。

在实验数据分析中，研究人员通过计算被试在观看情感片段（①，②，③）与抽象图形（④）时产生的 mu 能量的比值来测量自变量 mu 抑制（简称 MU）。研究人员通过之前的情境材料调查得到被试的打分，基于此测量因变量——向业务部门经理妥协的可能性（简称 COOP）。研究人员首先对自变量和因变量进行了回归分析，结果发现 MU 与 COOP 之间显著负相关。其次研究人员引入调节变量情境类型（简称 TYPE）来表示 SELF 和 CORP 两种不同主题情境材料的区别，并使用层次线性建模进行了数据检验。结果发现，当 TYPE 为 SELF 时，MU 与 COOP 之间的相关性更强。

会计人员往往具有两种在一定程度上相互冲突的职责：一方面，作为部门的一员，会计人员有责任需要确保部门的目标达成；另一方面，又需坚守职业道德，确保业务财务报告符合会计准则和公司规定，真实可靠。然而，会计人员常常受到来自管理层的压力而违规“做假账”。Eskenazi 等（2016）的研究为组织中的会计长“做假账”的行为提供了神经学依据，业务部门会计长对来自业务部门经理压力的接受程度差异预测了他们做假账的行为倾向。通过情境材料调查和脑电实

① mu 抑制即为在 EEG 中观察到 mu 频段（8～13Hz）振荡的减弱甚至消失，与观察他人动态情感表达相关的 mu 抑制表明了 hMNS（human mirror neuron system，人类镜像神经元系统）的激活，mu 抑制越强烈，hMNS 的激活就越微弱。

验，作者发现会计长 MNS 功能与他们妥协于业务部门经理压力的倾向之间有很强的正相关关系，对情感暗示相对敏感（镜像神经元功能强）的会计长很有可能做出偏向于业务部门经理利益的决策（“做假账”），特别是这种利益是关于业务部门经理个人而不是组织时，“做假账”的行为倾向会更高。

这项研究可进一步拓展至创业伦理领域。首先，可以探讨创业者在面临利益相关者压力时做出伦理决策涉及的脑机制。具体来讲，创业者会遇到各种不同的内外部压力，这些压力可能来自个体的利益，也可能来自包括股东、投资人、客户、员工等多方面的压力。此时，可以通过认知神经科学实验进一步研究内外部压力与创业者伦理标准之间的关系，回答“什么情况下，创业者的伦理标准会发生改变”的问题，从而丰富创业者（非）伦理行为产生的情境研究。其次，可以借鉴该实验讨论共情能力对创业者伦理行为的负面影响。一般认为共情能力强的创业者更容易团结创业团队成员、体会客户与投资者的心情，对于创业活动有促进作用。但该研究也表明共情能力强的会计更容易发生“做假账”的非伦理行为，未来可以将研究情境拓展到创业中，研究共情能力强的创业者在什么情况下更容易做出非伦理行为。最后，从实践层面来讲，共情能力更强的会计更容易感受到部门经理的压力，这给我们两点启示。一是创业企业可以选择共情能力或者镜像神经元功能更弱的会计人员；二是在企业内部建立合理的规章制度，尽量使会计人员感受不到业务经理的压力。

9.2.4　利他行为的神经学机制

法国社会学创始人奥古斯特·孔德（Auguste Comte）最早提出了“利他”（altruism）一词，指愿意通过自己的行为使他人受益的动机（Batson，2014）。利他行为是创业生态系统中价值共创的一个重要影响因素。互联网等技术的发展使得各类创业主体之间的关系更加紧密，因此，每个人都追求个人利益最大化时最终反而无法实现利益的最大化。从创业生态系统的角度来看，利他主义具有更大的现实价值。

2012 年，Morishima 等在 *Neuron* 上发表《结合大脑结构和颞顶联合区的激活作用，浅析人类利他主义的神经生物学基础》（Linking brain structure and activation in temporoparietal junction to explain the neurobiology of human altruism）一文，从颞顶联合区的灰质体积（gray matter volume）和激活程度研究了利他行为的神经学基础，发现在颞顶联合区中，个体的灰质体积差异不仅转化为利他倾向的个体差异，而且还在大脑结构和大脑功能之间建立了联系，指明个人在哪些条件下可能会激活该区域来面对利他行为和自私行为之间的冲突。

Morishima 等选取了 30 名健康的成年人作为被试，其中有 17 名女性，被试的年龄区间处在 19～37 岁，平均年龄为 23.36 岁。作者通过“独裁者游戏”

(dictator game)［图 9-3（a)］和“互惠游戏”(reciprocity game)，包括积极互惠游戏［图 9-3（b)］和消极互惠游戏［图 9-3（c)］来测试被试的利他倾向。

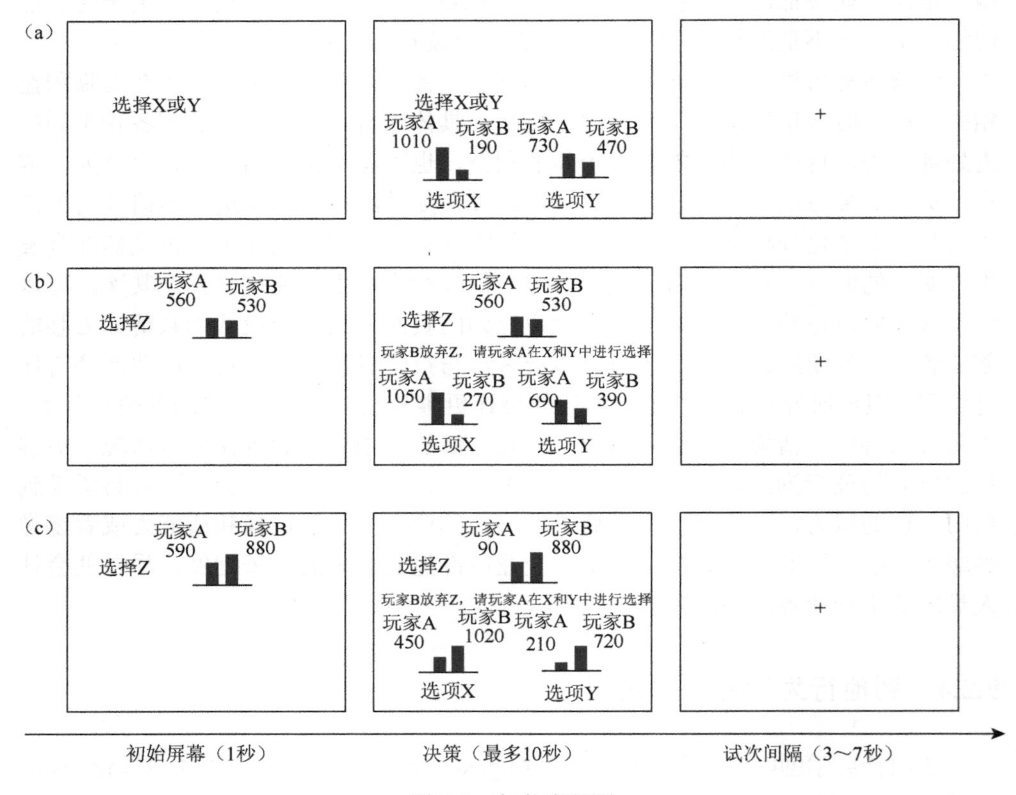

图 9-3　任务流程图

资料来源：Morishima 等（2012）

独裁者游戏中，要求玩家 A 在 10 秒内完成对自己和另一个匿名搭档玩家 B 收益分配方案的选择，方案有两种：

第一种方案中，玩家 A 自己所得收益较高/低，搭档玩家 B 的收益较低/高；

第二种方案中，玩家 A 所得收益相较第一种方案变低，但搭档的收益相对变高，即搭档玩家 B 的收益是通过牺牲玩家 A 自己的收益来提高的。

两种方案中，玩家 A 所得收益均高/低于玩家 B 所得收益［图 9-3（a)］，当玩家 A 所得收益均高于玩家 B 时，被试处于有利不平等的情况；当玩家 A 所得收益均低于玩家 B 时，被试处于不利不平等的情况。所有玩家在每次实际决策平均时间为 2.5 秒。

互惠游戏分为积极互惠游戏和消极互惠游戏两类，在游戏中告知玩家 A：“你的搭档玩家 B 放弃选择选项 Z，使你获得了能够在选项 X 和选项 Y 中进行选择的机会”，并要求玩家 A 在选项 X 和选项 Y 中做出选择。其中：

积极互惠游戏中，玩家 A 在选项 X、Y 中所得收入均大于选项 Z，意味着玩家 B 放弃选项 Z 的决定对被试来说是利他行为。因此，如果玩家 A 具有积极的互惠偏好，那么他会做出利他选择以奖励 B 的行为，即玩家 A 会选择给玩家 B 带来较高回报的选项［图 9-3（b）］。

消极互惠游戏中，玩家 A 在选项 X、Y 中所得收入均小于选项 Z，意味着玩家 B 放弃选项 Z 的决定对被试来说是自私行为。因此，如果玩家 A 具有消极的互惠偏好，那么他会选择给玩家 B 带来较低回报的选项以惩罚玩家 B 的行为［图 9-3（c）］。每次互惠实验的实际决策时间为 2.7 秒。

研究人员在被试完成上述实验任务的过程中使用 fMRI 记录被试的大脑活动，并通过基于体素的形态测量（voxel-based morphometry，VBM）来检验大脑结构（相对灰质体积）与受试者利他行为倾向之间的相关性。研究人员推测颞顶联合区的灰质体积可以反映被试的利他倾向。

行为结果（图 9-4）表明，在有利不平等情况下，被试的利他行为显著多于不利不平等情况下的利他行为。如果被试的利他行为会在有利的情况下减少不平等（分配方案有利于自己时，减少和搭档的金额分配差距）而不是在不利的情况下增加不平等（分配方案不利于自己时，加大和搭档的金额分配差距），那么被试更愿意表现出利他行为，这表明公平考虑会影响利他行为的动机。

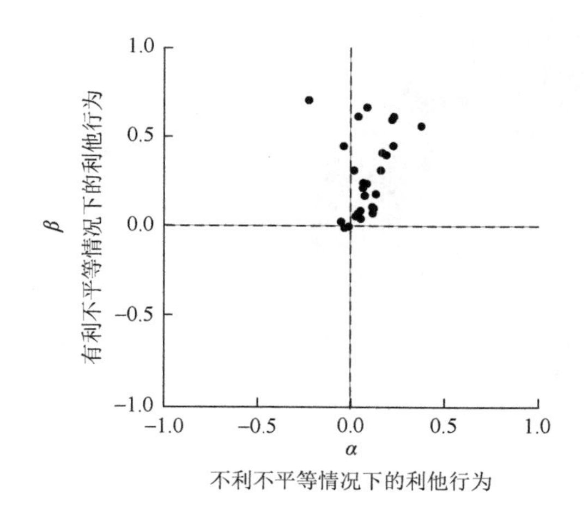

图 9-4　利他主义的个体异质性

注：α 表示被试处于不利不平等情况下的利他行为倾向，β 表示被试在有利不平等情况下的利他行为倾向；α/β 的正值代表在该种情况下利他行为的增加，而负值代表利他行为的减少；二者在不同的被试间有很大的差异，且二者的相关性不显著（$r = 0.29$，$p = 0.11$）

资料来源：Morishima 等（2012）

研究人员通过 fMRI 实验检验了大脑结构与受试者利他行为倾向之间的关系。首先，他们研究了右侧颞顶联合区的灰质体积与利他行为的关系。研究发现，右侧颞顶联合区的灰质体积与个体在有利不平等情况下的利他行为倾向显著正相关，而与个体在不利不平等/积极互惠/消极互惠情况下的利他行为倾向都没有显著的相关关系。

之后，研究人员探讨了颞顶联合区功能的激活与利他行为之间的关系。研究发现，被试在有利不平等情况下的利他行为倾向决定了其愿意为利他行为承担的最高成本（为增加玩家 B 一个单位的收益而承担的最高成本），并与其承担利他行为最高成本的意愿（利他行为的最大付费意愿）正相关。换言之，在有利不平等情况下，如果利他行为的成本较高，利他行为倾向高的被试更有可能做出利他行为，而相同情况下利他行为倾向低的被试更可能表现出自私行为。因此，右侧颞顶联合区的灰质体积与其愿意承担利他行为的最高成本成正比［图 9-5（a）（b）］。此外，研究发现被试右侧颞顶联合区 BOLD 平均信号估值（激活程度）与利他行为最高成本呈倒“U”形关系。在有利不平等情况下被试利他行为最大成本决定了颞顶联合区激活程度的峰值，即当被试做出利他行为所需要付出的成本略低于最高成本时，右侧颞顶联合区的激活程度最高。基于以上发现，研究人员建立了颞顶联合区大脑结构（灰质体积）与颞顶联合区激活之间的联系。

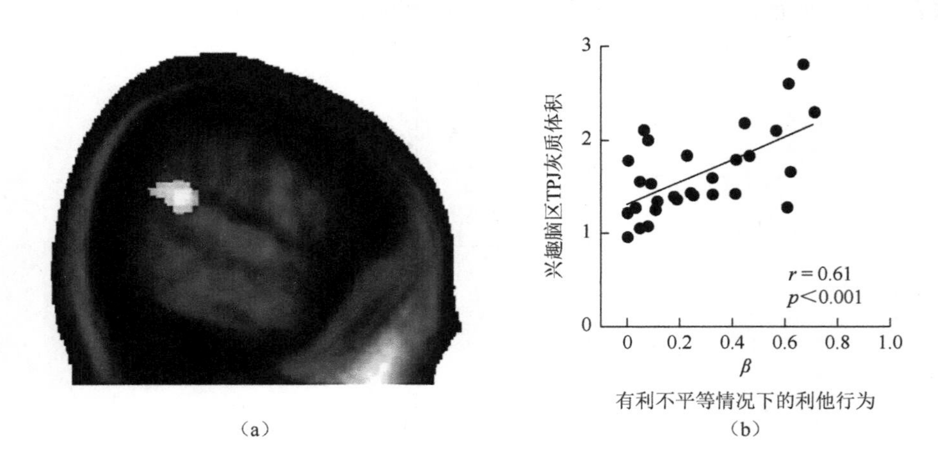

图 9-5　利他成本、颞顶联合区灰质体积与最大支付意愿

资料来源：Morishima 等（2012）

该研究为解释个体利他行为倾向的异质性提供了一个可信的生物学解释，研究发现右侧颞顶联合区的灰质体积与个体在有利不平等情况下的利他行为密切相

关，决定了个体利他行为的基线倾向，但右侧颞顶联合区的激活程度取决于利他成本的高低。

Morishima 等（2012）的研究有利于解释创业者的利他偏好差异，也为在何种情况下创业者更容易理解他人的感受和采取利他行为提供了神经学证据，未来可以通过神经学方法研究社会创业者和商业创业者之间利他行为的脑机制差异。本书第 6 章“创业行为与决策的脑机制”所讲的合作博弈行为，也可以从利他的角度加以解释，考虑利益相关者的利他行为对合作产生的影响，进一步探讨创业生态系统中的竞合关系。

9.3　基于认知神经科学视角的创业伦理研究方向

2017 年，伦理领域权威期刊 *Journal of Business Ethics* 推出了以“神经科学与商业伦理”（Neuroscience and Business Ethics）为主题的特刊，美国宾夕法尼亚大学沃顿商学院法学与商业伦理学教授 Diana C. Robertson 与其合作者在特刊上发表《商业伦理：神经科学的前景》（Business ethics：the promise of neuroscience）一文，梳理了伦理决策与大脑高度相关的四个主题（表 9-3），为从认知神经科学视角研究伦理决策提供了宝贵的参考。就创业伦理而言，研究个体认知是全面解读道德观的关键（Gick，2003）。Tipu（2015）系统梳理了创业认知与伦理决策的关系，强调了创业认知、道德意识、道德判断和伦理行为之间的影响机制，为我们从认知视角解读创业伦理问题奠定了基础。基于此，我们认为，结合创业伦理研究的核心问题，神经科学可以为创业伦理的研究在以下几个研究方向提供突破机会。

9.3.1　认知偏见与创业者的道德意识

既有研究认为，道德意识是道德推理和伦理决策的基础（Bryant，2009），创业者道德意识水平会影响其对伦理问题重要性的认识与判断（Tipu，2015）。Tipu（2015）猜测，创业者的启发式决策、过度自信等认知偏见可能会对其道德意识产生影响，使其更容易做出非伦理判断。通常来讲，启发式决策等认知偏见被认为是创业者的重要优势，可以帮助创业者在不确定环境下迅速做出决策。如本书第 3 章中所讲，相比大型组织的管理者，创业者更偏向于启发式思考，且其认知偏见在机会识别和评估过程中起到了重要的作用。然而，目前较少有研究关注创业者认知偏见与道德意识之间的影响机制。哪一类认知偏见会增强或削弱创业者的道德意识？这一类认知偏见又是否会增加或减少创业者做出非伦理决策的可能性？值得后续研究进一步加以关注。

表 9-3　伦理决策与大脑机制的关联

主题		涉及的脑区	与脑结构和脑化学有关的功能	关联
了解自己（understanding oneself）	自我反省与自我调节（self-reflection and self regulation）	1. 前额叶的部分区域（如内侧前额叶/腹内侧前额叶/外侧前额叶） 2. 背侧前扣带回（dACC） 3. 杏仁核	1. 前额叶与认知任务、个性表达以及根据内部目标协调思想和行动有关；它在区分相互冲突的思想（如好思想或坏思想）方面履行执行功能 2. 内侧前额叶与反思个人经历有关，并在自我判断任务中被激活；腹内侧前额叶参与自传体和情景记忆的检索；外侧前额叶与专注目标和在做出理性决策时抑制个人信念有关；腹内侧前额叶与情绪自控有关 3. ACC 与情感、认知和运动控制现象相关；同时其能控制、避免或调节痛苦情绪 4. 杏仁核参与情绪的感知和处理	1. 了解自己有助于思考自己的伦理行为，并在做出道德决策时找到情感和认知反应之间的平衡 2. 强调以控制冲动和重新评估情绪事件的形式进行自我调节 3. 过去或现在的经历以及积极或消极的情绪刺激会引发直觉性的伦理行为
了解他人（understanding others）	心智理论（theory of mind）	1. 前旁扣带回（Anterior paracingulate cortex） 2. 颞上沟（superior temporal sulcus，STS） 3. 颞顶联合区（TPJ） 4. 背内侧前额叶（dmPFC）	1. 前旁扣带回与情感、认知和运动控制现象相关；同时其能控制、避免或调节痛苦的情绪 2. STS 与多感官处理能力（如语音、言语和语言认知）、社会知觉有关 3. 颞顶联合区参与信息的处理和感知；整合来自外部环境和身体内部的信息；对自我-他人的区分起重要作用 4. 背内侧前额叶与他人心理特征的心智化和编码有关	1. 对他人动机和原因的认知理解有助于进行审慎的伦理推理 2. 心智理论是理想的角色扮演过程的必要前提
	共情（empathy）	1. 前扣带回 2. 前脑岛（Anterior insula） 3. 腹内侧前额叶（vmPFC）	1. 前扣带回与情感、认知和运动控制现象相关；同时其能控制、避免或调节痛苦的情绪 2. 前脑岛在表达和整合情感方面起着重要作用；也对人的感觉、情感和认知产生影响 3. 腹内侧前额叶与感觉刺激的情感价值编码有关；对遵守社会规范也很重要	1. 强调认识他人感受和情感状态对于道德决策的重要性 2. 伤害他人或不道德待遇的情感反应触发伦理敏感性和道德意识
社会互动（包括信任、正义、合作）social interaction（including trust，justice，cooperation）		1. 前额叶（PFC）的部分区域（腹内侧 PFC，内侧 PFC，两侧 PFC） 2. 脑岛 3. 杏仁核 4. 尾状核	1. 前额叶与认知任务、个性表达以及根据内部目标协调思想和行动有关；它在区分相互冲突的想法（如好想法或坏想法）时履行执行功能 2. 脑岛与对违规、关怀和正义的敏感性有关 3. 杏仁核参与感知和处理情绪 4. 尾状核对奖赏的感觉很重要	1. 信任和公平等影响人们从事道德或不道德行为的倾向 2. 显示了信任和正义感对于成功的社会互动的重要性，并突出了触发信任反应和促进合作的刺激-反应环境

续表

主题	涉及的脑区	与脑结构和脑化学有关的功能	关联
道德判断（moral judgment）	1. 腹内侧前额叶 2. 背外侧前额叶 3. 前扣带回 4. 后颞上沟（STS） 5. 颞顶联合区 6. 脑岛 7. 杏仁核	1. 腹内侧前额叶在道德判断过程中被激活，它与情感价值、情感处理和遵守社会规范有关 2. 背外侧前额叶参与问题解决、认知控制、成本效益分析；它与功利主义道德判断和决定适当的惩罚有关 3. 前扣带回与情感、认知和运动控制现象有关，与调节道德推理感性和理性成分之间的冲突有关 4. 后颞上沟与多感官处理能力有关，在道德困境、社会认知和伦理决策中被激活 5. 颞顶联合区属于道德直觉范畴，在道德判断过程中参与信念归因 6. 脑岛与道德整合、对违反规范的敏感性、关怀和公平认知有关 7. 杏仁核在处理道德情感时被激活，因此在做出道德判断时也被激活	结合上述心理能力做出道德决策和道德行为

资料来源：作者根据 Robertson 等（2017）整理

创业者因创业情境高度不确定性、高度时间压力、高度资源约束等特点会简化信息处理过程，并因此引发认知偏见。前文中 Dulebohn 等（2016）的研究关注到了不同性别个体在信息处理与评估过程中大脑激活模式的差异以及这种差异对其公平评价的影响。未来研究可以借鉴该实验范式，根据认知偏见的类型将被试分为不同的实验组，采用 fMRI 等认知神经科学工具关注被试在信息处理过程中相应脑区激活模式的差异，从而揭秘创业者认知偏见与道德意识之间的内在机理。

9.3.2 规则推理还是利益推理？伦理双元的神经学机制

伦理困境是创业伦理研究的重点问题，创业者面临复杂的伦理困境时会做出何种伦理判断，值得未来研究进一步加以关注。Tipu（2015）认为道德推理往往会影响到伦理判断的结果，因此关注创业者道德推理风格的差异有助于我们打开其做出伦理判断之前的认知“黑箱”。个体在面临伦理困境时会表现出规则导向（rule-based style）和利益导向（cost/benefit-based style）两种道德推理风格：当个体采用回顾与反思的方式根据既有规则和相近案例来对所处的伦理困境做出判断时，即表现出规则导向的推理风格，此时个体更加注重道义；当个体采用前瞻性思维，通过感知、比较不同方案优劣来对伦理困境做出判断时，即表现出利益导向的推理风格，此时个体更加注重效益（Bateman et al.，2003）。既有研究也表明，这两种推理风格不是完全独立的，个体也有可能同时使用这两种认知风格（MacDonald and Beck-Dudley，1994）。就创业者而言，在伦理困境中需要做出伦理判断时，他们会有怎样的道德推理风格选择？目前还尚未有研究加以关注和检验。

前文 Abe 和 Greene（2014）研究认为，面对金钱奖励诱惑，如果个体仍然遵守规则，保持诚实，则需要意志力。他们还发现，当个体对金钱奖励不敏感时，更有可能保持诚实。然而，多数的创业者会比常人对金钱的奖励更加敏感，因此创业者在面临金钱奖励诱惑时的伦理判断过程为我们研究其道德推理提供了合适的研究情境。创业者在面临伦理困境时更偏向于哪一种的道德推理风格？何时采取规则导向的推理风格？何时采取利益导向的推理风格？创业者又是否可能在规则导向和利益导向两种风格之间寻求平衡？两种导向推理风格背后的神经学机制为何？二者之间又是否存在神经关联？这一连串问题，都有待学者利用认知神经科学实验加以探索和检验。我们认为，未来研究可以借鉴本章实验二的范式，以创业者为被试，利用 fMRI 在金钱诱惑的情境下关注其道德推理相应脑区激活程度的变化，从而为创业者伦理判断的差异提供神经学支撑，并为进一步探索创业者伦理双元的神经学机制提供基础。

9.3.3　社会责任行为的神经学机制及其制度根源

创业者的社会责任行为关系到利他、产品安全、环境保护、社会公正、利益相关者权利等多种维度的创业伦理问题（Tipu，2015），进一步探索创业者社会责任行为背后的神经学机制有助于我们更好地理解伦理问题的根源。Secchi（2009）借鉴分布式认知方法来解释社会责任在人类思维中的作用，他认为外部资源可以塑造人类的认知系统。在当今人类命运共同体的时代背景下，关注不同国家、地区制度环境差异带来的外部资源异同，可以为我们从神经学视角研究创业者社会责任行为的认知机制提供新的方向。

有“商祖”之誉的白圭将企业家胜任力模型概括为四个字：智、勇、仁、强。中国的商业文化很早就强调了“仁”的概念，认为这是企业家胜任力的一个重要组成部分。中国文化强调的“仁”同西方文化中的“利他”在创业者的神经表现中会有何不同，是一个非常有趣的问题。前文中 Morishima 等（2012）以发达国家公民为实验被试，研究了利他行为的神经学机制，而这一研究结论在发展中国家或者新兴经济体中是否能得到验证？我们认为未来研究可以关注中国情境下创业者社会责任行为神经学机制与发达国家创业者的差异，从而进一步研究此类伦理行为的神经学机制是否存在某种文化或制度根源。

9.3.4　对非伦理行为的神经干预

创业者不惜一切代价取得成功的固有偏见，可能会迫使他们妥协自己的个人价值观（Fisscher et al.，2005）。这种妥协往往会与非伦理行为产生关联，如何科学抑制创业者的非伦理行为，也是创业研究和认知神经科学研究的共同关注的重要主题。例如，Bryant 等（2009）的研究结果表明，可以通过适度的干预（道德教育和培训）来提高创业者决策的道德水平，从而赋予他们更高的道德感和正义感。Sellaro 等（2015）的研究发现，用经颅电刺激干预大脑的某一区域可以用来减少个人的认知偏见。过往文献为我们进一步研究非伦理行为的神经干预提供了一定的基础。

前文 Eskenazi 等（2016）研究关注了业务部门会计长在业务经理情感压力下，妥协于信托义务，“做假账”背后的神经学机制。结果表明，镜像神经元系统功能强（共情能力强）的会计更容易感受到业务经理的情感压力，从而采取“做假账”的非伦理行为。而与会计相比，创业者往往面临更为复杂的利益相关者。在不同利益相关者的压力下，创业者做出非伦理行为的概率可能会更高。因此，我们认为未来研究可以利用经颅直流电刺激等认知神经科学工具探索如何减少创业者的非伦理行为，如欺骗、傲慢、贿赂等。这不仅有助于创业活动更绿色持续地发展，也将为我们进一步拓展神经学技术在创业伦理领域的应用提供新的突破。

中英术语对照表

中文	英文
独裁者游戏	Dictator game
灰质体积	Gray matter volume
内省子系统	Introspective subsystem
金钱延迟激励	Monetary incentive delay
伏隔核	Nucleus accumbens
显著性子系统	Salience subsystem
基于体素的形态测量	Voxel-based morphometry

参考文献

蔡莉，王玲，杨亚倩. 2019. 创业生态系统视角下女性创业研究回顾与展望[J]. 外国经济与管理，41（4）：45-57，125.

李华晶，张玉利. 2014. 创业与伦理的融合：研究评析与前瞻[J]. 管理学报，11（11）：1686-1691.

李华晶，张玉利，汤津彤. 2016. 基于伦理与制度交互效应的绿色创业机会开发模型探究[J]. 管理学报，13（9）：1367-1373.

李华晶，张玉利，王秀峰. 2014. 基于 CPSED 的创业者伦理与创业机会关系研究[J]. 管理学报，11（1）：95-100.

谢洪明，陈亮，杨英楠. 2019. 如何认识人工智能的伦理冲突？——研究回顾与展望[J]. 外国经济与管理，41（10）：109-124.

于晓宇. 2013. 网络能力、技术能力、制度环境与国际创业绩效[J]. 管理科学，26（2）：13-27.

于晓宇，王茜，陶奕达，等. 2018. 好心不得好报？伦理型领导对新产品开发绩效的影响[J]. 研究与发展管理，30（3）：85-99.

于晓宇，张文宏，桑大伟. 2013. 非正规创业研究前沿探析与未来展望[J]. 外国经济与管理，35（8）：14-26.

Abe N，Greene J D. 2014. Response to anticipated reward in the nucleus accumbens predicts behavior in an independent test of honesty[J]. The Journal of Neuroscience，34（32）：10564-10572.

Ahsan M. 2018. Entrepreneurship and ethics in the sharing economy：a critical perspective[J]. Journal of Business Ethics，161：19-33.

Baker T，Nelson R E. 2005. Creating something from nothing：resource construction through entrepreneurial bricolage[J]. Administrative Science Quarterly，50（3）：329-366.

Baron R A，Zhao H，Miao Q. 2015. Personal motives，moral disengagement，and unethical decisions by entrepreneurs：cognitive mechanisms on the “slippery slope”[J]. Journal of Business Ethics，128：107-118.

Bateman C R，Fraedrich J P，Iyer R. 2003. The integration and testing of the Janus-Headed Model within marketing[J].

Journal of Business Research，56（8）：587-596.

Batson C D. 2014. The Altruism Question：Toward a Social-Psychological Answer[M]. New York：Psychology Press.

Bryant P. 2009. Self-regulation and moral awareness among entrepreneurs[J]. Journal of Business Venturing，24（5）：505-518.

Buchholz R A，Rosenthal S B . 2005. The spirit of entrepreneurship and the qualities of moral decision making：toward a unifying framework[J]. Journal of Business Ethics，60（3）：307-315.

Collewaert V，Fassin Y. 2013. Conflicts between entrepreneurs and investors：the impact of perceived unethical behavior[J]. Small Business Economics，40（3）：635-649.

de Clercq D，Dakhli M. 2009. Personal strain and ethical standards of the self-employed[J]. Journal of Business Venturing，24（5）：477-490.

Dees J G，Starr J A. 1992. Entrepreneurship through an ethical lens：dilemmas and issues for research and practice[M]// Sexton D L，Smilor R. The state of the art of entrepreneurship. Boston：PWS-Kent，117-163.

de Jong G，Tu P A，van Ees H. 2010. Which entrepreneurs bribe and what do they get from it？Exploratory evidence from Vietnam[J]. Entrepreneurship Theory and Practice，36（2）：323-345.

DeZoort F T，Lord A T. 1997. A review and synthesis of pressure effects research in accounting[J]. Journal of Accounting Literature，16：28-85.

Ding S J，Wu Z Y. 2014. Family ownership and corporate misconduct in U.S. small firms[J]. Journal of Business Ethics，123：183-195.

Donald K F，Goldsby M G. 2004. Corporate entrepreneurs or rogue middle managers？A framework for ethical corporate entrepreneurship[J]. Journal of Business Ethics，55（1）：13-30.

Drover W，Wood M S，Fassin Y. 2014. Take the money or run？Investors' ethical reputation and entrepreneurs' willingness to partner[J]. Journal of Business Venturing，29（6）：723-740.

Dulebohn J H，Conlon D E，Sarinopoulos I，et al. 2009. The biological bases of unfairness：neuroimaging evidence for the distinctiveness of procedural and distributive justice[J]. Organizational Behavior and Human Decision Processes，110（2）：140-151.

Dulebohn J H，Davison R B，Lee S A，et al. 2016. Gender differences in justice evaluations：evidence from fMRI[J]. The Journal of Applied Psychology，101（2）：151-170.

Dunham L C. 2010. From rational to wise action：recasting our theories of entrepreneurship[J]. Journal of Business Ethics，92：513-530.

Eskenazi P I，Hartmann F G H，Rietdijk W J R. 2016. Why controllers compromise on their fiduciary duties：EEG evidence on the role of the human mirror neuron system[J]. Accounting，Organizations and Society，50：41-50.

Fisscher O，Frenkel D，Lurie Y，et al. 2005. Stretching the frontiers：exploring the relationships between entrepreneurship and ethics[J]. Journal of Business Ethics，60：207-209.

Frid C J，Wyman D M，Gartner W B，et al. 2016. Low-wealth entrepreneurs and access to external financing[J]. International Journal of Entrepreneurial Behavior & Research，22（4）：531-555.

Gick，E. 2003. Cognitive theory and moral behavior：the contribution of F. A. Hayek to business ethics[J]. Journal of Business Ethics，45（1/2）：149-165.

Haidt J. 2001. The emotional dog and its rational tail：a social intuitionist approach to moral judgment[J]. Psychological Review，108（4）：814-834.

Hall J，Rosson P. 2006. The impact of technological turbulence on entrepreneurial behavior，social norms and ethics：three internet-based cases[J]. Journal of Business Ethics，64（3）：231-248.

Hannafey F T. 2003. Entrepreneurship and ethics：a literature review[J]. Journal of Business Ethics，46：99-110.

Harris J D，Sapienza H J，Bowie N E. 2009. Ethics and entrepreneurship[J]. Journal of Business Venturing，24（5）：407-418.

Harris S G，Sutton R I. 1986. Functions of parting ceremonies in dying organizations[J]. Academy of Management Journal，29（1）：5-30.

Harting T R，Harmeling S S，Venkataraman S. 2006. Innovative stakeholder relations：when "ethics pays"（and when it doesn't）[J]. Business Ethics Quarterly，16（1）：43-68.

Hechavarría D M，Terjesen S A，Ingram A E，et al. 2016. Taking care of business：the impact of culture and gender on entrepreneurs' blended value creation goals[J]. Small Business Economics，48（1）：225-257.

Jiang H，Cannella A A，Jiao J. 2018. Does desperation breed deceiver? A behavioral model of new venture opportunism[J]. Entrepreneurship Theory and Practice，42（5）：769-796.

Kaplan J T，Iacoboni M. 2006. Getting a grip on other minds：mirror neurons，intention understanding，and cognitive empathy[J]. Social Neuroscience，1（3/4）：175-183.

Khan S A，Tang J T，Zhu R H. 2013. The impact of environmental，firm，and relational factors on entrepreneurs' ethically suspect behaviors[J]. Journal of Small Business Management，51（4）：637-657.

Kohlberg L. 1969. Stage and sequence：the cognitive-developmental approach to socialization[M]//Goslin D A. Handbook of Socialization Theory. Chicago：Rand McNally.

Kuratko D F，Goldsby M G，Hornsby J S. 2004. The ethical perspectives of entrepreneurs：an examination of stakeholder salience[J]. Journal of Applied Management and Entrepreneurship，9（4）：19.

Lahdesmaki M. 2005. When ethics matters–interpreting the ethical discourse of small nature-based entrepreneurs[J]. Journal of Business Ethics，61（1）：55-68.

Lind E A，Tyler T R. 1988. The Social Psychology of Procedural Justice[M]. New York：Plenum Press.

Longenecker J G，McKinney J A，Moore C W. 1988. Egoism and independence：entrepreneurial ethics[J]. Organizational Dynamics，16（3）：64-72.

Longenecker J G，McKinney J A，Moore C W. 1989. Ethics in small business[J]. Journal of Small Business Management，27（1）：27.

Longenecker J G，Moore C W，Petty J W，et al. 2006. Ethical attitudes in small businesses and large corporations：theory and empirical findings from a tracking study spanning three decades[J]. Journal of Small Business Management，44（2）：167-183.

Lord A T，DeZoort F T. 2001. The impact of commitment and moral reasoning on auditors' responses to social influence pressure[J]. Accounting，Organizations and Society，26（3）：215-235.

MacDonald J E，Beck-Dudley C L. 1994. Are deontology and teleology mutually exclusive? [J]. Journal of Business Ethics，13（8）：615-623.

McClure S M，Laibson D I，Loewenstein G，et al. 2004. Separate neural systems value immediate and delayed monetary rewards[J]. Science，306（5695）：503-507.

McVea J F. 2009. A field study of entrepreneurial decision-making and moral imagination[J]. Journal of Business Venturing，24（5）：491-504.

Meek W R，Sullivan D M，Mueller J. 2014. Gender differences in entrepreneurial relationships within the franchise context[J]. Journal of Developmental Entrepreneurship，19（4）：1450026.

Meyers-Levy J，Maheswaran D. 1991. Exploring differences in males' and females' processing strategies[J]. Journal of Consumer Research，18（1）：63-70.

Morishima Y，Schunk D，Bruhin A，et al. 2012. Linking brain structure and activation in temporoparietal junction to explain the neurobiology of human altruism[J]. Neuron，75（1）：73-79.

Neubaum D，Mitchell M，Schminke M. 2004. Firm newness，entrepreneurial orientation，and ethical climate[J]. Journal of Business Ethics，52（4）：335-347.

Pridemore W A，Damphousse K R，Moore R K. 2005. Obtaining sensitive information from a wary population：a comparison of telephone and face-to-face surveys of welfare recipients in the United States[J]. Social Science & Medicine，61（5）：976-984.

Rilling J K，Sanfey A G，Aronson J A，et al. 2004. The neural correlates of theory of mind within interpersonal interactions[J]. NeuroImage，22（4）：1694-1703.

Robertson D C，Voegtlin C，Maak T. 2017. Business ethics：the promise of neuroscience[J]. Journal of Business Ethics，144（4）：679-697.

Rutherford M W，Buller P F，Stebbins J M. 2009. Ethical considerations of the legitimacy lie[J]. Entrepreneurship Theory and Practice，33（4）：949-964.

Secchi D. 2009. The cognitive side of social responsibility[J]. Journal of Business Ethics，88（3）：565-581.

Sellaro R，Derks B，Nitsche M A，et al. 2015. Reducing prejudice through brain stimulation[J]. Brain Stimulation，8（5）：891-897.

Shepherd D A，Patzelt H，Baron R A. 2013. "I care about nature，but…"：disengaging values in assessing opportunities that cause harm[J]. Academy of Management Journal，56（5）：1251-1273.

Singh S，Corner P D，Pavlovich K. 2015. Failed，not finished：a narrative approach to understanding venture failure stigmatization[J]. Journal of Business Venturing，30（1）：150-166.

Solymossy E，Masters J K. 2002. Ethics through an entrepreneurial lens：theory and observation[J]. Journal of Business Ethics，38（3）：227-240.

Sutton R I，Callahan A L. 1987. The stigma of bankruptcy：spoiled organizational image and its management[J]. Academy of Management Journal，30（3）：405-436.

Teal E J，Carroll A B. 1999. Moral reasoning skills：are entrepreneurs different？[J]. Journal of Business Ethics，19（3）：229-240.

Tipu A S A. 2015. The cognitive side of entrepreneurial ethics：what do we still need to know？[J]. Journal of Enterprising Culture，23（1）：117-137.

Vyakarnam S，Bailey A，Myers A，et al. 1997. Towards an understanding of ethical behaviour in small firms[J]. Journal of Business Ethics，16（15）：1625-1636.

Zak P J，Borja K，Matzner W T，et al. 2005. The neuroeconomics of distrust：sex differences in behavior and physiology[J]. The American Economic Review，95（2）：360-363.

Zhang Z，Arvey R D. 2009. Rule breaking in adolescence and entrepreneurial status：an empirical investigation[J]. Journal of Business Venturing，24（5）：436-447.

Zhu D H，Chang Y P. 2013. Negative publicity effect of the business founder's unethical behavior on corporate image：evidence from China[J]. Journal of Business Ethics，117（1）：111-121.

第 10 章　创业融资的认知加工过程

10.1　创业融资的相关研究

创业活动离不开“金融”血液和资本市场。诺贝尔经济学奖获得者保罗·克鲁格曼指出，美国经济增长的 60%至 70%应归功于新经济的带动，而美国新经济发展，在很大程度上归功于美国发达的创投业和纳斯达克市场。中国资本市场经历了从无到有、从小到大的发展过程，已成为世界规模第二大的资本市场。20 世纪 90 年代初，在改革开放总设计师邓小平同志的倡导和推动下，上海证券交易所（1990 年 11 月）、深圳证券交易所（1990 年 12 月）相继成立。但是创业投资发展仍然较为缓慢，影响有限。直到 1998 年“中国风险投资之父”成思危在全国政协九届一次会议上提交了《关于尽快发展我国风险投资事业的提案》（被列为“一号提案”），掀开了中国风险投资大发展的序幕。2019 年 6 月 13 日，科创板在上海证券交易所正式开板，成为中国资本市场又一里程碑事件。它不仅标志着中国资本市场跨入以市场方式配置资源的国际化发展之路，更是中国经济以科创资源为纽带，实现金融聚能的关键一步。

随着创业融资实践的逐渐深入，创业融资的相关研究在 20 世纪八九十年代逐渐兴起。早期研究主要集中于对创业融资的具体过程、关键参与人角色以及一些重要的概念和框架等的描述（Bygrave，1988；Elango et al.，1995）。例如，Tyebjee 和 Bruno（1984）将风险投资交易描述为交易发起、交易筛选、交易评估、交易结构和投资后活动五个步骤。MacMillan 等（1985）[①]提出了投资者在评估预期投资时区分成功企业和不成功企业的标准。上述研究结论为后续研究的开展奠定了重要基础。2015 年，德克萨斯基督教大学尼利商学院 Bruton 教授等在创业领域顶级期刊 *Entrepreneurship Theory and Practice* 上策划了题为“播种创业中新的融资选择”（New financial alternatives in seeding entrepreneurship）的特刊，致力于帮助创业者理解新兴融资选择，为后续学者提供了一个系统性的研究框架。2016 年，首届“创业融资学者会议”在法国里昂举办，创业融资研究的学术网络正式形成。在上述背景下，创业融资的相关文献发文量明显上升且增速较快（图 10-1），积累了丰富的研究成果。

① 截至 2023 年 1 月，谷歌被引次数达到 1846 次。

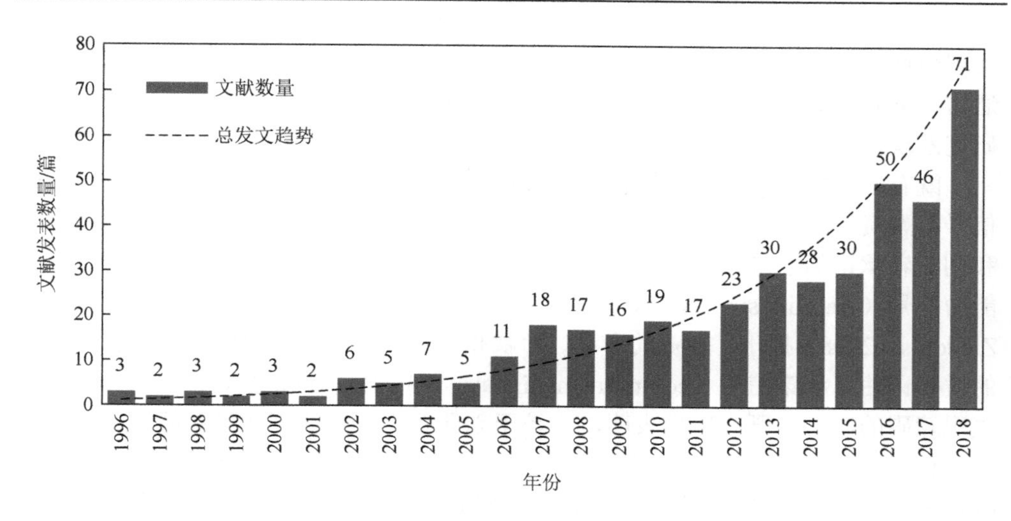

图 10-1　创业融资研究的发文量趋势（1996～2018 年）

注：数据统计截止日期为 2018 年 12 月 21 日

资料来源：作者根据 Web of Science 数据库搜索结果整理

与成熟企业的融资相比，创业融资存在显著的差异（Berger and Udell，1998）。一些金融理论在应用到创业融资情境时受到了某些关键条件的限制。首先，由于创业者和资金提供者之间存在严重的信息不对称（Cumming et al.，2019），理性、完美的市场模型运用受到了极大限制。其次，金融领域的相关研究主要基于均衡理论展开，而管理领域关于创业融资的相关研究主要基于行为理论展开，随着行为理论的发展，理性人假设受到巨大的挑战。此外，与传统融资目标不同，创业融资的目标不仅是最大化融资额，还要创造价值。围绕创业融资实践，既有创业融资相关研究主要围绕以下问题展开：创业企业如何解决信息不对称问题？创业企业如何进行信息披露？创业融资如何影响创业企业成长与创新？

10.1.1　创业企业如何解决信息不对称？

信息不对称理论（asymmetric information theory）认为在市场经济活动中，参与交易的各方对有关信息的了解程度存在差异；掌握信息较多一方往往处于有利地位，信息贫乏一方则处于不利地位。具体到创业融资情境，创业者与潜在投资者之间的信息不对称性可能导致其难以获得融资（Wilson et al.，2018）。信息传递是消除信息不对称的一种较为普遍的方法。因此，假设创业者为理性人，他就会向潜在投资者发送有关创业企业质量的信号（Grossman，1981）。但并非所有信息都能够有效克服信息不对称。有效信号需要具备两个特征：可观察性和信号成本。

可观察性指信号能够被投资者注意和理解；此外，信号的有效性还要考虑成本，通常不准确或虚假信号的成本远大于收益（Ahlers et al.，2015）。Gomulya 等（2019）研究发现，风险投资公司背书的新上市企业的失败会对其声誉造成严重负面影响。

既有研究主要应用信号理论（signaling theory）探索创业者或创业企业发送的信号与融资绩效的关系。既有研究表明，投资者通过寻找反映创业企业存续能力和创业者承诺的信号来评估创业企业的潜在质量（Eddleston et al.，2016）。生存能力信号（viability signals）反映了企业的稳定性、健康状况和未来前景。Hsu 和 Ziedonis（2008）提出，企业的专利、赠款和奖励可以为外部投资者提供代价高昂的质量评估。承诺信号（commitment signals）则反映了创业者对企业的投入以及克服障碍的决心。既有研究表明，相较于创业新手，连环创业者更能够降低双方关于创业者能力的信息不对称性，以更小的控制权损失为代价获得更多的融资（Zhang，2019）。此外，创业企业可以选择与第三方合作，提高信息传递能力，增加获得融资的可能性。例如，Plummer 等（2016）发现创业者可通过与可靠的第三方联盟来传递企业发展潜力等有关企业质量的信号。Islam 等（2018）发现，获得政府补助的创业企业更有利于其获得风险投资。但是，由于不同投资者的投资标准不同，创业者释放的信号需要根据潜在投资者的投资决策标准有的放矢（Ebbers and Wijnberg，2012）。与潜在投资者不匹配的信号无法提高获得融资的可能性，甚至还有负面影响。

10.1.2 创业企业如何进行信息披露？

在信息不对称环境下，创业活动不是“客观存在的客体”，而是由社会过程形成和建构的，是语言及论述通过理解和意义传递创业知识的过程（杜晶晶等，2018）。潜在投资者不仅根据市场和财务数据对创业项目或创业企业进行评估，也依赖于他们收集到的更微妙的社会性和象征性线索（Clarke et al.，2019）。这意味着，创业者不仅需要控制“说什么”，还应该关注“怎么说”“何时说”（Martens et al.，2007）。在这方面，既有研究主要围绕印象管理和创业叙事（entrepreneurial narrative）两类研究主题展开。

印象管理指人们或企业为实现某些有价值的目的而对自我或企业形象进行主动控制的过程（Ashforth and Gibbs，1990；Bozeman and Kacmar，1997）。Baron 和 Markman（2000）首次把印象管理引入创业领域，并根据其亲身经历，讲述了在做生意的过程中，给他人留下良好的第一印象对获得融资的重要性。创业者可以采用多种印象管理策略帮助企业获得融资（金婧，2018；于晓宇和陈依，2019）。例如，Petkova 等（2013）发现，创业者通过新闻发布、身份展示、参加行业活动、传播知识等四种印象管理策略吸引行业媒体关注，行业媒体作为信息中介，将创业者、创业企业信息传递给投资者，由此影响他们的投资规模。在融资过程中使用积极语言也是创业者进行印象管理的主要手段，且是一种相对“廉价”的策略。Pan 等（2018）发现，企业高管在与投资者的交流中使用的语言越具体，投资者随后的反应越积极。但是也有研究发现了印象管理与资源获取的非线性关系。Parhankangas 和 Ehrlich（2014）研究发现，创业者使用适度的积极语言以及适度的推销其创新性更易获得投资者青睐，过度推销反而会引起投资者对创业者诚信及能力的质疑。

创业叙事是创业者讲述的关于自己或是自己企业的故事，由创业者讲述关于创业者本身的故事在某种程度上定义了新企业，可以有力地引导外部对企业成长潜力的判断。百森商学院创业学教授威廉·加特纳（William B. Gartner）率先将叙事研究引入创业学研究，为深入探究创业过程的复杂性提供了有力的工具。对于潜在投资者而言，尽管创业叙事必须以创业项目的真实情况为基础，但语言的灵活、多变以及情境性使之可以通过主观设计的话语性类别划分、建构创业项目的意义。在信息不对称情况下，潜在投资者的决策往往有赖于此（张慧玉和程乐，2017）。既有研究表明，创业叙事的具体内容和情绪表达都会影响创业企业的融资绩效。例如，Allison 等（2013）研究了创业叙事的特征与创业企业获得资金速度的关系，发现创业者对现状担忧的描述越多，融资速度越快；而对成就（accomplishment）、韧性和多样性（variety）的描述越多，融资速度越慢。Chen 等（2009）发现商业计划书体现的激情对创业融资存在直接影响。

10.1.3　创业融资如何影响创业企业的成长与创新?

创业企业获得融资后，创业融资研究的核心问题是，天使投资、风险投资等各类投资机构或投资者到底对企业产生什么影响？创业企业的目标是创造价值（张玉利，2016），因此，与传统融资追求最大化筹资额不同，创业融资的相关研究除了关注融资结果外，也非常关注创业融资对创业企业成长和创新的影响。

既有研究针对各类融资与企业成长的关系得出了丰富的结论。Bertoni 等（2011）研究发现风险投资对企业成长有积极的影响。Cole 和 Sokolyk（2018）研究了不同形式的债务融资与企业成长之间的关系，发现与全股权公司[①]相比，在运营的最初一年使用债务的企业可能实现更高水平的成长。但上述结果只适用于商业债务，以企业所有者名义取得的个人债务反而会阻碍企业的成长。Vanacker 等

① 全股权公司，也称为全资控股公司，是指一家公司通过购买、接受投资或通过其他方式获得另一家公司的全部股权，从而完全控制该公司。

（2011）研究金融自助（bootstrap finance）和企业成长的关系，发现更多地使用自有资金的创业企业会在一段时期内呈现更高水平的成长。同时，创业融资对创业企业成长的影响很大程度上受具体情境影响，包括风险投资者的学历（Dimov and Shepherd，2005）、经验（Dimov and Shepherd，2005）等投资者的特征，创业企业的发展阶段（Rosenbusch et al.，2013）、所属行业（Inderst and Mueller，2009）等创业企业特征以及风投公司的声誉（Chemmanur et al.，2011）、投资组合规模（Fulghieri and Sevilir，2009）等其他因素。

针对创业融资与企业创新的相关研究主要围绕以下问题展开（Chemmanur and Fulghieri，2014）：①创业融资在创业企业的创新活动中是否扮演着重要角色？例如，Stanko 和 Henard（2017）研究发现众筹投资者（crowdfunding backers）在创新活动中扮演着积极的角色。Collewaert 和 Sapienza（2016）研究发现天使投资者和创业者之间的任务冲突会对创新产生消极影响。②哪类投资更有利于促进创新？Alvarez-Garrido 和 Dushnitsky（2016）研究发现，创业企业的创新产出对投资者类型很敏感，与仅有由风险投资支持的企业相比，公司风险投资（corporate venture capital）支持的创业企业拥有更多的专利产出；与天使投资相比，风险投资在增值服务方面的优势提高了创业企业的创新质量。③创业融资影响创业企业创新活动的机制。例如，Choi 等（2016）研究了股权和债务作为治理机制在平衡探索式/利用式创新方面的互补作用，研究发现债务通过强制规定现金流义务和破产威胁，有利于防止天平向探索式创新过度倾斜，进而引导创新沿着最优轨道（the optimal trajectory）前进。

10.1.4 既有研究述评

鉴于数据可得性等原因，创业融资领域一直以风险投资和 IPO 的相关研究为主导（图 10-2）。近年来，众筹、小额信贷（microfinance）等有关创业企业资金来源的相关研究也呈现出迅猛增长的趋势（Block et al.，2018；Bruton，et al.，2015）。随着新兴技术的发展，首次代币发行（initial coin offering）等新的资金来源及相关现象快速涌现，未来研究尤其应关注以下三个方面。

第一，不同资金来源的整合研究。过往研究通常认为不同的资金来源适用于创业企业的特定发展阶段（Berger and Udell，1998），各类资金来源在很大程度上被视为是相辅相成的，因此，各类资金来源多被孤立研究（Cumming et al.，2019）。然而，在实践中，创业者通常会从多种渠道筹集所需资金，上述假设存在对实际情况的过度简化。因此，未来研究应针对不同的资金来源如何相互作用，以及不同的组合如何支持（或损害）创业企业的成长提供合理的解释（McKenny et al.，2017；Cumming and Johan，2017）。既有研究已经进行了一些探索，Hochberg 和

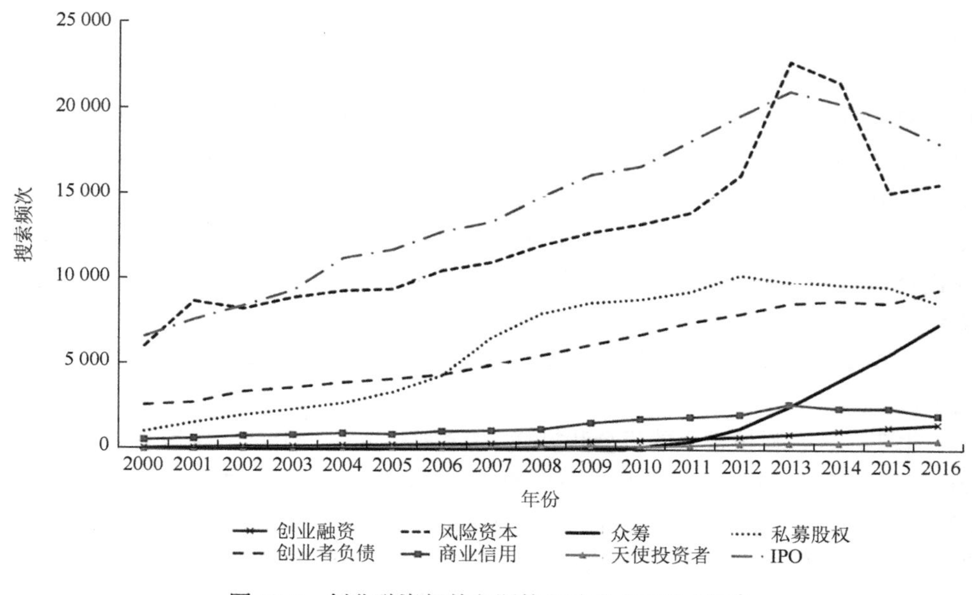

图 10-2　创业融资相关主题的谷歌学术搜索频次[①]

资料来源：Cumming 和 Johan（2017）

Fehder（2015）研究表明，加速器会增加后续的风险投资，而众筹或天使投资则会为企业带来更有利的风险投资评估。但 Vulkan 等（2016）认为，股权众筹可能给风险投资和天使投资带来巨大挑战。此外，新的资金来源是否会挑战传统的理论、假设？它们在多大程度上填补了传统资金来源的缺口？又在多大程度上克服了传统资金来源的筛选挑战，抑或只是做了错误的投资决策？（Cumming et al., 2019）。有研究发现，尽管有了更多的资金来源，创业公司依然严重依赖于传统的资金来源（Robb and Robinson，2014）；但也有学者指出，新的资金来源让创业者有了更大余地来选择、谈判和管理与投资者之间的关系（Drover et al.，2017），一定程度上缓解了融资约束。基于此，未来研究不仅需要关注新的资金来源，还应关注新、旧资金来源如何相互作用并影响创业企业发展。

第二，基于社会网络视角的创业融资研究。创业融资活动是一个社会化过程，社会网络对创业融资的影响已经得到了普遍认同。Wang（2016）研究发现，社会网络可以帮助初创企业获得风险投资。杨震宁等（2013）发现，适度的社会网络关系嵌入更有利于组织获取创业资源，过度的社会网络关系嵌入会妨碍创业资源的获取。尽管既有研究已经取得了重要进展，但对创业融资活动的社

① 图 10-2 展示了 2000 年至 2016 年在谷歌学术上关于“创业融资”“风险资本”“私募股权”“创业者负债”“商业信用”“天使投资者”“众筹”和“IPO”等相关主题的论文点击量。

会化性质的理解仍较为有限。这主要表现在以下方面：首先，金融服务中介等第三方机构在创业融资过程中发挥着重要作用（Cumming et al.，2015；Jääskeläinen and Maula，2014）。但是既有研究聚焦创业者和投资者两类主体，较少关注创业融资过程中其他主体的角色和作用。其次，创业者能否获得融资不仅受到所嵌入社会网络的影响，更取决于他们和潜在投资者之间的互动过程。Kanze 等（2017）研究了创业者与潜在投资者间基于"问-答"的互动过程，发现投资者针对男性和女性创业者提出了不同的问题，导致女性创业者往往处于劣势。但是女性创业者可以通过改变回答策略提高其获得融资的可能。未来研究应采用更加社会化的视角，为创业者如何获取外部融资提供更加动态、精细的解释。

第三，金融科技带来的机会和挑战。《金融科技（FinTech）发展规划（2019—2021 年）》指出"金融科技是技术驱动的金融创新"，如移动支付（mobile payment）、P2P 贷款（peer-to-peer loans，个人对个人贷款）和众筹以及区块链（blockchain）、加密货币（cryptocurrencies）和机器人投资（robo-investing）等。金融科技发展有利于提升金融服务的质量和效率，无疑会在解决创业企业融资难、融资贵等问题方面发挥积极作用。但同时，类似于比特币等金融科技可能改变了现有创业融资的交易模式（Block et al.，2018），为创业者和创业企业带来了新挑战。尽管金融科技创新正在全球范围内兴起，但迄今为止，有关金融科技的相关研究在金融期刊上发表的仍很少（Goldstein et al.，2019），创业类期刊上更是凤毛麟角。Fisch（2019）在创业研究顶级期刊 *Journal of Business Venturing* 上发表了一篇关于首次代币发行的论文，初步研究了 423 个首次代币发行案例中筹资额的决定因素。2019 年 5 月，美国金融学顶级期刊 *The Review of Financial Studies* 出版金融科技特刊"金融科技及其未来"（*To Fintech and Beyond*）呼吁大家更多地关注、推进金融科技的研究。

10.2 创业融资的认知神经科学基础

本章搜索了 UTD24 和 FT50 中的 52 本顶级管理学期刊以及 *Nature*、*Science*、*Proceedings of The National Academy of Sciences*、*Nature Reviews Neuroscience* 和 *The Journal of Neuroscience* 等 10 本顶级综合类期刊或神经科学和心理学交叉期刊。根据①用到认知神经科学工具；②研究主题与创业融资相关；③实验设计为创业融资带来启示 3 个标准，最终选择了 3 篇代表性研究成果重点研究，分别介绍了众筹结果的神经预测机制，沉没成本影响后续投资决策的神经学机制，以及创业者情绪变化如何影响投资决策，以期为未来基于神经科学视角的创业融资研究提供方向。

10.2.1　众筹结果的神经预测机制

众筹融资是个人、团体或企业利用互联网平台融资的一种活动。众筹活动中，人们最关注的便是众筹项目最终结果，即创业者/发起人是否从投资者、跟投人处获得了目标金额。众所周知，个体脑部神经活动对个体的行为决策有重要作用。传统的心理学理论，如行为主义理论（behaviorism theory）和经济学理论，如显示性偏好理论（revealed preference theory）认为，个体行为决策可以为预测总体行为决策提供支持（Genevsky，2017）。因此，个体投资者的脑部神经活动不仅影响个体投资决策行为，还可能对预测众筹项目最终结果有重要作用。

Genevsky 等（2017）在 *The Journal of Neuroscience* 上发表了《当大脑战胜行为：众筹结果的神经预测》（When brain beats behavior：neuroforecasting crowdfunding outcomes）一文，试图解答以下两个研究问题：①个体的神经活动能否预测个体的投资决策；②个体的神经活动能否预测众筹的市场总体结果。

根据情感-整合-动机（affect-integration-motivation）框架（Samanez-Larkin and Knutson，2015），个体进行决策时，上行神经回路首先基于情感反应评估目标是收益还是损失，然后转化为接近或回避的动机。伏隔核的神经活动与接近倾向有关，前脑岛的神经活动与回避倾向有关。这些脑区的活动都先于最终的选择行为，因此能够预测个体行为决策。然而，接近和回避倾向驱动的是简单的选择，更加复杂的决策则需要将所有因素的价值进行整合考虑，即价值整合。因此，需要将这些接近或回避的倾向与其他因素结合起来（如潜在的回报可能性、等待时间的长短或获得某物所需的努力）。过往研究表明，内侧前额叶（medial prefrontal cortex）在价值整合（value integration）[①]中扮演着重要的角色。

Genevsky 等通过 fMRI 记录了被试在完成众筹任务（crowdfunding task）过程中他们的伏隔核和内侧前额叶（图 10-3）的活动。

为筛选出合适的被试，实验被试需要接受如下筛查：①在过去一个月是否有过精神药物使用和药物滥用；②过去是否有神经病史；③过去是否做过磁共振检查。最终，30 名被试参与投资任务并签署知情同意书。所有被试均为右利手，其中 14 名为女性，平均年龄 23.32 岁。该研究给每一名被试发放 20 美元/时的酬劳以及用于投资任务的 5 美元。

---

① 人们对风险决策价值计算与整合是通过单独计算风险和收益大小来实现的。

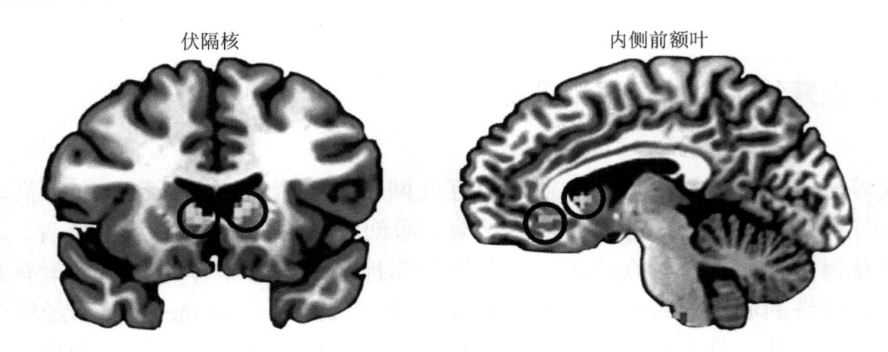

图 10-3　伏隔核和内侧前额叶皮层脑图

资料来源：Genevsky 等（2017）

该实验需要被试作为投资者完成一些众筹任务，即对来自众筹网站 Kickstarter①随机抽取的创业项目做出投资决策。每个被试需要参与 36 轮投资决策。如果他们决定投资某一众筹项目，相应金额将从他们拥有的金额中扣除并转入对应的众筹项目中②。具体的投资任务如下（图 10-4）。

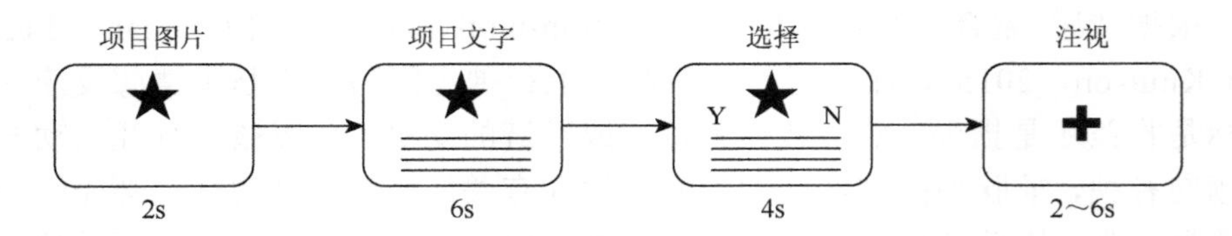

图 10-4　投资任务

资料来源：根据 Genevsky 等（2017）手绘

（1）被试首先浏览在众筹网站随机抽取的有关众筹项目的图片，比如面部、地点和文本③之一（2 秒）；

（2）被试浏览有关项目的文字信息（6 秒）；

（3）被试根据是否有投资意愿选择按下“是”（Y）或“否”（N）按钮（4 秒）；

（4）屏幕中央呈现十字交叉注视点，被试等待下一轮投资任务（2～6 秒）。

被试在 fMRI 扫描下完成上述投资任务后，研究人员通过利克特 7 级量表测量被试对①每个项目的喜爱程度；②项目能够达到融资目标的可能性；③每个投资项目的情感反应（从正面到负面，从强烈到不强烈）。

① Kickstarter 于 2009 年 4 月在美国纽约成立，是专为具有创意方案的企业筹资的众筹网站平台。网址为：www.kickstarter.com。

② 最终众筹结果将在所有创业项目众筹结束后公布。

③ 图片内容是创业者（团队）的面部肖像、创业项目的地区风景或者项目名称三者之一。

1. 神经层面的研究发现

1）个体投资选择

图 10-5 对比了选择投资和不选择投资的被试的伏隔核(左)和内侧前额叶(右)脑活动。横坐标是投资任务的时间过程——浏览图片（TR[①] 1～2；4 秒）、项目展示（TR 3～6；8 秒）和选择期（TR 7；2 秒）。黑色实线（灰色虚线）表示选择投资（不投资）被试的脑活动变化。fMRI 结果显示，选择投资和不选择投资个体在做出投资决策前，其伏隔核和内侧前额叶的脑活动存在显著差异。相较于不选择投资的个体，选择投资个体的伏隔核和内侧前额叶显著激活，因此，它们都可以预测个体的投资选择。

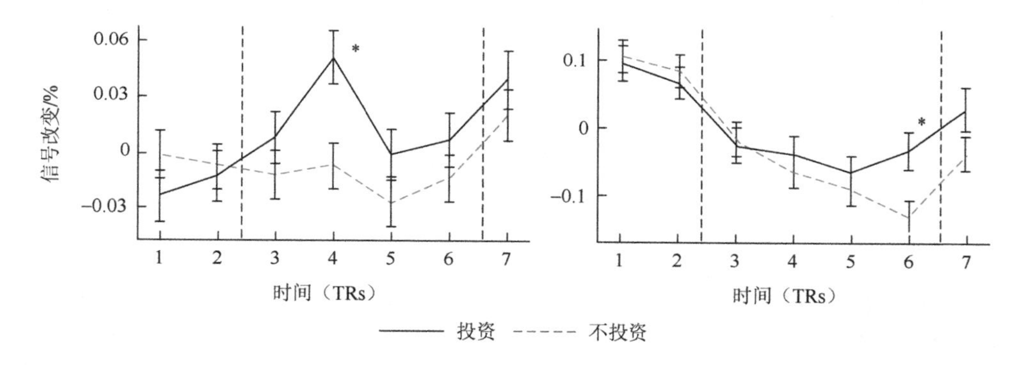

图 10-5　个体投资者伏隔核和内侧前额叶皮层活动的时间序列分析对比图

注：*表示 $p<0.05$，有显著差异

资料来源：Genevsky 等（2017）

图 10-6 显示了功能连接分析结果，功能连接分析独立对比了在三种图像类型刺激下，选择投资个体的伏隔核与梭状回、海马旁回（parahippocampal gyrus，PG）和左侧额下回的关联程度。结果表明：①选择投资的个体在面对不同类型图像的刺激时，其伏隔核和梭状回的功能连接模式存在显著差异，相较于地点（风景）和文本（标题）刺激，在受到面部（创业者肖像）刺激时，选择投资个体的伏隔核和梭状回的功能连接[②]更强；②选择投资的个体在面对不同类型图像的刺激时，其伏隔核和海马旁回的功能连接模式存在显著差异。相较于面部（创业者肖像）和文本（标题）刺激，地点（风景）刺激时，选择投资的个体的伏隔核和海马旁

① 重复时间（repeat time）是指两次连续采集磁共振图像（扫描）之间的时间间隔，即得到一个完整大脑所需时间。

② 存在功能连接关系可简单理解为两个脑区神经活动相关。

回的功能连接更强。③选择投资的个体在面对不同类型图像的刺激时，其伏隔核和左侧额下回的功能连接模式不存在显著差异。因此，功能连接分析表明，与资助请求相关的特定图像可能通过激活伏隔核间接地促进投资决策。

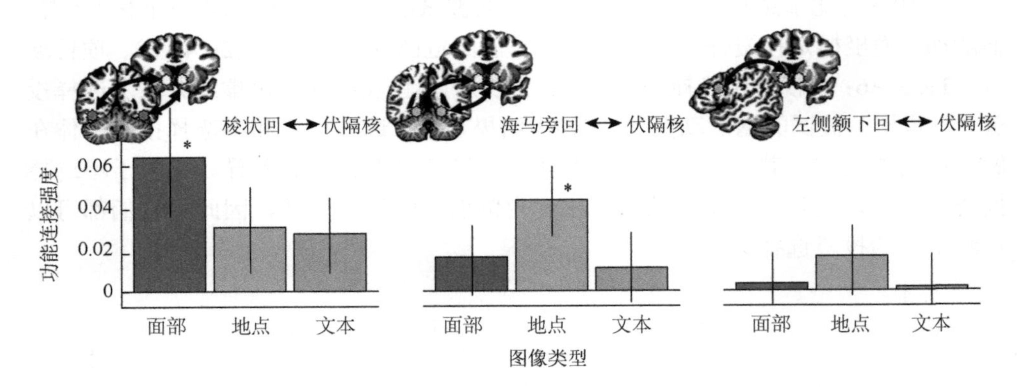

图 10-6　功能连接分析结果

注：*表示 $p<0.05$，有显著差异

资料来源：Genevsky 等（2017）

2）总体投资选择

如图 10-7，横坐标是伏隔核（上）和内侧前额叶（下）的脑活动随时间的波动状态，分别为：每次实验浏览图片（TR 1～2；4 秒）、项目展示（TR 3～6；8 秒）和选择期（TR 7；2 秒）；纵坐标是所有被试伏隔核（上）和内侧前额叶（下）脑活动随时间变化的平均值。黑色实线（灰色虚线）表示成功获得投资（未成功获得投资）的项目。fMRI 结果显示，两类被试的伏隔核脑活动的平均值存在显著差异，而内侧前额叶的脑活动没有显著差异。上述结果表明，伏隔核可以预测总体众筹结果，但内侧前额叶无法预测总体众筹结果。

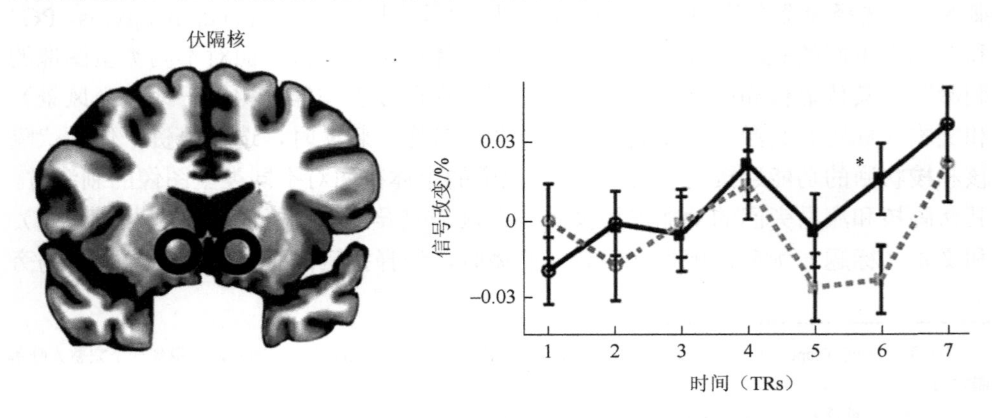

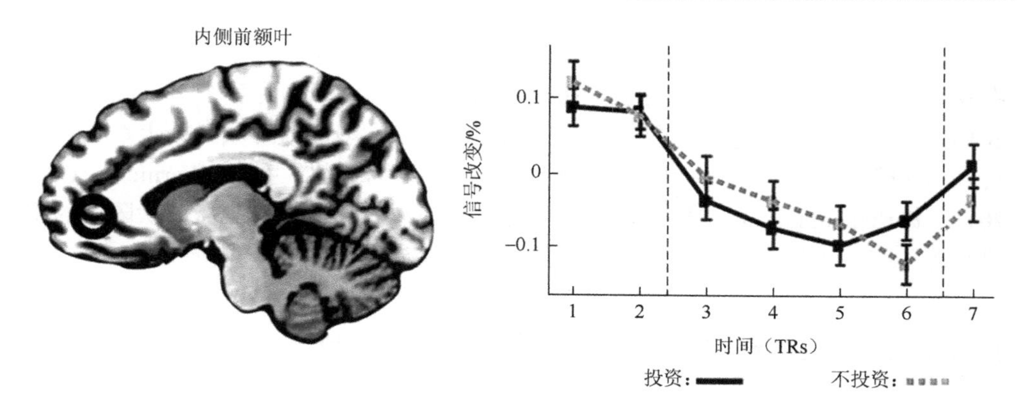

图 10-7　所有投资者的伏隔核和内侧前额叶皮层活动的时间序列分析对比图

*表示 $p<0.05$，有显著差异

资料来源：Genevsky 等（2017）

2. 行为层面的研究发现

1）个体投资预测

行为层面的研究结果主要来源于被试完成投资任务后，对每个项目的喜爱程度、感知项目能够达到融资目标的可能性和对每个投资项目的情感反应的自我评分数据。研究发现，①被试更可能去投资那些他们更喜爱、感觉更能成功和能够引起正面情感反应的项目；②三种类别的图像（创业者肖像、风景和标题）都无法直接预测个体投资选择。

2）总体投资预测

行为层面的研究结果主要根据发生在几周后互联网上显示的总体投资结果进行分析，数据来源于被试对每个项目的喜爱程度、感知项目能够达到融资目标的可能性和对每个投资项目的情感反应的评分均值。研究发现，①对项目的喜爱程度、感知投资项目成功的可能性和情感反应无法预测总体众筹结果；②呈现面部图像（创业者肖像）的投资项目比呈现地点（风景）或文本图像（标题）的项目获得更多投资者的青睐。

总结以上研究发现，我们可以得出以下研究结论：首先，伏隔核和内侧前额叶都可以预测个体的投资选择；其次，伏隔核可以预测总体众筹结果，但内侧前额叶却不能；最后，呈现面部图像的投资项目比呈现地点或文本图像的项目获得更多投资者的青睐，与资助请求相关的特定图像可能通过激活伏隔核间接地促进投资决策。

基于 Genevsky 等（2017）的研究，未来还可以探索其他可能激活伏隔核神经活动的刺激影响。该研究选取了面部、地点和文本作为激活伏隔核神经活动的视觉刺激，并探讨了它们对投资决策的影响。事实上，除了上述信息，潜在投资者在众筹平台上还可以接触到商标（Mahmood et al.，2019）、颜色（Chan and Park，2015）和项目留言数等其他视觉刺激。此外，越来越多的众筹项目会上融资宣传视频[①]，投资者还可以感受到创业者演讲的情绪、语言风格、手势（Warnick，et al.，2018；Parhankangas and Renko，2017）等丰富信息。哪些信息是激活伏隔核的重要来源，有待未来研究进一步探讨。

10.2.2　沉没成本影响后续投资决策的神经学机制

在现实中，投融资双方的交易往往不是一锤子买卖，投资者可能对某些创业项目进行多轮投资。一般情况下，人们决定是否做一件事情时，不仅看这件事本身对自己是否有利，也关注自己过去是不是已经在这件事情上有所投入。倘若投资者对某个项目已有过无法收回的前期投资，那么在当前决策中他会将这种沉没成本（sunk cost）考虑在内，表现出"沉没成本效应"（sunk cost effect）（Arkes and Blumer，1985）。克服"沉没成本效应"对促进投资者理性决策至关重要。为解决这一问题，首先需要了解沉没成本影响投资决策的内在神经学机制。

Haller 和 Schwabe（2014）在 *NeuroImage* 上发表了一篇名为《人类大脑的沉没成本》（Sunk costs in the human brain）的文章，为投资决策中的"沉没成本效应"提供了神经学解释。研究人员利用一项投资任务，采用 fMRI 技术记录了在投资任务中参与决策过程的被试的大脑活动，比如，腹内侧前额叶、伏隔核、杏仁核、前扣带回、眶额皮层（OFC）和背外侧前额叶等。研究重点关注了实验过程中被试腹内侧前额叶和背外侧前额叶两个脑区的活动。腹内侧前额叶在过往研究中被认为有理性计算项目预期价值的作用（Grabenhorst and Rolls，2011）。过往研究表明个体在当前决策中考虑沉没成本的行为和不浪费资源的意愿有关，并且这种规范与基于规则控制的脑区——背外侧前额叶有关（Koechlin and Summerfield，2007）。

实验选取了 28 名视力正常或矫正正常的、右利手、没有精神疾病的被试，其中包括 15 名女性，年龄区间在 20～31 岁，平均年龄为 24.8 岁。所有被试均签署了书面知情同意书。

实验前，研究人员做了五项准备工作：第一，确保被试理解投资任务，即告知被试当收到任务指示后重复任务的基本特征；第二，要求被试在没有

① 网站 www.kickstarter.com 上就有视频，Jiang 等（2019）就是使用了该网站的视频作为研究对象，文章发表在 *Academy of Management Journal*，详见 10.2.3 节。

扫描的情况下进行3到5次训练，并向他们解释训练的结果；第三，告知被试每一个决策场景都是独立的；第四，告知被试在他们完成所有投资任务后会收到2欧元的补偿；第五，告知被试他们会经历在324次投资任务中随机出现的10次投资任务，并自负盈亏。整个实验围绕6种不同类型的投资项目——项目成本为0.20欧元（低投资）或0.55欧元（高投资），成功的概率为40%（低）、50%（中）和60%（高）展开。这6种不同类型的投资项目共出现324次（每个项目以相同频率出现54次，图10-8）。在fMRI扫描下，被试有5秒时间来考虑是否投资屏幕上出现的项目，并按下“投资”和“不投资”按钮。如果被试在5秒内未做出是否投资的决策，系统会进入下一次实验；如果被试决定对项目进行投资，会继续出现两种反馈。一种是系统根据项目成功概率给出项目是否成功的即时反馈，另一种是被要求进行进一步投资任务。为了确保有足够数量的实验可以检验先前投资是否对当前投资决策存在影响，2/3的实验是有“后续实验”的[①]。这些“后续实验”进一步细分为低额初始投入（0.20欧元）和高额初始投入（0.55欧元）的实验[②]。在“后续实验”中，被试有5秒的时间来决定是进一步投资还是停止投资。如果被试选择继续投资，他们最终会收到关于项目是否成功的反馈，如果被试选择放弃投资，系统便进入下一次实验。

实验后，每位被试都被要求填写一份评估他们不浪费资源意愿强度的问卷。

1. *神经层面研究发现*

如图10-9所示，左图为腹内侧前额叶激活状态，右侧柱状图横坐标表示项目预期价值，纵坐标表示腹内侧前额叶的激活程度。白色柱状图表示“前期无投资”组的结果，灰色柱状图表示“前期低额投资”组的结果，黑色柱状图表示“前期高额投资”组的结果。研究发现：①在没有前期投资的情况下，被试的腹内侧前额叶的激活程度受预期价值的影响，预期价值越大，激活程度越大；②在存在前期投资的情况下，被试的腹内侧前额叶的激活程度随预期价值增大而增加的程度减弱，这意味着后续投资确实会受到前期投资（沉没成本）的影响。

---

① 在后续实验中，被试将被告知，在他们决定进行最初投资后，将需要进行后续投资，并且初始和后续投资决策场景是独立的，无论后续决策如何，任何初始投资都是一种损失。

② 由于前期投资的数量可能对决策产生影响，该研究纳入低前期和高前期投资实验。因此，存在“前期无投资实验”“前期低额投资实验”“前期高额投资实验”，在这些实验中，不同的实验类型按随机顺序排列。实验之间，需要注视3至7秒的十字叉。

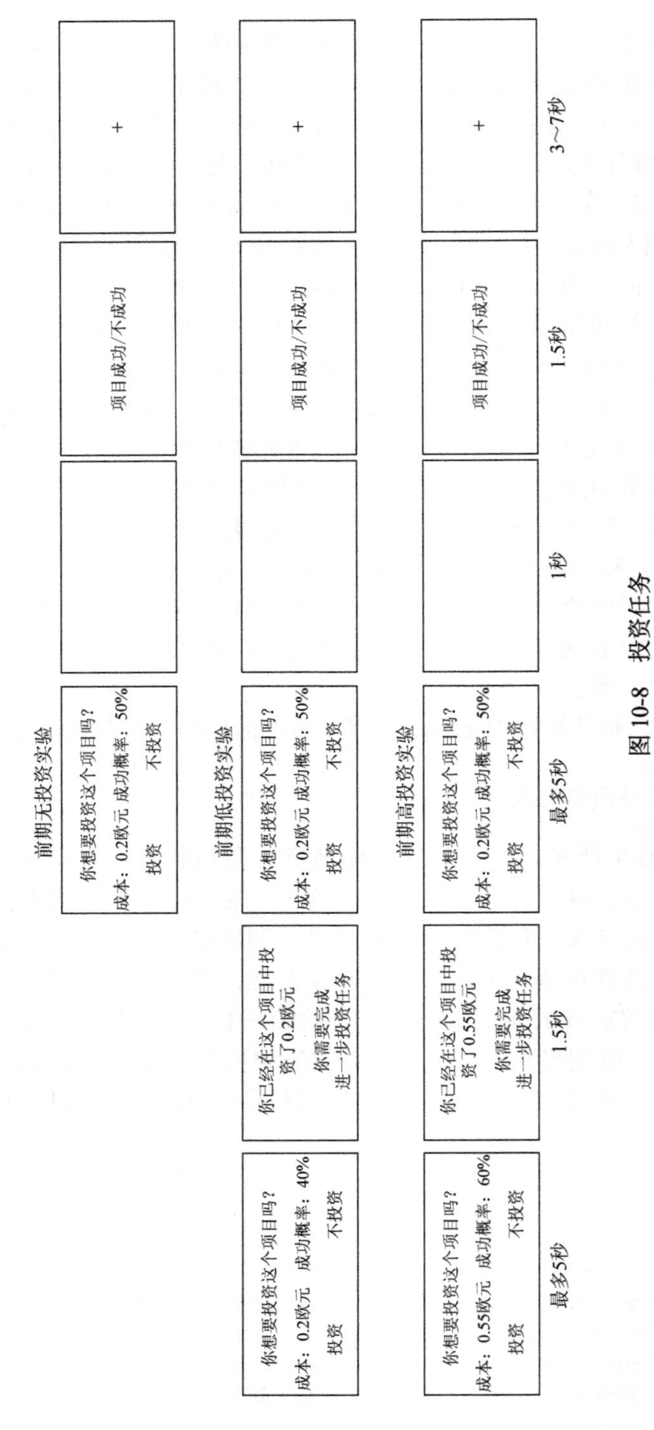

图 10-8　投资任务

资料来源：根据 Haller 和 Schwabe（2014）绘制

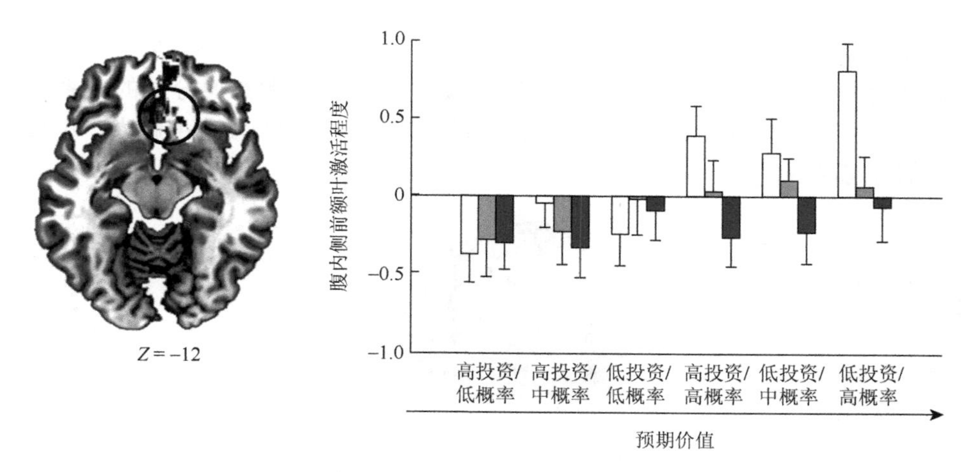

图 10-9　腹内侧前额叶的脑活动

资料来源：Haller 和 Schwabe（2014）

如图 10-10 所示，左侧为腹内侧前额叶的激活状态，右侧为沉没成本分数[①]与腹内侧前额叶激活程度散点图。研究发现：沉没成本越大，被试腹内侧前额叶皮层的激活程度越低。

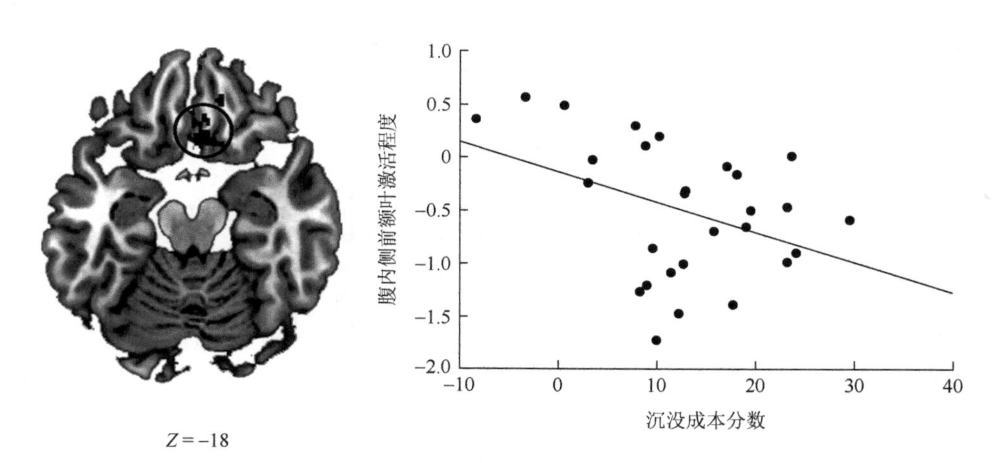

图 10-10　腹内侧前额叶脑活动与沉没成本分数关系图

资料来源：Haller 和 Schwabe（2014）

① 实验中，由于有一些相关分析需要简单地反映沉没成本趋势的参数，因此，研究人员基于每一位被试的行为数据为其评估了沉没成本得分。计算了个体在无前期投资实验和低前期投资实验，低前期投资实验和高前期投资实验之间其投资决策的百分比差异，平均差异被表征为个体沉没成本得分。一个高的沉没成本得分表明了个体在前期无投资实验、前期低额投资实验和前期高额投资实验中的投资选择有较大差异，沉没成本效应越强。

如图 10-11 所示，左侧是沉没成本分数与不浪费资源意愿分数的关系散点图，右侧是背外侧前额叶皮层脑区激活程度参数与不浪费资源意愿分数的关系散点图。研究发现：沉没成本越大，背外侧前额叶皮层脑区的激活程度越大，不浪费资源的意愿越强。

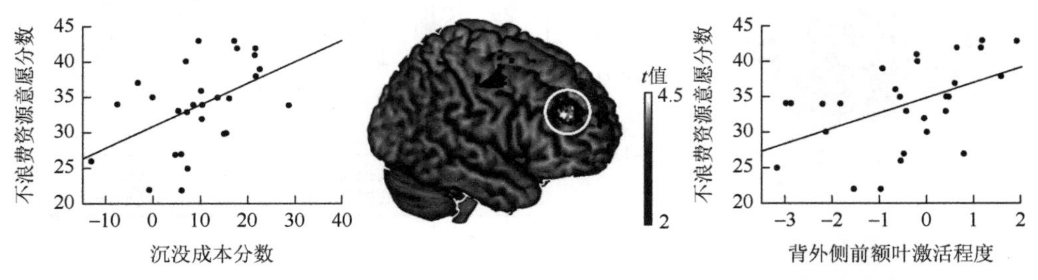

图 10-11　沉没成本、不浪费资源意愿分数和背外侧前额叶脑活动关系图

资料来源：Haller 和 Schwabe（2014）

2. 行为层面的研究发现

如图 10-12 所示，白色柱状图表示“前期无投资”组的投资结果，灰色柱状图表示“低前期投资”组的投资结果，黑色柱状图表示“高前期投资”组的投资结果。横坐标表示项目预期价值（项目预期价值 = 投资成本×项目成功概率），纵坐标表示被试进行投资的概率。研究发现：①在没有前期投资的情况下，投资

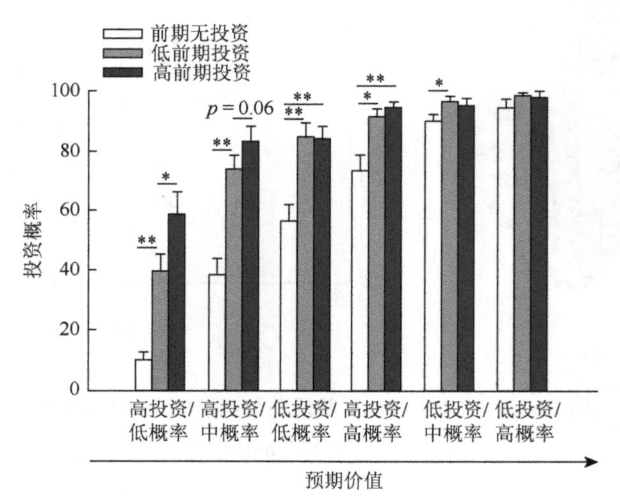

图 10-12　行为结果

**代表 $p<0.01$，*代表 $p \leqslant 0.05$

资料来源：Haller 和 Schwabe（2014）

者的投资决策取决于项目预期价值，项目的预期价值越大，做出投资决策概率越高；②相较于没有前期投资的情况，存在前期投资时，投资者选择继续投资的可能性增加，并且前期投资数额（沉没成本）越高，继续投资的可能性越大。

总结以上研究结果，我们得出以下研究结论：首先，在没有前期投资（无沉没成本）的情况下，投资者根据项目预期价值进行投资决策；其次，如果前期已经有过投资（有沉没成本），且投资数额越大（沉没成本越大），投资者受项目预期价值的影响越弱；最后，如果前期已经有过投资（有沉没成本），且投资数额越大（沉没成本越大），投资者不浪费资源意愿程度越强，越可能继续投资。

投资者“非理性”决策是创业融资研究的一个重要话题。Haller 和 Schwabe（2014）的研究揭示了沉没成本导致投资者非理性决策的神经学机制，打开了投资者决策过程中“沉没成本效应”的黑箱。未来研究可继续探索锚定效应（Strack and Mussweiler，1997）、框架效应（Gonzalez et al.，2005）、即时满足（McCarthy，2004）等其他决策偏见的神经学机制，Haller 和 Schwabe（2014）的研究为未来学者探索投资者的这些决策偏见提供了思路。

10.2.3 创业者情绪变化如何影响投资决策？

本书第 4 章“创业情绪与认知的交互作用”曾提到创业者情绪会影响潜在投资者的决策（Baron，2008；Cardon et al.，2012）。既有研究表明，在与潜在投资者互动的过程中，创业者的情绪表现常常会影响投资者的投资决策。然而，情绪表现会随着时间的推移而变化。某些时刻的情绪比其他时刻更加突出（Ariely and Carmon，2000）。因此，在融资路演（fundraising pitch）过程中，创业者情绪对投资者的感染力也会随时间发生变化。过往研究仅将情绪作为一个静态的构念，没能揭示情绪随时间变化的动态特征。

Jiang 等（2019）在 *Academy of Management Journal* 上发表名为《快乐能为你赚钱吗？创业者表现出的快乐峰值的强度、持续时间和阶段对融资绩效的影响》（Can joy buy you money? The impact of the strength，duration，and phases of an entrepreneur's peak displayed joy on funding performance）的研究。格式塔理论（gestalt theory）[①]（Ariely and Carmon，2000）认为，最大程度的情绪体验影响整

---

① 格式塔理论源于格式塔心理学，“格式塔”在德语中意味着“形状”“形式”。从 20 世纪初开始，“格式塔”被用来指一种从感知觉实验中得出的科学原理。几乎当今所有有关视知觉认识的基础，都是在格式塔心理学实验中奠定的。格式塔理论认为整体不能通过各部分相加的和来达到。比如，让 12 名听众同时倾听一首由 12 个乐音组成的曲子，每一个人规定只能听取其中一个乐音，这 12 个人的经验相加的和就绝对不会等同于同一个人听了整首曲子之后的经验。后期格式塔学派所做的一系列实验都旨在证明，在一个整体式样中，各个不同要素的表象看上去究竟是什么样子，主要取决于这一要素在整体中所处的位置和所起的作用。资料来源：阿恩海姆（2019）。

体体验；事件系统理论（Morgeson et al.，2015）认为，即使在不同的时刻，同一刺激对人的影响存在差异。因此，Jiang 等（2019）利用面部表情分析技术（Face Reader）探讨快乐的强度是否会影响投资者的决定，以及创业者在融资路演的哪个时间段表现出的最大快乐强度对投资者的影响最大。

作者选用创业者在互联网上发起的众筹项目作为背景，检验上述假设。

首先，随机选择日期（该研究选择日期为 2015 年 10 月 7 日），对 Kickstarter 网站上列出的 4019 个项目视频进行抽样。其中有 1645 个项目包括融资宣传视频，这些视频展示了创业者们超过 1 秒的可见面部表情，平均持续时间为 75 秒。其次，剔除了创业者面部显示时间低于 7.55s 的视频，并进一步除去几个极端融资目标的项目（其中，6 个大于 100 万美元，3 个小于 100 美元）。此外，去除 11 个缺少控制变量数据的项目。因此，最终样本包括 1460 个创业项目。在此基础上，作者使用 Face Reader，将上述每个视频切成帧，并将视频的所有帧中创业者显示的最高快乐评分确定为最大快乐强度；用创业者在融资过程中表现出最大快乐强度持续时间来表示保持最大快乐强度的时长。根据融资宣传视频的总时长，将其均分为三部分，并分析每部分最大快乐强度和最大快乐强度持续时间。用该项目投资者的数量和投资金额来衡量一个项目的融资绩效。最后，建立有关融资绩效与最大快乐强度、最大快乐强度持续时间、各阶段的最大快乐强度、各阶段的最大快乐强度总时长和一些控制变量[①]的回归模型。

研究表明，创业者表现出的最大快乐强度对其融资绩效有显著的积极影响，尤其是在融资宣传的开始和结束阶段。具体研究结论如下：第一，在创业项目融资宣传中，创业者表现出的最大快乐强度与融资绩效正相关；第二，在创业项目融资宣传中，创业者表现出的最大快乐强度的持续时间与融资绩效呈倒“U”形关系；第三，创业者在创业项目融资宣传开始阶段和最后阶段的最大快乐强度与融资绩效正相关；第四，创业者在创业项目融资宣传的开始阶段表现出最大快乐强度持续时间与融资绩效呈倒“U”形关系。

Jiang 等（2019）的研究响应了 Butler（2015）的呼吁，将情绪的动态性和情绪表现的人际影响相结合进行了研究，不仅发现了积极情绪在创业融资过程中的积极影响，也揭示了积极情绪的“黑暗面”，对于情绪的相关研究有重要贡献。上述结论对创业者如何在实践中提高融资绩效有重要启发，创业者应控制他们保持快乐峰值的阶段——在融资宣传的前期和最后阶段保持最大快乐。其次，该研究使用基于人工智能和“大数据”的面部表情分析技术，拓展了既有关于情绪测量方法的研究。

---

① 控制变量包括影响融资宣传相关的变量（比如，用于描述随着时间的推移，所显示的快乐增加或减少的程度的快乐轨迹、视频最后一秒展现的快乐等）、可能影响融资绩效的项目相关变量以及反映创业者经验和素质的相关变量。

面部表情是情感表达的窗口。未来研究可以在 Jiang 等（2019）的研究基础上，进行以下拓展：首先，创业者在融资路演过程中，不仅会表现出快乐等积极情绪，还可能产生消极情绪。例如，创业者在融资路演过程中有时会受到投资者的质疑，如打断陈述，对创业者表现出不信任等都会使创业者产生焦虑等负面情绪。因此，未来研究不仅可以利用面部表情分析技术进一步探索负面情绪对融资获取的影响，同时还应该关注多种情绪对创业融资绩效的共同影响。此外，还有一些其他的微妙情绪（如感激、满足、惊讶等）也可能对融资绩效产生影响（Fredrickson，2009）。例如，Teixeira 等（2012）发现在观看广告视频的时候，惊喜比喜悦更能提高注意力的集中，而喜悦比惊喜更能提高观众的保留度，两种不同的情绪在广告效果上起了双重作用。鉴于这些情绪往往无法通过面部肌肉运动来测量，未来可以利用其他认知神经科学技术加以测量和研究。

10.3　基于认知神经科学视角的创业融资研究方向

早期的创业融资研究主要沿袭了金融研究的理论和方法。随着行为科学的发展，部分研究尝试整合心理学和社会学等相关视角为具体的投融资决策提供解释，并在理论和经验检验方面取得突破（Cumming and Johan，2017）。然而，行为科学目前只能将传统的理性人假设推进到对决策行为和现象的描述层面，但仍然无法揭示从外界刺激到个体反应之间的黑箱（马庆国和王小毅，2006）。将认知神经科学的方法引入创业融资研究，有利于进一步揭开创业投融资决策的内在机制，为投融资双方提供更为具体、科学的实践指导。基于上述创业投融资领域的文献综述和既有的认知神经科学方法在创业融资领域的相关运用，未来可以借助认知神经科学方法从以下几个方面拓展创业融资研究。

10.3.1　融资策略作用效果的神经学机制

对许多创业企业来说，获得投资是企业发展过程中至关重要的一步。然而，在融资活动中，创业者经常面临说服投资者相信企业具有可观的成长潜力的挑战。既有研究结合注意控制理论（attentional control theory）（Eysenck et al.，2007）和沟通的相关理论等，探索了各类语言策略与非语言策略对创业企业融资绩效的影响。例如，Parhankangas 和 Renko（2017）发现具体（concrete）、准确（precise）和增加提问互动的语言风格对注重实现社会目标的社会创业者获取众筹投资非常重要，但对以创造个人经济利润为目标的商业创业者没有显著作用。Jiang 等（2019）研究发现创业者在融资路演中表现出积极情绪会影响融资绩效。

尽管上述研究为解答“创业者如何说服潜在投资者投资”这一问题提供了重

要解释，但是大部分研究都在孤立地探索语言和非语言沟通策略的有效性，而对各种组合策略的综合效应知之甚少（Clarke et al.，2019）。事实上，在创业者和投资者之间的沟通过程中，语言策略与非语言策略相互协同，密不可分。哪些策略是真正有效的？不同的策略之间是否存在替代效应或协同效应？不同策略之间是否存在匹配问题？既有研究对此知之甚少。未来研究可以整合借鉴 Shane 等（2020）以及 Wang 等（2016）等神经学实验，改进实验设计，使用认知神经科学方法探讨各类策略影响投资者决策的神经学机制，并在此基础上，揭示各类策略的神经关联，探讨各类策略组合如何影响融资绩效。

10.3.2　创投双方匹配情况的神经预测

创业融资对创业企业成长的影响是创业融资研究的核心问题之一。如 10.1.3 节所述，创业融资对企业成长的影响有利有弊，一个可能的原因是忽略了创投双方的实际匹配情况（阮拥英和周孝华，2017）。由于创业项目本身的不确定性和投融资双方的信息不对称性，创投双方均可能存在逆向选择和道德风险问题（张矢的和魏东旭，2008）。创投双方无法实现良好匹配，可能会对企业未来的成长与发展产生消极影响（Sahlman，1990）。因此，提高创投双方的匹配度对创业企业的成长尤为关键。未来研究可以借助认知神经科学来预测创业企业和投资者的匹配度，帮助创业者或创业企业找到合适的投资者。

众筹的一个特点是投资者能够以其他身份，例如，以潜在客户的身份（如预订产品等）参与到项目开发过程中，为上述研究提供了较为契合的研究情景。未来研究可以通过检验投资者的融资决策是由奖赏的脑机制主导，还是由参与项目、控制项目等脑机制主导，以此来预测其投入其他资源的意愿。此外，鉴于众筹平台允许非专业投资者参与（Block et al.，2018），未来研究可以进一步探索正式投资者和非正式投资者决策的主导机制是否存在差异。据此，未来研究可以在一定程度上揭示哪一类众筹更有可能帮助创业者搜索既对项目提供资金支持，又能共同开发创业机会，实现企业成长的投资者，提高投融资主体的匹配决策的科学性。

10.3.3　复杂信息下的投融资行为

在现实的创业融资活动中，投融资双方均面临复杂的信息环境。然而，既有关于创业投融资的研究更多地将信息割裂来看，忽略了复杂信息环境下的投融资行为的独特性。神经营销学已经利用认知神经科学方法探索了大量复杂信息环境下的决策行为。例如，Aribarg 和 Foutz（2009）研究发现，在产品信息较为复杂的情况下，消费者并非综合所有信息后做出决策，而是很可能会采用两阶段决策策略：先对某一类产品进行筛选，以缩小在第二阶段进一步评估的产品数量。未来研究可以将这项研究拓展至创业投融资领域，进一步探索在相关信息较为复杂的情境下，投资者是如何对潜在投资项目进行决策的。

同时，过往研究通常单独检验焦点项目的特征对投资者决策的影响，而忽视了周围环境的复杂性。事实上，信息环境的复杂性不仅来自焦点项目本身，还可能与投资者受到其他项目相关信息的影响有关。例如，投资者对当前项目的评价很可能受到前一个项目质量水平的影响。Wästlund 等（2015）通过眼动跟踪实验研究了消费者动态的注意力分配行为。研究发现，复杂的决策会耗尽认知资源，致使消费者在随后的消费行为中注意力下降，进而影响其随后的消费行为。Ahn 等（2018）研究发现，注意力衰退在遇到广告刺激时可以重新激活。以上研究可拓展至创业融资领域，未来研究可以探索投资者在观看多个项目的路演活动，或者浏览众筹网站过程中，项目组的信息，如项目的相关性、排序等如何影响他们的决策？投资者、创业者或者众筹平台如何改变投资者的注意力衰减？未来研究可以借鉴以上广告学、营销学实验利用认知神经科学方法针对上述问题做进一步探索。

中英术语对照表

中文	英文
成就	Accomplishment
情感-整合-动机框架	Affect-integration-motivation
信息不对称理论	Asymmetric information theory
注意力控制理论	Attentional control theory
行为主义理论	Behaviorism theory
区块链	Blockchain
金融自助	Bootstrap finance
承诺信号	Commitment signals
具体	Concrete
公司风险投资	Corporate venture capital
众筹	Crowdfunding
众筹投资者	Crowdfunding backers
众筹任务	Crowdfunding task
加密货币	Cryptocurrencies
创业叙事	Entrepreneurial narrative
金融科技	FinTech
融资路演	Fundraising pitch

续表

中文	英文
梭状回	Fusiform gyrus
格式塔理论	Gestalt theory
印象管理	Impression management
首次代币发行	Initial coin offerings
内侧前额叶	Medial prefrontal cortex
小额信贷	Microfinance
移动支付	Mobile payment
海马旁回	Parahippocampal gyrus
P2P 贷款	Peer-to-peer loan
准确	Precise
显示性偏好理论	Revealed preference theory
机器人投资	Robo-investing
信号理论	Signaling theory
沉没成本	Sunk cost
沉没成本效应	Sunk cost effect
最优轨道	The optimal trajectory
价值整合	Value integration
多样性	Variety
生存能力信号	Viability signals

参考文献

杜晶晶，王晶晶，陈忠卫. 2018. 叙事取向的创业研究：创业研究的另一种视角[J]. 外国经济与管理，40（9）：18-29.

金婧. 2018. 印象管理理论在企业战略管理中的应用：回顾与展望[J]. 管理学季刊，3（2）：113-143.

鲁道夫·阿恩海姆. 2019. 艺术与视知觉：纪念版[M]. 滕守尧译. 成都：四川人民出版社.

马庆国，王小毅. 2006. 认知神经科学、神经经济学与神经管理学[J]. 管理世界，（10）：139-149.

阮拥英，周孝华. 2017. 创投机构与创业企业双边匹配的实证研究：兼论我国创投市场的匹配效率[J].系统工程，35（3）：1-11.

杨震宁，李东红，范黎波. 2013. 身陷“盘丝洞”：社会网络关系嵌入过度影响了创业过程吗？[J]. 管理世界，（12）：101-116.

于晓宇，陈依. 2019. 创业中的印象管理研究综述与未来展望[J]. 管理学报，16（8）：1255-1264.

张慧玉，程乐. 2017. 创业叙事研究述评与展望[J]. 商业经济与管理，（3）：40-50.

张矢的，魏东旭. 2008. 风险投资中双重道德风险的多阶段博弈分析[J]. 南开经济研究，（6）：142-150.

张玉利，薛红志，陈寒松，等. 2016. 创业管理[M]. 4 版. 北京：机械工业出版社.

Ahlers G K C，Cumming D，Günther C，et al. 2015. Signaling in equity crowdfunding[J]. Entrepreneurship Theory and Practice，39（4）：955-980.

Ahn J H，Bae Y S，Ju J，et al. 2018. Attention adjustment，renewal，and equilibrium seeking in online search：an eye-tracking approach[J]. Journal of Management Information Systems，35（4）：1218-1250.

Allison T H，McKenny A F，Short J C. 2013. The effect of entrepreneurial rhetoric on microlending investment：an examination of the warm-glow effect[J]. Journal of Business Venturing，28（6）：690-707.

Alvarez-Garrido E，Dushnitsky G. 2016. Are entrepreneurial venture's innovation rates sensitive to investor complementary assets？Comparing biotech ventures backed by corporate and independent VCs[J]. Strategic Management Journal，37（5）：819-834.

Aribarg A，Foutz N Z. 2009. Category-based screening in choice of complementary products[J]. Journal of Marketing Research，46（4）：518-530.

Ariely D，Carmon Z. 2000. Gestalt characteristics of experiences：the defining features of summarized events[J]. Journal of Behavioral Decision Making，13（2）：191-201.

Arkes H R，Blumer C. 1985. The psychology of sunk cost[J]. Organizational Behavior and Human Decision Processes，35（1）：124-140.

Ashforth B E，Gibbs B W. 1990. The double-edge of organizational legitimation[J]. Organization Science，1（2）：177-194.

Baron R A. 2008. The role of affect in the entrepreneurial process[J]. Academy of Management Review，33（2）：328-340.

Baron R A，Markman G D. 2000. Beyond social capital：how social skills can enhance entrepreneurs' success[J]. Academy of Management Perspectives，14（1）：106-116.

Berger A N，Udell G F. 1998. The economics of small business finance：the roles of private equity and debt markets in the financial growth cycle[J]. Journal of Banking & Finance，22（6-8）：613-673.

Bertoni F，Colombo M G，Grilli L. 2011. Venture capital financing and the growth of high-tech start-ups：disentangling treatment from selection effects[J]. Research Policy，40（7）：1028-1043.

Block J H，Colombo M G，Cumming D J，et al. 2018. New players in entrepreneurial finance and why they are there[J]. Small Business Economics，50（2）：239-250.

Bozeman D P，Kacmar K M. 1997. A cybernetic model of impression management processes in organizations[J]. Organizational Behavior and Human Decision Processes，69（1）：9-30.

Bruton G，Khavul S，Siegel D，et al. 2015. New financial alternatives in seeding entrepreneurship：microfinance，crowdfunding，and peer-to-peer innovations[J]. Entrepreneurship Theory and Practice，39（1）：9-26.

Butler E A. 2015. Interpersonal affect dynamics：it takes two（and time）to tango[J]. Emotion Review，7（4）：336-341.

Bygrave W D. 1988. The structure of the investment networks of venture capital firms[J]. Journal of Business Venturing，3（2）：137-157.

Cardon M S，Foo M D，Shepherd D，et al. 2012. Exploring the heart：entrepreneurial emotion is a hot topic[J]. Entrepreneurship Theory and Practice，2012，36（1）：1-10.

Chan C S R，Park H D. 2015. How images and color in business plans influence venture investment screening decisions[J]. Journal of Business Venturing，30（5）：732-748.

Chemmanur T J，Fulghieri P. 2014. Entrepreneurial finance and innovation：an introduction and agenda for future research[J]. The Review of Financial Studies，27（1）：1-19.

Chemmanur T J，Krishnan K，Nandy D K. 2011. How does venture capital financing improve efficiency in private firms？A look beneath the surface[J]. The Review of Financial Studies，24（12）：4037-4090.

Chen X P，Yao X，Kotha S. 2009. Entrepreneur passion and preparedness in business plan presentations：a persuasion analysis of venture capitalists' funding decisions[J]. Academy of Management Journal，52（1）：199-214.

Choi B，Shyam Kumar M V，Zambuto F. 2016. Capital structure and innovation trajectory：the role of debt in balancing exploration and exploitation[J]. Organization Science，27（5）：1183-1201.

Clarke J S，Cornelissen J P，Healey M P. 2019. Actions speak louder than words：how figurative language and gesturing in entrepreneurial pitches influences investment judgments[J]. Academy of Management Journal，62（2）：335-360.

Cole R A，Sokolyk T. 2018. Debt financing，survival，and growth of start-up firms[J]. Journal of Corporate Finance，50：609-625.

Collewaert V，Sapienza H J. 2016. How does angel investor-entrepreneur conflict affect venture innovation？It depends[J]. Entrepreneurship Theory and Practice，40（3）：573-597.

Connelly B L，Certo S T，Ireland R D，et al. 2011. Signaling theory：a review and assessment[J]. Journal of Management，37（1）：39-67.

Cumming D，Deloof M，Manigart S，et al. 2019. New directions in entrepreneurial finance[J]. Journal of Banking & Finance，100：252-260.

Cumming D，Johan S. 2017. The problems with and promise of entrepreneurial finance[J]. Strategic Entrepreneurship Journal，11（3）：357-370.

Cumming D J，Pandes J A，Robinson M J. 2015. The role of agents in private entrepreneurial finance[J]. Entrepreneurship Theory and Practice，39（2）：345-374.

Dimov D P，Shepherd D A. 2005. Human capital theory and venture capital firms：exploring "home runs" and "strike outs" [J]. Journal of Business Venturing，20（1）：1-21.

Drover W，Busenitz L，Matusik S，et al. 2017. A review and road map of entrepreneurial equity financing research：venture capital，corporate venture capital，angel investment，crowdfunding，and accelerators[J]. Journal of Management，43（6）：1820-1853.

Ebbers J J，Wijnberg N M. 2012. Nascent ventures competing for start-up capital：matching reputations and investors[J]. Journal of Business Venturing，27（3）：372-384.

Eddleston K A，Ladge J J，Mitteness C，et al. 2016. Do you see what I see？Signaling effects of gender and firm characteristics on financing entrepreneurial ventures[J]. Entrepreneurship Theory and Practice，40（3）：489-514.

Elango B，Fried V H，Hisrich R D，et al. 1995. How venture capital firms differ[J]. Journal of Business Venturing，10（2）：157-179.

Eysenck M W，Derakshan N，Santos R，et al. 2007. Anxiety and cognitive performance：attentional control theory[J]. Emotion，7（2）：336.

Fisch C. 2019. Initial coin offerings（ICOs）to finance new ventures[J]. Journal of Business Venturing，34（1）：1-22.

Fredrickson B L. 2009. Positivity：Top-notch Research Reveals the 3 to 1 Ratio That Will Change Your Life [M]. Three Rivers：Three Rivers Press .

Fulghieri P，Sevilir M. 2009. Size and focus of a venture capitalist's portfolio[J]. The Review of Financial Studies，22（11）：4643-4680.

Gartner W B. 1993. Words lead to deeds：towards an organizational emergence vocabulary[J]. Journal of Business Venturing，8（3）：231-239.

Genevsky A，Yoon C，Knutson B. 2017. When brain beats behavior：neuroforecasting crowdfunding outcomes[J]. The Journal of Neuroscience，37（36）：8625-8634.

Goldstein I，Jiang W，Karolyi G A. 2019. To FinTech and beyond[J]. The Review of Financial Studies，32(5)：1647-1661.

Gomulya D，Jin K，Lee P M，et al. 2019. Crossed wires：endorsement signals and the effects of IPO firm delistings on venture capitalists' reputations[J]. Academy of Management Journal，62（3），641-666.

Gonzalez C，Dana J，Koshino H，et al. 2005. The framing effect and risky decisions：examining cognitive functions with fMRI[J]. Journal of Economic Psychology，26（1）：1-20.

Grabenhorst F，Rolls E T. 2011. Value，pleasure and choice in the ventral prefrontal cortex[J]. Trends in Cognitive Sciences，15（2）：56-67.

Grossman S J. 1981. The informational role of warranties and private disclosure about product quality[J]. The Journal of Law and Economics，24（3）：461-483.

Haller A，Schwabe L. 2014. Sunk costs in the human brain[J]. NeuroImage，97（2）：127-133.

Hochberg Y V，Fehder D C. 2015. Accelerators and ecosystems[J]. Science，348（6240）：1202-1203.

Hsu D H，Ziedonis R H. 2008. Patents as quality signals for entrepreneurial ventures[J]. Academy of Management Proceedings，2008（1）：1-6.

Inderst R，Mueller H M. 2009. Early-stage financing and firm growth in new industries[J]. Journal of Financial Economics，93（2）：276-291.

Islam M，Fremeth A，Marcus A. 2018. Signaling by early stage startups：US government research grants and venture capital funding[J]. Journal of Business Venturing，33（1）：35-51.

Jääskeläinen M，Maula M. 2014. Do networks of financial intermediaries help reduce local bias? Evidence from cross-border venture capital exits[J]. Journal of Business Venturing，29（5）：704-721.

Jiang L，Yin D，Liu D. 2019. Can joy buy you money? The impact of the strength，duration，and phases of an entrepreneur's peak displayed joy on funding performance[J]. Academy of Management Journal，62（6）：1848-1871.

Kanze D N，Huang L，Conley M A，et al. 2017. We ask men to win and women not to lose：closing the gender gap in startup funding[J]. Academy of Management Journal，61（2）：586-614.

Koechlin E，Summerfield C. 2007. An information theoretical approach to prefrontal executive function[J]. Trends in Cognitive Sciences，11（6）：229-235.

MacMillan I C，Siegel R，Subba Narasimha P N. 1985. Criteria used by venture capitalists to evaluate new venture proposals[J]. Journal of Business Venturing，1（1）：119-128.

MacMillan I C，Zemann L，Subba Narasimha P N. 1987. Criteria distinguishing successful from unsuccessful ventures in the venture screening process[J]. Journal of Business Venturing，2（2）：123-137.

Mahmood A，Luffarelli J，Mukesh M. 2019. What's in a logo? The impact of complex visual cues in equity crowdfunding[J]. Journal of Business Venturing，34（1）：41-62.

Martens M L，Jennings J E，Jennings P D. 2007. Do the stories they tell get them the money they need? The role of entrepreneurial narratives in resource acquisition[J]. Academy of Management Journal，50（5）：1107-1132.

McCarthy B F. 2004. Instant gratification or long-term value? A lesson in enhancing shareholder wealth[J]. Journal of Business Strategy，25（4）：10-17.

McKenny A F，Allison T H，Ketchen D J，et al. 2017. How should crowdfunding research evolve? A survey of the entrepreneurship theory and practice editorial board[J]. Entrepreneurship：Theory and Practice，41（2）：291-304.

Morgeson F P，Mitchell T R，Liu D. 2015. Event system theory：an event-oriented approach to the organizational sciences[J]. Academy of Management Review，40（4）：515-537.

Pan L L，McNamara G，Lee J J，et al. 2018. Give it to us straight（most of the time）：top managers' use of concrete language and its effect on investor reactions[J]. Strategic Management Journal，39（8）：2204-2225.

Parhankangas A，Ehrlich M. 2014. How entrepreneurs seduce business angels：an impression management approach[J]. Journal of Business Venturing，29（4）：543-564.

Parhankangas A，Renko M. 2017. Linguistic style and crowdfunding success among social and commercial entrepreneurs[J]. Journal of Business Venturing，32（2）：215-236.

Petkova A P，Rindova V P，Gupta A K. 2013. No news is bad news：sensegiving activities，media attention，and venture capital funding of new technology organizations[J]. Organization Science，24（3）：865-888.

Plummer L A，Allison T H，Connelly B L. 2016. Better together？Signaling interactions in new venture pursuit of initial external capital[J]. Academy of Management Journal，59（5）：1585-1604.

Robb A M，Robinson D T. 2014. The capital structure decisions of new firms[J]. The Review of Financial Studies，27（1）：153-179.

Rosenbusch N，Brinckmann J，Müller V. 2013. Does acquiring venture capital pay off for the funded firms？A meta-analysis on the relationship between venture capital investment and funded firm financial performance[J]. Journal of Business Venturing，28（3）：335-353.

Sahlman W A. 1990. The structure and governance of venture-capital organizations[J]. Journal of Financial Economics，27（2）：473-521.

Samanez-Larkin G R，Knutson B. 2015. Decision making in the ageing brain：changes in affective and motivational circuits[J]. Nature Reviews Neuroscience，16（5）：278-289.

Shane S，Drover W，Clingingsmith D，et al. 2020. Founder passion，neural engagement and informal investor interest in startup pitches：an fMRI study[J]. Journal of Business Venturing，35（4）：105949.

Stanko M A，Henard D H. 2017. Toward a better understanding of crowdfunding，openness and the consequences for innovation[J]. Research Policy，46（4）：784-798.

Strack F，Mussweiler T. 1997. Explaining the enigmatic anchoring effect：mechanisms of selective accessibility[J]. Journal of Personality and Social Psychology，73（3）：437-446.

Teixeira T，Wedel M，Pieters R. 2012. Emotion-induced engagement in Internet video advertisements[J]. Journal of Marketing Research，49（2）：144-159.

Tyebjee T T，Bruno A V. 1984. A model of venture capitalist investment activity[J]. Management Science，30（9）：1051-1066.

Vanacker T，Manigart S，Meuleman M，et al. 2011. A longitudinal study on the relationship between financial bootstrapping and new venture growth[J]. Entrepreneurship & Regional Development，23（9/10）：681-705.

Vulkan N，Åstebro T，Sierra M F. 2016. Equity crowdfunding：a new phenomena[J]. Journal of Business Venturing Insights，5：37-49.

Wang R W Y，Chang Y C，Chuang S W. 2016. EEG spectral dynamics of video commercials：impact of the narrative on the branding product preference[J]. Scientific Reports，6：36487.

Wang Y B. 2016. Bringing the stages back in：social network ties and start-up firms' access to venture capital in China[J]. Strategic Entrepreneurship Journal，10（3）：300-317.

Warnick B J，Murnieks C Y，McMullen J S，et al. 2018. Passion for entrepreneurship or passion for the product？A conjoint analysis of angel and VC decision-making[J]. Journal of Business Venturing，33（3）：315-332.

Wästlund E，Otterbring T，Gustafsson A，et al. 2015. Heuristics and resource depletion：eye-tracking customers' in situ gaze behavior in the field[J]. Journal of Business Research，68（1）：95-101.

Wilson N，Wright M，Kacer M. 2018. The equity gap and knowledge-based firms[J]. Journal of Corporate Finance，50：626-649.

Zhang L. 2019. Founders matter！Serial entrepreneurs and venture capital syndicate formation[J]. Entrepreneurship Theory and Practice，43（5）：974-998.